確率は迷う

道標となった古典的な33の問題

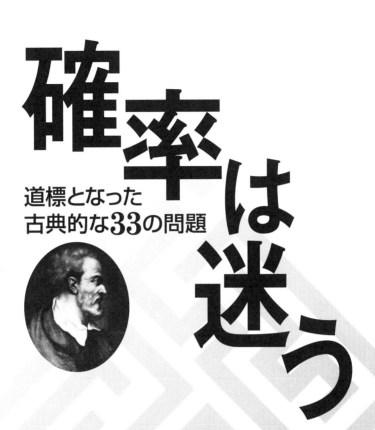

Prakash Gorroochurn — 著
野間口 謙太郎 — 訳

共立出版

Classic Problems of Probability by Prakash Gorroochurn

Copyright©2012 by John Wiley & Sons Inc. All Rights Reserved.
This translation published under license with the original publisher
John Wiley & Sons, Inc.

Japanese language edition published by KYORITSU SHUPPAN CO., LTD.

訳者まえがき

　本書は，今までにありそうでなかった本である．確率的パズル集のようでもあるが，確率論の啓蒙的な本のようでもあるし，その歴史書のようでもある．これらが程よく詰まっているといった感じだろうか．原著者が前書きで書いているように，今までにない確率論を書きたかったのだろうが，まさにそのように仕上がっている．

　取り上げている33問のほとんどは，離散的な古典的確率の定義に基づく問題や，その延長である（線分の長さや面積で直感的に定義する）幾何的確率の問題であり，歴史的には古典的確率論の道標といえるようなよく知られた問題である．高校までの確率の知識で問題自体を理解することができるだろうし，歴史上の著名人が迷い悩みぬいたその過去をしり目に多くの問題に解答を与えることもできるだろう．この本の楽しみは，問題もさることながら，その**考察**の中にある．歴史的な考察もあれば，問題としてのその後の広がりの考察もある．確率というものを先人たちがどのように定義し解釈しようとしたか，直観的に導入される確率がいかに困惑させる結果を導くか，なぜコルモゴロフの公理的確率論を必要としたか，それらの概略も知ることができるに違いない．

　では，そのように公理論的枠組みで数学の一分野として確率論自体は雲上に引き揚げられ救われたかもしれないが，現実における確率という概念の解釈自体は今もって宙ぶらりんのままである．原著者にはそのような意識もあってか，確率論の応用と見做される統計的問題をいくつか取り上げているところも本書の特徴である．確率は実在するのかというような哲学的な問題設定には心惹かれるものがあるけれども，結局はそのことから有意義な唯一の解釈を導くことは難しいだろう．訳者はそのように考えるが，本書でのベイズ流統計学と

頻度論的統計学の取り扱いは中立的であることなどから原著者もそう考えているらしいとうかがい知ることができる．さてさて，現実世界における確率って何だろうか．本書はそのあたりを強く刺激してくれるに違いない．

　ともかく，どの問題もその考察も面白みに欠けるところなどないので，高校・大学での副読本として勧めたいぐらいである．とは言え，高校生には難しいところもあるだろうから，少なくとも確率・統計の授業を担当する先生方には話の種本として活用してもらえたらというのが訳者の本望である．

2018年7月

野間口　謙太郎

著者まえがき

過去に確率論を教えて12年ほどになるが，この話題について「自分なりの経験」を書籍の形で残すべき時期が来たのではないかと思うようになった．しかし，この分野には多くの素晴らしい本[1]があるので，いまさら同様の本を書く気にはまったくなれなかったし，少し違ったものを書きたかったのである．

確率論は非常に魅惑的であるが独特な分野である．その独特さとは，明らかに単純に思える問題を扱っているのに常識や直感がしばしば裏切られるというところにも現れている．本書の第一の目的は，この分野の発展に貢献し歴史的に意義があると思われる確率論の「古典的な」問題の中で特色だったものを検討することにある．また，問題のこの選択基準には，直観に反するような感触のものも含めるようにした．ただし，「古典的な」とは言っても問題のすべてが古いというわけではない．例えば，**問題33 パロンドーの当惑させるパラドックス（1996）**の起源は最も新しく1996年である．本書は確率論の歴史についてもそれなりに記述するように心掛けたが，この分野のいわゆる歴史書ではない．本書で採用した方針は，確率論の豊かな歴史に沿ってこの分野への洞察を提供しようと努めることであった．読者としては，確率論の基礎的なコースを少なくとも受講している人達を基本的には想定している．しかし，確率論の歴史に興味のある読者にも有益であると思ってもらえるだろう．

広く読者に受け入れられるように，本書の記述は限りなく明瞭であることを強く心掛けた．しかしながら，どの問題もかなり深いところまで扱いたかっ

---

[1] 例えば，Paolella (2006, 2007), Feller (1968), Ross (1997), Ross and Pekoz (2006), Kelly (1994), Ash (2008), Schwarzlander (2011), Gut (2005), Brémaud (2009), Foata and Fuchs (1998) などである．

たので，必要ならば数学的な証明を付けることも避けなかった．その結果，**問題 16 ビュフォンの針の問題（1777）**の考察においては，多くの教科書で通常扱われている話題よりは多くのことを知ることができる．そこでは Joseph Barbier による別証明について考えることにより，より深いより一般的な結果を導くことができるだろう．また，一様分布に従う確率変数を選び直して再検討することにより，おのずと不変性への議論へと進むことができる．同様に，**問題 19 ベルトランの弦（1889）**での考察においては，この問題には 3 種類の解があるというよく知られた結果よりもさらに多くのことを学べるだろう．問題が不確定的であることの意味するところを，Henri Poincaré や Edwin Jaynes による結果も援用し議論している．以上のことは，本書にある問題の多くにおいて同様に言えることである．また，読者は確率の極限の取扱い方や主要な定理について学ぶことができるだろう．著者の希望は，本書で採用した歴史的な接近法により確率についてのしばしば誤解されがちな側面が明快に理解されるようになることである．

いくつかの例外はあるが，問題のほとんどは初等的なものである．だからといって，**問題とその解答のみに興味を集中させないでもらいたい．そのことを読者には強く望みたい．それらに続く考察の中においしい部分は詰まっているのだから**．さらに，ここに選ばれた問題が必ずしも確率論において最も重要な問題であるとは限らない．幾つかの問題，例えば**問題 8 ヤコブ・ベルヌーイと黄金定理（1713）**，**問題 10 ド・モアブル，ガウス，正規曲線（1730, 1809）**，**問題 14 ベイズ，ラプラス，確率の哲学（1764, 1774）**などは重要ではある．しかし，それらが確率論で決定的な役割を果たした以上に他の問題も興味深いのである．例えば，ガリレオやニュートンがその著作において普通に確率を用いていたことを，確率論史にそれほど詳しくはない読者が知っていることは少ないだろう．この 2 人が確率論に何らかの基礎的貢献を行ったと誰も主張することなどないに違いない．しかし，確率的な問題に取り組んだこの科学者たちのやり方が読者に幾ばくかの感興を引き起こしてほしいと願うのである．

本書で話題にした数学者たちについて，その経歴の詳細な記述は控えることにした．というのも，彼らが解決した問題やその考え方に話の焦点を絞り

たかったためである．この科学者たち本人をもっと知りたいと望む読者はC.-C.Gillispie 編集の Dictionary of Scientic Biography を参照するとよいだろう．

　本書が批判を受けるとしたら，各問題の取扱いにバラツキがある，その点についてかもしれない．例えば，**問題 4 シュバリエ・ド・メレの問題 II：分配問題（1654）**には 20 ページ割かれているが，**問題 15 ライプニッツの誤謬（1768）**にはわずか 5 ページである．しかし，これは避けがたかった．問題の歴史的な文脈にもよるが，その問題の内包する意義にもよるからである．しかしながら，問題のページ割りにいささかの主観も交えることはなかったと主張するには忸怩たるものがある．実際，話題の取り扱いの配分には部分的にも個人的な好みが反映されているはずなので，読者は本書で簡単に扱われた問題にもっと書面を割くべきだったと強く思うかもしれないし，あるいはまたその逆だとも感じるかもしれない．さらに，問題は年代順に並べられているので，その難易度にもバラツキがある．例えば，**問題 23 ボレルのパラドックスとコルモゴロフの公理（1909, 1933）**には測度論的な考察が含まれているので，他のどの問題よりも難しい．しかし，コルモゴロフの業績の意義を読者に理解してほしかったのである．そのためには，どうしても測度論的要素を含めないわけにはいかなかった．

　引用のほとんどは原典からのものである．フランス語からの翻訳は，特に断りを入れていない限り，すべて著者自身が行った．また，本書は古典的な問題に関するものではあるが，引用や参照に関してもでき得る限り古典的な文献を含めるように努めている．

　本書が，学生に，確率論の歴史に興味ある人に，確率に魅惑されているすべての人々に楽しみを提供できることを望みたい．

　さらなる題材や情報に関しては，著者のホームページ http://www.columbia.edu/pg2113 を訪れてもらいたい．

Prakash Corroochurn

pg2113@columbia.edu

March 2012

謝　　辞

　最上の感謝は友人であり同僚でもある Bruce Levin に捧げる．最終段階の原稿に丁寧に目を通してもらい，幾多の優れた助言を与えてもらえたからである．ブルースは常に私を元気づけ，動機づけ，鼓舞してくれた．これらはわずかな言葉なのではあるが，これらで彼を正当に評価できていることを望むばかりである．Arindam Roy Choudhury にもまた初期の段階でいくつかの問題を検討してもらえたし，Bill Stewart とも**問題 25** の数個所で議論することもできた．加えて，本書のいろいろな問題を読んでもらえた次の方々に感謝する：Nicholas H. Bingham, Steven J. Brams, Ronald Christensen, Joseph C. Gardiner, Donald A. Gillies, Michel Henry, Collin Howson, Davar Khoshnevisan, D. Marc Kilgour, Peter Killeen, Peter M. Lee, Paul J. Nahin, Raymond Nickerson, Roger Pinkham, Sandy L. Zabell．校正時に助けてもらえた次の方々にも感謝する：Amy Armento, Jonathan Diah, Cuqian Du, Rebecca Gross, Tianxiao Huang, Wei-Ti Huang, Tsun-Fang Hsueh, AnnieLee, Yi-Chien Lee, Keletso Makofane, Stephen Mooney, Jessica Overbey, Bing Pei, Lynn Petukhova, Nicolas Rouse, John Spisack, Lisa Strug, GaryYu．そして，有意義な提案をしてもらえた無名の査読者たちにも感謝する．

　また，WILEY 社の編集者である Susanne Steiz-Filler に感謝する．スザンヌは私のささいな気がかりにさえいつも丁寧に対応してくれたし，WILEY の途方もなく活動的な社風に接する経験をもたせてもらえた．

　最後にもちろんのこと，我が母と亡き父には絶えることのない恩義を負っている．

目　次

問題 1　カルダーノと偶然のゲーム（1564） …………………………………… 1
問題 2　ガリレオとサイコロに関する発見（1620） …………………………… 13
問題 3　シュバリエ・ド・メレの問題 I：サイコロ問題（1654） …………… 18
問題 4　シュバリエ・ド・メレの問題 II：分配問題（1654） ………………… 27
問題 5　ホイヘンスと賭博者の破産（1657） …………………………………… 54
問題 6　ニュートンへのピープスからの質問（1693） ………………………… 66
問題 7　モンモールと一致の問題（1708） ……………………………………… 72
問題 8　ヤコブ・ベルヌーイと黄金定理（1713） ……………………………… 81
問題 9　ド・モアブルの問題（1730） …………………………………………… 106
問題 10　ド・モアブル，ガウス，正規曲線（1730, 1809） …………………… 116
問題 11　ダニエル・ベルヌーイとサンクト・ペテルブルグ問題
　　　　（1738） …………………………………………………………………… 139
問題 12　ダランベールと『表か裏か』（1754） ………………………………… 152
問題 13　ダランベールと賭博者の誤謬（1761） ……………………………… 158
問題 14　ベイズ，ラプラス，確率の哲学（1764, 1774） ……………………… 164
問題 15　ライプニッツの誤謬（1768） ………………………………………… 199
問題 16　ビュフォンの針の問題（1777） ……………………………………… 203
問題 17　ベルトランの投票問題（1887） ……………………………………… 215
問題 18　ベルトランの奇妙な 3 つの箱（1889） ……………………………… 222

問題 19　ベルトランの弦（1889） ……………………………… 227
問題 20　3 枚の硬貨とゴールトンのパズル（1894） …………… 235
問題 21　ルイス・キャロルの枕頭問題 No.72（1894） ………… 238
問題 22　ボレルともう 1 つの正規性（1909） …………………… 244
問題 23　ボレルのパラドックスとコルモゴロフの公理
　　　　（1909, 1933） ………………………………………… 250
問題 24　ボレルと猿と新創造論（1913） ………………………… 262
問題 25　クライチックのネクタイとニューカムの問題
　　　　（1930, 1960） ………………………………………… 272
問題 26　フィッシャーと紅茶をたしなむ婦人（1935） ………… 284
問題 27　ベンフォードと先頭数字の奇妙な振る舞い（1938） … 295
問題 28　誕生日問題（1939） ……………………………………… 303
問題 29　レビと逆正弦法則（1939） ……………………………… 311
問題 30　シンプソンのパラドックス（1951） …………………… 318
問題 31　ガモフとスターンとエレベーター（1958） …………… 327
問題 32　モンティ・ホールと車と山羊（1975） ………………… 333
問題 33　パロンドーの当惑させるパラドックス（1996） ……… 344

参考文献 ………………………………………………………………… 353
図版出典 ………………………………………………………………… 374
索　　引 ………………………………………………………………… 377

問題 1

カルダーノと偶然のゲーム（1564）

▶問 題

正常なサイコロを数回投げて，6の目が少なくとも1回出るための確率が $\frac{1}{2}$ 以上となるためにはサイコロを何回投げる必要があるか．

▶解 答

事象「1個のサイコロを投げて6の目が出る」を A と表し，その確率を p_A とおく．このとき，$p_A = \frac{1}{6}$ である．「1個のサイコロを投げて6の目が出ない」という事象の確率は $q_A = 1 - \frac{1}{6} = \frac{5}{6}$ である．投げた回数を n とおくと，各事象は互いに独立なので，

$$P(n \text{ 回投げて6の目が少なくとも1回出る})$$
$$= 1 - P(n \text{ 回投げて6の目が出ない})$$
$$= 1 - q_A \times \cdots \times q_A$$
$$= 1 - \left(\frac{5}{6}\right)^n$$

不等式 $1 - \left(\frac{5}{6}\right)^n \geq \frac{1}{2}$ を解いて，$n \geq \frac{\log(1/2)}{\log(5/6)} = 3.8$ なので，投げるべき回数は4回である．

問題1　カルダーノと偶然のゲーム（1564）

図 1.1　ジェロラーモ・カルダーノ (1501-1575)

▶考　察

確率論の歴史において，物理学者にして数学者のジェロラーモ・カルダーノ (1501-1575)（図 1.1）は初めて系統立てて確率計算の研究に取り組んだ人物の1人である．当時の多くの同輩に倣って，カルダーノの研究も基本的には偶然のゲームからもたらされるものであった．25年に及ぶ賭博生活に関して言えば，自伝 Cardano(1935, p.146) において次のように述べているのはよく知られている．

　　…そのころ時々だったというわけではなく，恥ずかしながら毎日であった．

確率に関するカルダーノのよく知られた著作は死後 1663 年に出版された．それは簡潔な 32 章からなる全 15 ページの『偶然のゲームについての書』

$(\text{Cardano}(1564))^1$（図 1.2）である．

カルダーノがその時代の偉大な数学者であったことは疑いようがない．しかし，**問題 1** やその他いくつかの問題において間違った解を与えている．**問題 1** では，投げる回数は 3 回だと考えていた．上記の著書の 9 章では，サイコロについて次のように述べている．

> サイコロの目の総数の半分は常に等分[2]であることを表しているので，3 回投げると望みの目が出現する運は等分である．. . .

カルダーノのこの誤謬は，確率と期待値についての広く一般的に認められる混同に基づいている．ここでは，カルダーノの論理構成に分け入ってみよう．カルダーノは上記の著書において，オアが**平均に基づく推論** (reasoning on the mean, **ROTM**[3])(Ore(1953, p.150)) と呼ぶところの間違った原理をしばしば用いて，いろいろな確率問題を扱っている．実験の 1 試行において事象の起こる確率が p であるとき，n 回の独立試行においてその事象は平均的に np 回起こることになる．そのため，ROTM に従うと，その事象が n 回の試行において起こる「確率」をその平均的回数が表していると勘違いして理解してしまう．**問題 1** においては，$p = \frac{1}{6}$ である．ゆえに，$n = 3$ の場合は「少なくとも 1 つの 6 の目」という事象は平均回数 $np = 3 \cdot \frac{1}{6} = \frac{1}{2}$ で出現するので，確率 $\frac{1}{2}$ で起こると間違って解釈されることになる．

現代の記法を用いて，なぜ ROMT がおかしいのか見ることにしよう．実験の 1 試行においてある事象の起こる確率が p であると仮定する．その実験の同じ試行を独立に n 回行うことにすると，その事象の起こる回数の期待値は np である．サイコロの例であれば，3 回投げて 6 の目が現れる回数の期待値は $3 \times \frac{1}{6} = \frac{1}{2}$ である．しかし，3 回投げての期待値 $\frac{1}{2}$ と，3 回投げての

---

[1] この本の英訳およびカルダーノと偶然のゲームとの関係の徹底的な分析については，『賭博する学者』Ore(1953) を見るとよい．さらに詳しい文献を知りたければ，Gliozzi(1980, pp.64-67)，Seardovi(2004, pp.754-758) を参照せよ．
[2] 標本空間の標本点の総数の半分を表すのに，カルダーノは著作において等分という用語をよく用いている．Ore(1953, p.149) を参照せよ．
[3] また，Williams(2005) を参照せよ．

4 　問題 1　カルダーノと偶然のゲーム（1564）

262

LIBER DE LVDO ALEÆ.

CAPVT PRIMVM.
De *Ludorum generibus*.

VBI conſtant, aut agilitate corporis, velut Pila; aut robore, vt Diſcus, & Luċta, aut induſtriâ, vt Latrunculorum, aut fortunâ, vt Aleæ proprie, & Talorum; aut vtroque, vt Fritilli, Induſtria autem duplex, aut ludendi, aut certandi, velut in Primaria, nam & Chartarum ludus nomen ſubit Aleæ, quòd antiquo tempore Chartæ ignotæ eſſent: imò, & materia, qua conficiuntur. Indicio eſt, quòd ſcriberent in pergamenis coriis, ſcilicet hædorum, & papyro Ægyptia, & tabulis, & cæra & Philira. Dicitur autem Primaria, quòd primum obtineat locum inter ludos Aleæ, ſeu pulchritudine, ſeu, quòd ex quatuor conſtet, quaſi coniugationibus primis, & ad numerum elementorum, ex quibus componimur, non autem mundi. Continet autem varietatés miras.

CAPVT II.
De *Ludorum conditionibus*.

SVnt autem ſpectanda conditio Ludentis, colluſoris, Ludi ipſius, pecuniæ, quibus certatur locus, & occaſio; tantum autem poteſt hæc, vt licuerit in epulis mortuorum ludere. Vnde titulus eſt apud Iuriſconſultos de ſumptibus funerum, & ludo Aleæ: aliàs damnatus legibus, Titia, & Cornelia. Itaque videtur in grauioribus curis, ac mœroribus non tam licere, quàm expedire. Permittitúrque vinċtis, & ſupplicio vltimo afficiendis, & ægris, & ideò Lex in luċtu permittebat. Quòd ſi qua eſt occaſio, nulla certè tam digna eſt excuſatione. Et mihi cum putarem ex longa ſide inter mortem, non parum contulit aſſiduè ludere Aleâ. Impoſitus eſt tamen modus, circa pecuniæ quantitatem, aliàs certè nunquam ludere licet: quòd quam ſumunt excuſationem de leniendo tædio temporis, vtilius id fiet lectionibus lepidis, vt narrationibus fabularum, vel hiſtoriarum, vel artificiis quibuſdam pulchris, nec laborioſis; inter quæ etiam lyra, vel cheli pulſare, aut canere, carmináque componere, vti-

lius fuerit, atque id ob tres cauſas; Prima, quòd huiuſmodi intermiſſio ſeriarum actionum laudabilior eſt, quàm Ludi, vt quæ vel faciat aliquid, vt Pictura, vel ſit ſecundum naturam, vt Muſica, vel homo aliquid diſcat, vt legendo audiendove fabulas, hiſtoriaſve. Secunda, quòd non ſit ſine labore, & ideò non inuitis nobis, plus temporis nobis eripiat, quàm par ſit: Tempus autem, (vt Seneca aiebat) & rectè dum de longitudine, & breuitate vitæ loquitur, res eſt chariſſima. Tertia, quòd honeſtius ſit otium illud, & non mali exempli, quemadmodum eſt ludus, & maximè apud filios, & domeſticos. His accedit, quòd Ludus iram mouet, turbat mentem, & quandoque homo erumpit ad certamen pecuniæ, quòd turpiſſimum eſt, periculoſum, & Legibus prohibitum. Denique ſoli non poſſumus ludere; at huiuſmodi oblectamentis etiam ſoli delectari poſſumus.

CAPVT III.
Quibus, & quando magis conueniat ludere.

ITaque ſi perſona ſit prudens, ſenex, in Magiſtratu poſita, & togata, aut Sacerdotio inſignis, minus decet ludere, vt contrà pueros non adeò dedecet, & adoleſcentes, & milites. Quanto autem maior eſt pecunia, eò turpius, *Vituperabatur quidam ſummo Sacerdotio fungens*, (Cardinalem vocant) quod quina millia coronatorum cum Mediolanenſi Regulo luſiſſet poſt cœnam; quòd vitium nunc deteſtabile eſt Principibus; nec defenditur niſi ab aulicis ipſis, & Adulatoribus, ſeu ob timorem, ſeu quia munera accipiunt, ſi felix cadat Alea: Interim ſpoliantur ſubditi, & pauperes auxiliis illis delegatis, & debitis fraudantur; ſi vincant prodiguntur pecuniæ Ludo parte ſi vincatur, aut ad pauperiem redigitur, ſi impotens ſit, & alioquin probus, aut ad rapinam, ſi potens improbúſque, aut ad laqueum, ſi pauper, & improbus; colluſor quoque infamis, vel humilis conditionis, & Ludo aſſuetus turpior, & etiam damnoſior; nam ſi cum huiuſmodi viris luſeris artentius, luſor euades; ſin minùs vſu, dolo, calliditatéque ſpoliaberis. Colluſoris conditio, raritas ludendi, & breuitas, & locus, & paucitas pecuniarum, & occaſio, vt in diebus feſtis in conuiuiis. Perſona vt Rex,

図 1.2 　『偶然のゲームについての書』（Cardano(1564)）の第 1 ページ

確率 $\frac{1}{2}$ とは同じではない．**2項分布**を用いると，この事実が正式に確かめられる．3回投げて6の目が出る回数を X とおくと，その分布は母数 $n=3$ と $p=\frac{1}{6}$ をもつ2項分布，つまり $X \sim B\left(3, \frac{1}{6}\right)$ である[4]．その確率関数は $x = 0, 1, 2, 3$ に対して次で与えられる．

$$P(X=x) = \binom{n}{x}p^x(1-p)^{n-x} = \binom{3}{x}\left(\frac{1}{6}\right)^x\left(\frac{5}{6}\right)^{3-x}$$

この分布により，3回投げて6の目が1回出る確率は

$$P(X=1) = \binom{3}{1}\left(\frac{1}{6}\right)^1\left(\frac{5}{6}\right)^2 = 0.347$$

少なくとも1回の6の目が出る確率は

$$\begin{aligned} P(X \geq 1) &= 1 - P(X=0) \\ &= 1 - \left(\frac{5}{6}\right)^3 \\ &= 0.421 \end{aligned}$$

一方，X の期待値は

$$E(X) = \sum_{x=0}^{n} xP(X=x) = \sum_{x=0}^{n} x\binom{n}{x}\left(\frac{1}{6}\right)^x\left(\frac{5}{6}\right)^{n-x}$$

であるが，次のように簡単に求められる．

$$E(X) = np = 3 \times \frac{1}{6} = \frac{1}{2}$$

このように3回投げて6の目が出る回数の期待値は $\frac{1}{2}$ であるが，6の目が1回出る確率とも少なくとも1回出る確率とも異なることが分かる．

カルダーノは著書の中で，後に古典となるような多くの問題や法則に触れているが，確率という分野へのその貢献により彼が多分に受けてしかるべき評価

---

[4] 2項モデルの起源に関しては**問題8**を参照せよ．

を得ていない．それらのいくつかを挙げてみよう．

カルダーノはその 14 章で，古典的な（あるいは数学的な）確率をどう考えるべきかという最初の定義を与えている．

> 一般的な規則が存在する．まず，サーキット全体を考えるべきである．そして，望みの結果がどの程度起こるかを表す場合の数と，サーキットでのその残りの数を比較すべきであり，その比率に応じて，公平な条件で争えるように互いの賭け金を決めるべきである．

カルダーノは今日ならば標本空間とみなされるものを「サーキット」と呼んでいる．すなわち，実験が行われたときの可能なすべての結果の集合のことである．標本空間が r 個の望ましい結果とそれ以外の s 個の結果からなるとき，そしてそれらがすべて同等に起こり得るとき，カルダーノはその事象の勝ち目を $r:s$ で正しく定義したのである．これは確率 $\frac{r}{r+s}$ に対応する．カルダーノの定義を他の定義と比較してみよう．

- ライプニッツ (1646-1716) が 1710 年に与えた定義 (Leibniz(1969, p.161))：
    > ある状況が互いに共通しない別々の好ましい結果を導くとき，期待の推定値とは，結果がすべて分割されていたとして，それらすべての結果の集まりに比較した，可能な好ましい結果の和となるだろう．

- ヤコブ・ベルヌーイ (1654-1705) による『推測法』(Bernoulli(1713, p.211))[5]での記述：
    > 完全で絶対的な確かさを文字 α または 1 で表し，例えばそれが 5 つの起こり得るもので構成されているならば，5 つの部分をもつと考えられるので，その中の 3 つがある事象の存在あるいは実現を支持し，他はそうでないとき，その事象は $\frac{3}{5}\alpha$ あるいは $\frac{3}{5}$ の確かさをもつと言うだろう．

- ド・モアブル (1667-1754) による定義 (de Moivre(1711), Hald(1984))：

---
[5] オスカー・シェイニンによる英訳『推測法』(Sheynin(2005)) の 4 章からの引用．

ある事象が起こる p 個の運があり，起こらない q 個の運がある
ならば，起こることも起こらないこともそれぞれある大きさの確
率をもっている．しかし，その事象の起こるか起こらないかを決
める運のすべてが等しく起こりやすいとすると，事象の起こる確
率と起こらない確率の比は p 対 q である．
- ラプラス (1749-1827) が 1774 年に与えた定義．古典的な確率の定義はラ
プラスが与えたと考えられている．確率について彼が初めて書いた論文
Laplace(1774b) で次のように述べている：

ある事象の確率は，その事象を支持する場合の数の，すべての起
こり得る場合の数に対する比である．ただし，どの場合も他の場
合よりも起こりやすいと信じるべきものが何もなく，すべてが同
等に起こりやすいと思えるときである．

最初の 4 つはすべて（カルダーノの定義も含めて）歴史的にラプラスの定
義以前のものではあるけれども，ラプラスと同じく，古典的な確率の定義が
十分に認識され，正式に用いられ始めていた．現代の記法を用いると，標本空
間が N 個の同等に起こりやすい結果からなり，事象 A を支持する場合の数が
n_A であるとき，事象 A のラプラスによる確率の定義は次を意味している．

$$P(A) = \frac{n_A}{N}$$

カルダーノによる確率論への重要な貢献の 1 つとして，「カルダーノの公式」[6]
がある．ある実験が t 個の同等に起こりやすい結果からなるとき，ある事象を
支持する結果は r 個であるとする．その実験の 1 回の試行において，その事
象に対する勝ち目は $r : (t - r)$ である[7]．このとき，カルダーノの公式とは，
その実験の同じ試行を独立に n 回繰り返すとき，その事象が n 回起こるとい

---
[6] 誘導 3 次方程式（2 次の項のない 3 次方程式）の解を一般的に与えるカルダーノの公式と
混同してはならない．カルダーノはまた，一般の 3 次方程式を誘導 3 次方程式へ書き換
える方法も与えている．これらの結果はカルダーノの著書『偉大なる技法』にあるが，そ
れらは以前にブレシアの数学者ニコロ・タルタリア (1499-1557) により伝えられていた．
他には決して漏らさないと誓って，教えてもらったものであったため，カルダーノとタル
タリアの間で激烈な論争が引き起こされた．これに関しては，Hellman(2006, pp.7-25)
に詳細にまとめられている．
[7] 1 回の試行においてその事象に反する勝ち目は $(t - r) : r$ である．（訳注）賭けの観点か
ら，「反する勝ち目」はオッズと称される場合もある．

う事象に対する勝ち目が $r^n : (t^n - r^n)$ である[8], と述べるものである. 今では初等的な結果ではあるが, カルダーノはそのことを示すのになかなか手こずっている[9]. 初め, 当然掛け合わせて求めたものが勝ち目になると考えた. カルダーノは, 3回サイコロを投げて1の目が少なくとも1つ出るという事象に反する勝ち目は 125 : 91 であると計算したが, さらに進んで, 3個のサイコロを2回投げて1の目が少なくとも1つ出るという事象に反する勝ち目は $(125 : 91)^2 = 125^2 : 91^2 \approx 2 : 1$ と求めた. そのように, 『偶然のゲームについての書』の14章の最後の段落でカルダーノは著している (Ore(1953, p.202)).

> このように, 彼が2回投げてどちらでも1の目を出す必要がある場合は, ご存知のように, 1回の投げで好ましい出目は91通りで, 残りは125通りである. ゆえに, これらの数を自分自身に掛けて 8281 と 15625 を得るので, 勝ち目はほぼ 2 : 1 である[10]. したがって, 2倍の掛け金で行うという条件なら有利であるという意見もあるけれども, 彼が倍掛けしたとすると, 不利な条件で争うことになる.

しかしながら, これに続く『これに関して犯してしまった間違い』という章では, カルダーノは掛け合わせるべきは勝ち目ではないと気づいている. 実験の1試行での勝ち目が 1 : 1 である事象について考えることにより, このことを理解するに至った. 勝ち目を掛けるという計算法なら, 実験の3試行に対する勝ち目は $(1 : 1)^3 = 1 : 1$ となり, 明らかに間違っている. これについて, カルダーノは記述する (Ore(1953, pp.202-203)).

> この推論は, 五分五分の場合でも, 間違っているようである. というのも, 例えば1個のサイコロを投げて, 選んでおいた3つの目の中の1つを得る運は, 残りの3つの目の1つを得る運と等しい. しかし, この推論を用いると, 2回投げてどちらでも選んでおいた目を得る運も五分五分である. 3回投げても, 4回投げても同様であり, こ

---

[8] このことは, 実験の1回の試行で事象が起こる確率が $p = \dfrac{r}{t}$ であるとき, 実験の n 回の独立試行のすべてにおいてその事象が起こる確率は p^n であるということに等しい.
[9] Katz(1998, p.450) も参照せよ.
[10] カルダーノが計算したこの勝ち目は問題の事象に反する勝ち目である.

れははなはだ不合理である．2つのサイコロを投げる遊戯者が偶数の目と奇数の目を出す運は等しいからといって，3回投げて偶数を出し続ける運も等しいとはならないからである．

カルダーノは最初の推論を「はなはだ不合理である」といい，正しい推論を次のように与えている．

> それゆえに，偶数と奇数の目のように確率が $\frac{1}{2}$ である場合は，場合の数を自分自身に掛けて，その積から1を引く．その残りの，1に対する比率が賭けるべき賭金の比率である．したがって，2回続けて投げる場合は，2を自分自身に掛けて4となり，1を引くと3を得る．ゆえに，遊戯者は3対1の賭けをまさに行うことになる．なぜなら，奇数に賭けているとして最初のサイコロの目が偶数だったとすると，偶数の目の次に偶数あるいは奇数の目を出しても，負けることになる．奇数の目を出した後，偶数の目を出しても同じく負ける．このように，3回の負けと1回の勝ちである．

カルダーノは，掛け合わせるべきは確率であり，勝ち目ではないことを理解していた[11]．しかし，このように正しく推論したすぐ次の文章で，勝ち目が $1:1$ である事象に対して3回続ける賭けを考え，再び間違えている．カルダーノは3回のサイコロ投げでその事象が起こる勝ち目は $1:(3^2-1)=1:8$ （正しい $1:(2^3-1)=1:7$ の代わりに）であるとして，間違って記述している．ところが，著書をさらに読み進めると，カルダーノは正確な一般的規則をまさしく与えているのである (Ore(1953, p.205))．

> ゆえに，1個のサイコロ投げにおいて1と2の目が好ましい場合は，目の総数である6を自分自身に掛けて，36を得る．また，2を自分自身に掛けて4を得る．ゆえに，勝ち目は $4:32$，あるいは逆にしてオッズは $8:1$ である．

---

[11] オッズが $125:91$ という問題では，2回の試行おける正しいオッズは $((125+91)^2-91^2):91^2=4.63:1$ である．$1:1$ の場合は，3回の試行での勝ち目は $1^3:(2^3-1^3)=1:7$ である．

3個のサイコロを投げるときは，3つの積を求めることになる．6を自分自身に掛けて，さらに掛けて 216 を得る．また，2 を自分自身に掛けて，さらに掛けて 8 を得る．216 から 8 を引くと，結果は 208 である．ゆえに，オッズは 208 : 8，つまり 26 : 1 である．さらに，4個のサイコロの場合も同じやり方で，それらの数字は求められ，表に与えられている通りである．その1つからもう1つの数字を引いて，オッズは 80 : 1 であることが分かる．

上の文章において，カルダーノは確率 $\frac{1}{3}$ の事象について考えていて，その事象が2回起こることに対するオッズは $(3^2-1):1=8:1$ である．3回の場合は $(3^3-1):1=26:1$ などと，次々に求めている．カルダーノは最終的に次の正しい法則に辿り着く．ある実験での1つの試行において，ある事象が起こる勝ち目が $r:(t-r)$ であるとき，その実験の同じ試行を n 回独立に行うとき，その事象が n 回起こるということへのオッズは $(t^n-r^n):r^n$ で求められる．

カルダーノはまた，大数の法則（**問題 8**）が成り立つことも予期していた．ただし，そのことを明確に述べることはなかったけれども．Ore(1953, p.170) は次のように記述している．

彼［カルダーノ］が，非常に未熟な形ではあったけれども，いわゆる大数の法則に気づいていたのは…明らかである．カルダーノの数学は，数式を用いた表現をとる以前のものであったため，その法則をそれにふさわしい形式で表すことができなかったが，次のように利用していた．ある事象の確率が p であるとき，試行を大きな回数繰り返すとすると，それが起こる回数は $m=np$ という値から大きく離れることはない．

さらに，『偶然のゲームについての書』(Cardano(1564)) の 11 章では，カルダーノはサイコロの問題（**問題 3**）について考えている．『実用算術』(Cardano(1539)) では分配問題（**問題 4**），破産問題（**問題 5**）(Coumet(1965a))，サンクト・ペテルブルグの問題（**問題 11**）(Dutka(1988)) についても考察し

ている．さらに，カルダーノはまた後にパスカルの三角形として知られるようになったものを利用している (Cardano(1570), Boyer(1950))．しかしながら，これらのどの問題においても，カルダーノは，後に彼の後継者たちにより明らかにされたような円熟さや洗練さをもった数学水準に至ることはなかった．

　確率に関するカルダーノの研究について最後に1つ述べておきたい．『偶然のゲームについての書』によると，カルダーノは確率の数学的概念と運のもつ非科学的概念とを分離することはできなかった．彼が「君主の権威」(Ore(1953, p.227)) と呼ぶところのある種の超自然な力と運を同一視していた．『賭け事における運について』と名付けられた第20章において，カルダーノは次のように述べている (Ore(1953, pp.215-216))．

> これらの例において，運は非常に大きな役割を果たしているようである．そのため，予期もしない成功を収めたり，期待できるはずだったのに失敗することになる．
> サイコロ投げにおいて，ある目が多く出すぎるとか，あるいは少なすぎるとか，そのような傾向があるとき，起こってしかるべきものにその結果はいつも等しいはずである．ゆえに，公正なゲームの場合には，そのときの結果には何がしかの理由や根拠があるはずなので，偶然のゲームであるとはいえない．しかし，掛け金をどの目に掛けても不安定な結果となるのなら，別種の要因が多かれ少なかれ存在しているのであって，そこに運に関する合理的な知見を見出すことはできない．それがどうしようもなく運というものなのだけれども．

このようにカルダーノは，期待値から揺らいだ結果がもたらされるのは，それに影響する外的な力が存在するからだと信じていた．そのような揺らぎこそが偶然に関連しているのであって，超自然的な力が働いたためではないと認識することはなかった．Gigerenzer et al. (1989, p.12) は次のように述べている．

> 彼［カルダーノ］は，かくして確率の数学理論を基礎づけるという資格を放擲した．運が消滅して初めて古典的確率は到来したのである：変動的な出来事さえも（少なくとも長期の試行において）安定的に基

礎をなす確率の現れとして取り込むには，徹底した決定論的思潮を必要としたのである．

問題 2

ガリレオとサイコロに関する発見（1620）

▶問 題

3個のサイコロを投げて，その3つの目の和について考える．その和 9, 10, 11, 12 を3つの目の和で表すと，それぞれ 6 通りである．そうなのに，10 または 11 の目の和が 9 または 12 の目の和よりも起こりやすそうなのはなぜだろう．

▶解 答

目の和 9 から 12 についての（順序を考えない）6 通りの組み合わせを表 2.1 に与えている．また，それらの組み合わせが起きたときの（並べる順序を入れ替えた）順列の数も与えてある．

例えば，12 の列のすぐ下には 6-5-1 とあるが，3つの目 6, 5, 1 がどの順番で得られたとしても，和が 12 であることを意味している．6-5-1 の隣に 6 とあるのは，6, 5, 1 を得るときの異なる順列の数である．ゆえに，9 から 12 のどの目の和も 6 通りの組み合わせで得られていることが分かる．しかし，これら組み合わせはそれぞれの順列の数で起こり得る．9, 10, 11, 12 に対する順列の数の和はそれぞれ，25, 27, 27, 25 である．よって，目の和 10, 11 は目の和 9, 12 よりも起こりやすい．

問題 2　ガリレオとサイコロに関する発見 (1620)

表 2.1 3 個のサイコロの目の和 9-12 の組み合わせと順列の数

	12		11		10		9	
	6-5-1	6	6-4-1	6	6-3-1	6	6-2-1	6
	6-4-2	6	6-3-2	6	6-2-2	3	5-3-1	6
	6-3-3	3	5-5-1	3	5-4-1	6	5-2-2	3
	5-5-2	3	5-4-2	6	5-3-2	6	4-4-1	3
	5-4-3	6	5-3-3	3	4-4-2	3	4-3-2	6
	4-4-4	1	4-4-3	3	4-3-3	3	3-3-3	1
場合の数		25		27		27		25

▶考 察

　カルダーノの時代からおおよそ 1 世紀後に，高名な物理学者であり数学者でもあるガリレオ・ガリレイ (1564-1642) はトスカナの大公からこの問題について尋ねられた．パッサディーチというゲームでは 3 個のサイコロを投げて，3 つの目の和を求め，勝つには少なくとも 11 得点を得る必要があった．ガリレオはその解を確率に関する論文『サイコロに関する発見について』(Galilei(1620)) で与えた．その論文において，ガリレオは次のように述べている (David(1962, p.193))．

> しかし，3 個のサイコロを投げたときの組み合わせの数はわずか 16 個，つまり 3,4,5，と続いて 18 までであり，これらに上記の 216 通りの出目を対応させる必要があるので，これらの組み合わせの数には複数個の出目が対応している．それら 1 つ 1 つに何個の出目が対応しているか，その出目数を知ることができれば，知りたいことを見つけるための方法が整ったことになる．また，それらは 3 から 10 に対して調べれば十分である．なぜなら，これらの数の 1 つに対応している出目数は，すぐ上にある大きな数に対応している出目数でもあるからである．

　ガリレオはこの後，上の**解答**で述べた方法と同様のやり方へと進んでいる．

問題 2　ガリレオとサイコロに関する発見 (1620)　15

図 2.1　ガリレオ・ガリレイ (1564-1642)

ガリレオが行った，同等に起こりやすいすべての結果のなかから好ましい結果を数え上げるというほとんど普通のやり方から判断して，この時代でも確率の古典的な定義の利用が一般的であったことが分かる．ガリレオは知らなかったが，同じ問題がおおよそ 1 世紀前にカルダーノによってすでに正確に解かれていた．ガリレオの死後 21 年目に出版されたカルダーノの『偶然のゲームについての書』(Ore(1953, p.198)) の 13 章（図 2.3）に記述されている．

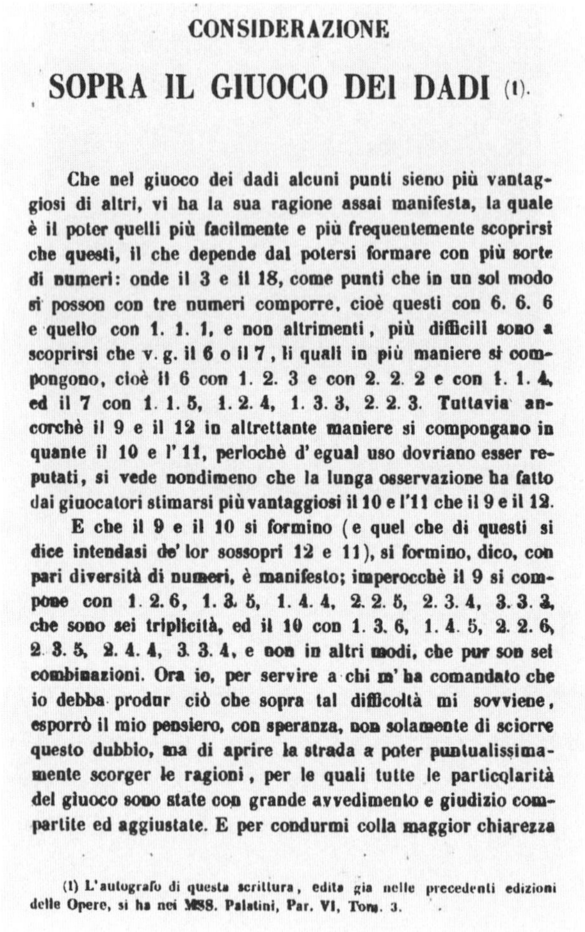

CONSIDERAZIONE
SOPRA IL GIUOCO DEI DADI (1).

Che nel giuoco dei dadi alcuni punti sieno più vantaggiosi di altri, vi ha la sua ragione assai manifesta, la quale è il poter quelli più facilmente e più frequentemente scoprirsi che questi, il che depende dal potersi formare con più sorte di numeri: onde il 3 e il 18, come punti che in un sol modo si posson con tre numeri comporre, cioè questi con 6. 6. 6 e quello con 1. 1. 1, e non altrimenti, più difficili sono a scoprirsi che v. g. il 6 o il 7, li quali in più maniere si compongono, cioè il 6 con 1. 2. 3 e con 2. 2. 2 e con 1. 1. 4, ed il 7 con 1. 1. 5, 1. 2. 4, 1. 3. 3, 2. 2. 3. Tuttavia ancorchè il 9 e il 12 in altrettante maniere si compongano in quante il 10 e l'11, perlochè d'egual uso dovriano esser reputati, si vede nondimeno che la lunga osservazione ha fatto dai giuocatori stimarsi più vantaggiosi il 10 e l'11 che il 9 e il 12.

E che il 9 e il 10 si formino (e quel che di questi si dice intendasi de' lor sossopri 12 e 11), si formino, dico, con pari diversità di numeri, è manifesto; imperocchè il 9 si compone con 1. 2. 6, 1. 3. 5, 1. 4. 4, 2. 2. 5, 2. 3. 4, 3. 3. 3, che sono sei triplicità, ed il 10 con 1. 3. 6, 1. 4. 5, 2. 2. 6, 2. 3. 5, 2. 4. 4, 3. 3. 4, e non in altri modi, che pur son sei combinazioni. Ora io, per servire a chi m'ha comandato che io debba produr ciò che sopra tal difficoltà mi sovviene, esporrò il mio pensiero, con speranza, non solamente di sciorre questo dubbio, ma di aprire la strada a poter puntualissimamente scorger le ragioni, per le quali tutte le particolarità del giuoco sono state con grande avvedimento e giudizio compartite ed aggiustate. E per condurmi colla maggior chiarezza

(1) L'autografo di questa scrittura, edita già nelle precedenti edizioni delle Opere, si ha nei MSS. Palatini, Par. VI, Tom. 3.

図 2.2 『サイコロに関する発見について』(『ガリレオ全集 XIV』(Galilei(1620)) からの抜粋)

問題2 ガリレオとサイコロに関する発見 (1620) 17

Succeſſio autem geminata, vt bonorum bis
punctorum accedit ex circuitibus, inuicem
ductis, videlicet tribus millibus ſexcentis icti-
bus, cuius æqualitas eſt dimidium, ictus ſcili-
cet mille octingenti. In totidem enim poteſt
contingere, & non contingere. Et non fallit
totus circuitus, niſi quia in vno poteſt gemi-
nari, & bis, & ter. Hæc igitur cognitio eſt
ſecundum coniecturam, & proximiorem; &
non eſt ratio recta in his: Attamen contin-
git, quòd in multis circuitibus res ſuccedit
proxima coniecturæ.

CAPVT XII.
De trium Alearum iactu.

Terna puncta ſimilia fiunt, niſi vno modo,
vt in precedenti; ideóque ſunt ſex. Pun-
cta verò bina ſimilia, & tertium diſpar ſunt
triginta; & vnumquodque contingit tribus
modis, erunt nonaginta. Puncta verò ex tri-
bus diſſimilibus ſunt viginti, & variantur
ſex modis, erunt igitur cum iactu viginti, &
circuitus ex omnibus ducenti ſexdecim, &
æqualitas in cetum octo, & ponam ſimplices,
& varios terminatos pro exemplo. Simpli-
ces, ergo ſex geminati cuius puncti quin-
que modis. Cum ergo ſint puncta ſex, erunt
modi triginta, ſeu ictuum varietates. Pro-
ponitur,& variatio,triplex;vt ſint nonaginta.
Sed viginti, qui ſunt omnes diſſimiles, cum
varientur modis ſex, erunt centum, & vigin-
ti. Puncta ergo ſimilia ſunt pars centeſima
octaua æqualitatis, geminata autem cum tria
ſint, erunt trigeſima ſexta eiuſdem; & vt in
duabus Aleis ad vnguem, eſt decima octa-
ua. Ita hic iactus cum in decem octo nume-
ris ſit, ad centum octo ſexta pars eſt, quare
comparatus ad illum, triplo frequentius con-
tinget.

Eaque eſt geminorum lex, dicemus, aut de
ratione pignoris iuxta hoc. Duo verò pun-
cta inæqualia, vt vnum, ac duo, ſic diſtin-
guemus, quoniam ſi copulabitur vnum fiet
tribus modis, ſi duo, totidem erunt, ergo iam
ſex. Quatuor autem modis aliis contingit:At
hi ſex variantur ſinguli differentiis; erunt
igitur viginti quatuor, vt cum reliquis ſex

CAPVT XIII.
De Numeris compoſitis, tam vſque ad ſex, quam vltra, & tam in duabus Aleis, quàm in tribus.

In duabus Aleis duodecim, & vndecim con-
ſtant eadem ratione, qua bis, ſex, atque
ſex, & quinque. Decem autem ex bis quin-
que, & ſex, & quatuor, hoc autem variatur
dupliciter; erit igitur totum duodecima pars
circuitus, & ſexta æqualitatis. Rurſus ex
nouem,& quinque, & quatuor, & ſex, ac tri-
bus,vt ſit nona pars circuitus æqualitatis du-
plum nonæ partis. Octo autem puncta ſunt ex
bis quatuor,tribus,& quinque, ac ſex, & duo-
bus. Totum quinque ſeptima ferme circui-
tus pars, & duæ ſeptimæ æqualitatis. Septem
autem, ex ſex, & vno quinque, ac duobus
quatuor, ac tribus. Omnia igitur puncta ſunt
ſex, tertia pars æqualitatis, & ſexta circui-
tus. At ſex vt octo, & quinque, vt nouem,
quatuor, vt decem, tria vt vndecim, & duo,
vt duodecim.

Sed in Ludo fritilli vndecim puncta, adii-
cere decet, quia vna Alea poteſt oſtendi
erunt igitur duorum punctorum iactus duo-
decim, & ita bes æqualitatis, & triens cir-
cuitus. Tria autem tredecim, quatuor autem
quatuordecim, quinque quindecim, dextans
æqualitatis; & à toto circuitu quincunx.
Sex autem ſexdecim, & valde propè æqua-
litatem.

Conſenſus ſortis in duabus Aleis.

| 2 | 12 | 1 | 3 | 11 | 2 | 4 | 10 | 3. Æqual. |
| 5 | 9 | 4 | 6 | 8 | 5 | 7 | 8 | 18. Ad Frit. |

Conſenſus ſortis in tribus Aleis tum Frit.

Sortis			Fritilli.		
			3	115	
3	18	1	4	125	
4	17	3	5	126	
5	16	6	6	133	Circuitus 216.
6	15	10	7	33	Æqualitas 108.
7	14	15	8	36	
8	13	21	9	37	
9	12	25	10	36	
10	11	27	11	38	
			12	26	

図 2.3 ガリレオの考えた問題に対するカルダーノの解答.『偶然のゲームについての書』の 13 章にある. 右ページの下にある 2 列の左側の最後の 2 行には 9,12,25 と 10,11,27 とある. これらは 3 個のサイコロの目の和 9 と 12 を得る組み合わせの数は 25 であり,目の和 10 と 11 を得る組み合わせの数は 27 であることに対応する.

問題 3

シュバリエ・ド・メレの問題I：サイコロ問題 (1654)

▶問題

1個のサイコロを4回投げるとき，6の目が少なくとも1回出る確率は $\frac{1}{2}$ よりも少しだけ大きい．しかし，2個のサイコロを24回投げるとき，6のゾロ目が少なくとも1回出る確率は $\frac{1}{2}$ よりも少しだけ小さい．この2つの確率はなぜ異なるのだろうか．次の事実

$$P(2個のサイコロ投げで6のゾロ目)$$
$$= \frac{1}{36} = \frac{1}{6} \cdot P(1個のサイコロ投げで6の目)$$

が成り立つことを考慮すると，2つのサイコロ投げでは $6 \cdot 4 = 24$ 回投げることにより $\frac{1}{6}$ という因数を相殺できるのではなかろうか．

▶解答

どちらの確率も積の公式を使って求められる．最初の場合は，6の目が出ない確率は $1 - \frac{1}{6} = \frac{5}{6}$ である．ゆえに，サイコロ投げの各々は互いに独立であると考えられるので，

P (4回のサイコロ投げで少なくとも1つの6の目)

$= 1 - P$ (6の目は1回も出ない)

$= 1 - \left(\dfrac{5}{6}\right)^4$

≈ 0.518

もう1つの場合は，2個のサイコロ投げで6のゾロ目が出ない確率は $1 - \left(\dfrac{1}{6}\right)^2 = \dfrac{35}{36}$ である．ゆえに，独立性を仮定して同様に，

P (24回のサイコロ投げで少なくとも1つの6のゾロ目)

$= 1 - P$ (6のゾロ目は1回も出ない)

$= 1 - \left(\dfrac{35}{36}\right)^{24}$

≈ 0.491

▶考 察

シュバリエ・ド・メレ[1]の名で広く知られている賭博師アントワーヌ・ゴンボー (1607-1684) が，1個のサイコロを4回投げて少なくとも1回は6の目がでることに五分五分の賭けを行い恒常的に勝ち続けていたことはかなりよく

---

[1] ライプニッツはシュバリエ・ド・メレのことを，賭博師であり哲学者でもある洞察力の持ち主であると称している (Leibniz(1896, p.539))．パスカルの伝記作者であるタラックもその著書 Tulloch(1878, p.66) において「デュク・ド・ロアネッツ [パスカルの若い友人] のホテルでパスカルが確かに出会い，何がしかの親交のあったとされる人々の中に，よく知られたシュバリエ・ド・メレがいた．彼はメントノン夫人の家庭教師としても有名である (彼女の優雅だが軽妙な手紙はその時代の写し絵として今でも読まれている)．ド・メレは賭博師であり放蕩者でもあったが，若干の科学者風を装い，その発展に興味があると嘯いていた」と述べている．パスカル自身が彼に世辞を述べることは少なかった．フェルマーへの手紙 (Smith(1929, p.552)) において，パスカルは次のように述べている．「彼 [ド・メレ] に才能はありますが，幾何学者ではありません (これは，ご存知のように，大いなる欠点です)．それに，数直線が無限に分割できることさえ認めません．それは有限個の点で構成されていると強く確信しているのです．その考えを捨てさせることはどうしてもできませんでした．もしもあなたがそうできるようでしたら，彼を完璧な人間へと導くことができるかもしれません」．Chamaillard(1921) は全編シュバリエ・ド・メレに捧げられている．

知られている.しかし,友人であるアマチュア数学者ピエール・ド・カルカビ (1600-1684) に 1654 年に出会ったときは,別の賭けで負けているときであった.ガリレオの死後ほぼ四半世紀過ぎた頃である.ド・メレは 2 個のサイコロを 24 回投げるとき,6 のゾロ目が出ることに賭ける方が有利であると考えていた.しかし,個人的な経験によれば 25 回は必要であるようにも感じていた[2].この問題を解明できず,両名は共通の友人である高名な数学者・物理学者・哲学者であるブレーズ・パスカル[3](1623-1662) に相談することにした.パスカル自身もそのころすでに偶然のゲームに関心を示していたため (Groothuis(2003, p.10)),パスカルはこの問題に興味をもったに違いない.そのため,カルカビ[4]を介して,ツールーズの弁護士でもあった著名な数学者ピエール・ド・フェルマー[5](1601-1665) に相談するようになった.パスカルの父親はすでに 3 年前に亡くなっていたが,父親とフェルマーとの親交を通してフェルマーを知ってはいた.その後,短期間ではあったが両者の間で書簡を交わし合ったことが,確率論の本格的な発展の起点となったと広く信じられている.パスカルからフェルマーへの現存する最初の手紙[6](1654 年 7 月 29 日付)で,パスカルは次のように述べている(図 3.1 と図 3.2)(Smith(1929,

---

[2] Ore(1960) は,サイコロを 24 回投げる場合と 25 回の場合との確率の違いは小さいので,ド・メレにはその差を経験からは検出できなかっただろうと考えている.一方,Olofsson(2007, p.177) はそれには否定的である.24 回の場合,胴元は恒常的に確率 2%(51% − 49%) の利潤を得ることになり,他の賭博者らはそれを支払うことになる.さらに,ド・メレが 100 ピストル (17,18 世紀にヨーロッパで用いられた金貨) で勝負を始めたとすると,勝つ確率が 0.49 のとき,資金を 2 倍にする前に 98% の確率で破産すると指摘している.つまり,確率 0.49 と 0.51 の違いを実際の経験から検出することは可能であるとオロフソンは主張しているのであるが,ド・メレにはそのための自由になる時間を十分にもっていたのである.

[3] パスカルについて書かれた本は多数に上るが,Groothuis(2003) と Hammond(2003) による伝記はパスカルの生涯と業績への適切な入門書である.

[4] カルカビはパスカルの父親と古くからの友人であり,パスカルとも大変親しかった.

[5] フェルマーは今日,いわゆる「フェルマーの最終定理」で思い出されることが多い.それは 1637 年に予想され,アンドリュー・ワイルスによる証明を 1995 年まで待たなければならなかった (Wiles(1995)).定理は,n が 3 以上であるとき方程式 $a^n + b^n = c^n$ を満足する正の整数解は存在しない,というものである.Aczel(1996) はフェルマーの最終定理への良い入門書である.また,Mahoney(1994) はフェルマーの素晴らしい伝記である.彼の確率論に関する業績はその pp.402-410 に見られる.

[6] フェルマーへのパスカルの最初の手紙は,2 者の間で交わしたいくつかの手紙ともに,残念ながらもはや存在しない.しかし,かなり異色な Rényi(1972) においては,パスカルとフェルマーとの間で交わされた 4 通の手紙が想像的に構成なおされている.

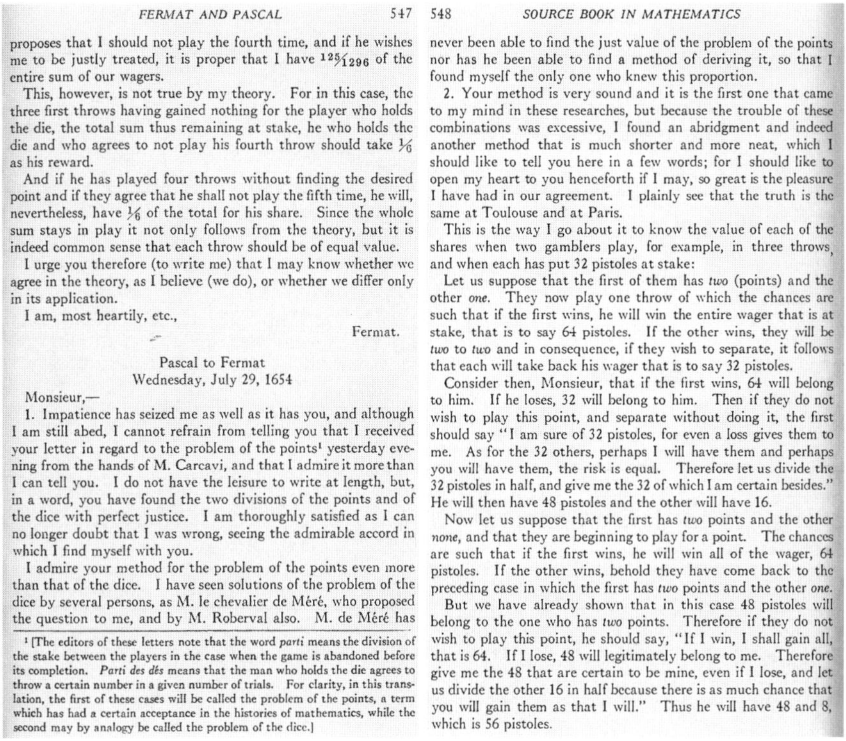

問題 3　シュバリエ・ド・メレの問題 I：サイコロ問題（1654）　21

図 3.1　パスカルからフェルマーへの現存する最初の手紙．スミスの『数学の源典』(Smith(1929))からの引用．

p.552)).

彼［ド・メレ］は次の理由により，計算に間違いを見つけたと伝えてきています：

1個のサイコロを投げて6の目を出そうとするとき，4回投げてよいのなら，その勝ち目は671:625である．2個のサイコロを投げて6のゾロ目を出そうとするとき，24回しか投げないのでは不利である．しかし，そうであるにもかかわらず，24と36（2個のサイコロの目の組み合わせの数）の比は4と6の比（1個のサイコロの目の数）に等しいからである．

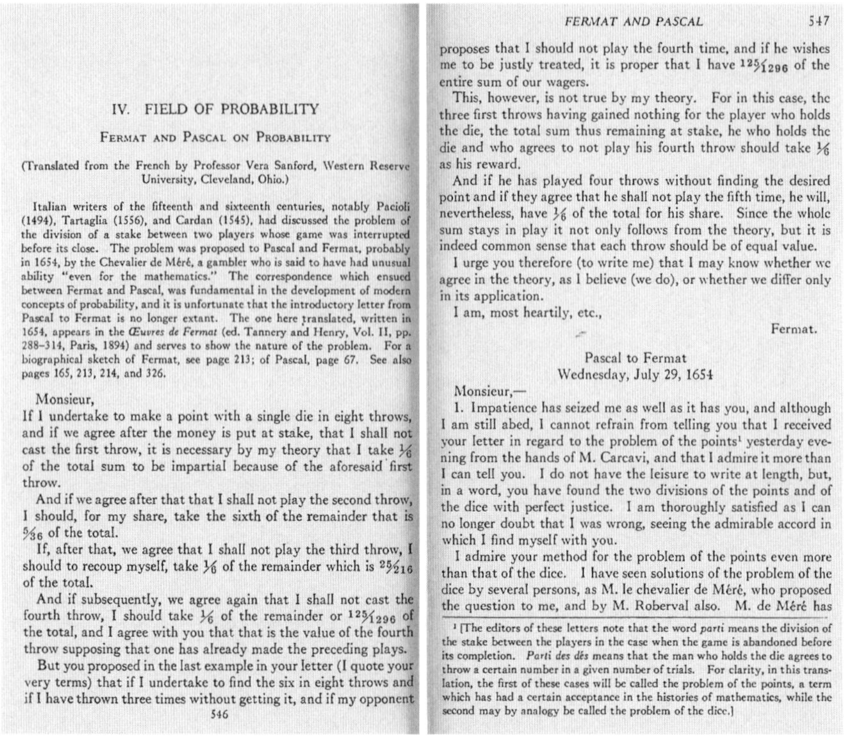

図 3.2 フェルマーからパスカルへの現存する最初の手紙. スミスの『数学の源典』(Smith(1929)) からの引用.

> これが彼をして声高に，定理は整合的ではないし，計算は狂っていると大げさに言い募っていることの中身なのです．しかし，あなたの得ている原理により，あなたにはその理由がすぐに理解できるでしょう．

このようにド・メレは，経験と数学的な計算とに辻褄が合わないことで悩まされていた．しかし，フェルマーにとってこのサイコロの問題は初等的な計算問題でしかなく，難なく解くことができた．というのは，パスカルが7月29日の手紙で次のように述べているからである (Smith(1929, p.547)).

> 長々と書くつもりはありません．一言で述べると，完璧に正しい判断でサイコロの目と得点の2つの配分法をあなたは発見されました．

見事に調和してあなたに同意している私がいることからして，私が間違っていたなどと疑うことなどありえません．そのことにまったく満足しています．

一方，ド・メレの誤った数学的な理由付けでは，正しくない**老賭博者の公式** (Weaver(1982, p.47)) に基づいた**ゲームの境界値**が利用されていた．ゲームの境界値 C とは，賭博者が何回かの試行で少なくとも 1 回の勝利を得る確率が $\frac{1}{2}$ 以上であるような最小の試行回数のことである．老賭博者の公式がどのように導かれるか説明しよう．カルダーノの**平均に基づく推論**（**問題 1** の ROTM）を思い出すと，賭博者が 1 回の賭けで勝つ確率を p とおくとき，独立 n 回の賭けで賭博者は平均 np 回勝利することを理由にして，その np を n 回の賭けで勝利する「確率」と同一視する間違いであった．そのため，その「確率」を $\frac{1}{2}$ とおけば，次が得られる．

$$C \times p = \frac{1}{2}$$

上の公式に $p = \frac{1}{36}$ を代入すると，カルダーノの得た $C = 18$ という間違った答えが得られる．さらに，最初のゲームで (p_1, C_1) であるとき，2 番目のゲームでのそれぞれの賭けで勝つ確率が p_2 であり，その境界値が C_2 であるとすると，次が成り立つことになる．

$$C_1 p_1 = C_2 p_2, \text{つまり } C_2 = \frac{C_1 p_1}{p_2} \text{（老賭博者の公式）} \tag{3.1}$$

つまり，老賭博者の公式は，**2 つのゲームの境界値の比はそれぞれの勝つ確率の逆数の比である**ことを述べている．$C_1 = 4, p_1 = \frac{1}{6}, p_2 = \frac{1}{36}$ であるときは，$C_2 = 24$ を得る．しかしすでに，24 回のサイコロ投げで少なくとも 1 回の 6 のゾロ目を得る確率は 0.491 であり，$\frac{1}{2}$ よりも小さいことを知っている．ゆえに，$C_2 = 24$ は境界値ではない（後で，正しい境界値は 25 回であることを示す）．老賭博者の公式は正しくないが，老賭博者の公式は正しいと信じたがゆえに，ド・メレは誤って，24 回投げるとき少なくとも 1 回の 6 のゾロ目を得る確率は $\frac{1}{2}$ 以上であるに違いないと考えたのである．

さらに議論を深めて，間違っている老賭博者の公式はどう修正されるべきな

のか考えてみよう．$(1-p_1)^{x_1} = 0.5$ つまり $x_1 = \dfrac{\log(0.5)}{\log(1-p_1)}$ を満足する x_1 以上の整数で最小のものが，定義により，$C_1 = \lceil x_1 \rceil$ である．この分かりやすい記号を使うと，2番目のゲームでは，$C_2 = \lceil x_2 \rceil$, $x_2 = \dfrac{\log(0.5)}{\log(1-p_2)}$ である．ゆえに，正しい関係式は

$$x_2 = \frac{x_1 \log(1-p_1)}{\log(1-p_2)} \tag{3.2}$$

でなければならない．

式 (3.1) と (3.2) とがまったく別物であることは明らかである．ただし，p_1 と p_2 が非常に小さければ，$\log(1-p_1) \approx -p_1$ と $\log(1-p_2) \approx -p_2$ が成り立つので，近似的に $x_2 = \dfrac{x_1 p_1}{p_2}$ である．式 (3.1) は，実数 x_1 と x_2 の代わりに，整数 C_1 と C_2 を用いているだけなので，両公式にほとんど違いはない．

老賭博者の公式を後に研究したのは，有名なフランスの数学者アブラハム・ド・モアブル (1667–1754) である．ド・モアブルはアイザック・ニュートンと親しい友人であった．『偶然の理論』(de Moivre(1718, p.14)) において，$(1-p)^x = \dfrac{1}{2}$ を解いて，$x = -\dfrac{\log 2}{\log(1-p)}$ を得ている．p が小さいとき，次が得られる（図 3.3 を参照せよ）．

$$x \approx \frac{0.693}{p} \quad \text{（ド・モアブルの賭博者の公式）} \tag{3.3}$$

2個のサイコロ投げの問題にド・モアブルの賭博者の公式を当てはめると，正しい答えが得られる．$x \approx \dfrac{0.693}{p}$ において $p = \dfrac{1}{36}$ とおくと，$x \approx 24.95$ となり，正しい境界値 $C = 25$ を得る．この公式は p が小さいときに成り立つものなので，そのような場合でしか役に立たない[7]．用いられるべきもう1つの公式は，**すべての p に対して成り立つ** $x = -\dfrac{\log 2}{\log(1-p)}$ である．2個のサイコロ投げの問題にこの正確な公式を当てはめると，$x = -\dfrac{\log 2}{\log(35/36)} = 24.60$ となり，$C = 25$ を得る．老賭博者の公式，ド・モアブルの賭博者の公式，正確な公式を比較したものを表 3.1 に与えてある．

---

[7] 例えば，1個のサイコロ投げの問題にド・モアブルの賭博者の公式を当てはめると，$x = \dfrac{0.693}{1/6} = 4.158$ となり $C = 5$ を得る．4回で十分であることはすでに示しているので，これは正しくない．

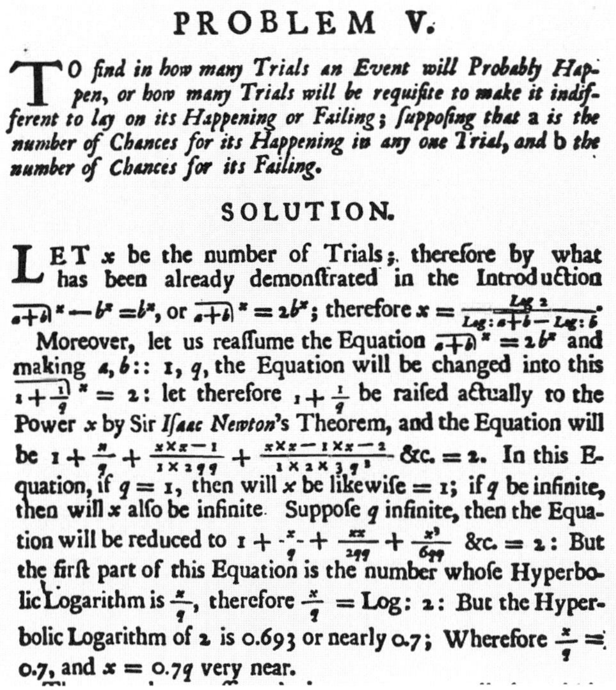

PROBLEM V.

TO find in how many Trials an Event will Probably Happen, or how many Trials will be requisite to make it indifferent to lay on its Happening or Failing; supposing that a is the number of Chances for its Happening in any one Trial, and b the number of Chances for its Failing.

SOLUTION.

LET x be the number of Trials; therefore by what has been already demonstrated in the Introduction $\overline{a+b}^x - b^x = b^x$, or $\overline{a+b}^x = 2 b^x$; therefore $x = \frac{Log\ 2}{Log: a+b - Log: b}$.

Moreover, let us reassume the Equation $\overline{a+b}^x = 2 b^x$ and making $a, b :: 1, q$, the Equation will be changed into this $\overline{1 + \frac{1}{q}}^x = 2$: let therefore $1 + \frac{1}{q}$ be raised actually to the Power x by Sir $I\!\int\!aac$ Newton's Theorem, and the Equation will be $1 + \frac{x}{q} + \frac{x \times x - 1}{1 \times 2 q q} + \frac{x \times x - 1 \times x - 2}{1 \times 2 \times 3 q^3} $ &c. $= 2$. In this Equation, if $q = 1$, then will x be likewise $= 1$; if q be infinite, then will x also be infinite. Suppose q infinite, then the Equation will be reduced to $1 + \frac{x}{q} + \frac{xx}{2qq} + \frac{x^3}{6 q^3}$ &c. $= 2$: But the first part of this Equation is the number whose Hyperbolic Logarithm is $\frac{x}{q}$, therefore $\frac{x}{q} = $ Log: 2: But the Hyperbolic Logarithm of 2 is 0.693 or nearly 0.7; Wherefore $\frac{x}{q} = 0.7$, and $x = 0.7 q$ very near.

図 3.3　ド・モアブルによる賭博者の公式の導出．『偶然の理論』(de Moivre(1718, p.14))からの引用．ド・モアブルは q を $\frac{b}{a}$ または $\frac{1}{p-1}$ と定義しているが，本書では $q = 1-p$ である．

ここで，次の古典的な問題を解くためにド・モアブルの賭博者の公式を用いてみよう．

勝つ確率が $\frac{1}{N}$ であるゲームに賭ける賭博者がいる．N は大きいとする．このとき，少なくとも1回勝つ確率が $\frac{1}{2}$ 以上であるためには，おおよそ $\frac{2}{3}N$ 回のゲームを行う必要があることを示せ．

この問題を解くには，$p = \frac{1}{N}$ が小さいので，ド・モアブルの賭博者の公式 (3.3) を適用できることに注意しよう．

$$x \approx \frac{0.693}{1/N} \approx \frac{2}{3} N$$

表 3.1 老賭博者の公式, ド・モアブルの賭博者の公式, 正確公式による境界値. 事象の確率は p.

p	老賭博者の公式 $C = \dfrac{C_1 p_1}{p}$ (ただし, $C_1 = 4, p_1 = \dfrac{1}{6}$)	ド・モアブルの賭博者の公式 $C = \left\lceil \dfrac{0.693}{p} \right\rceil$	正確公式 $C = \left\lceil -\dfrac{\log 2}{\log(1-p)} \right\rceil$
$\dfrac{1}{216}$	144	150	150
$\dfrac{1}{36}$	24	25	25
$\dfrac{1}{6}$	4	5	4
$\dfrac{1}{4}$	3	3	3
$\dfrac{1}{2}$	2	2	1

サイコロ投げの問題に最後の注釈を加えておこう．パスカル本人は，フェルマーとの書簡においてその問題に解答を与えてはいない．パスカルが簡単すぎる問題であると考えていたことは疑いようがなく，古典的な次の**問題 4** に時間と精力の多くをつぎ込んだのであった．

問題 4

シュバリエ・ド・メレの問題II：分配問題（1654）

▶問題

2人の賭博者AとBが勝ち目五分五分の試合で得点を競い，先に6得点獲得した方が賞金を得るとする．しかし，Aが5得点，Bが3得点獲得した時点で中断することになった．AとBの間で，賞金はどのように配分すべきか．

▶解答

賞金は，AとBがそのままゲームを続けたとしたら彼らが賞金を得るはずの条件付き確率で配分されるべきである．賭博者Aは勝つには1得点足らず，賭博者Bは3得点足らない．その後想定可能な勝負の最大数は $(1+3)-1=3$ であり，そのどの試合でもAとBの勝ち目は五分五分である．このゲームの標本空間は $\Omega = \{A_1, B_1A_2, B_1B_2A_3, B_1B_2B_3\}$ である．ただし，例えば B_1A_2 は最初の試合でBが勝ち，2番目の試合でAが勝つという事象を表す（このとき，Aが勝つには1得点足らないだけなので，ゲームは終了する）．しかし，Ω の4つの標本点の確率は等しくない．事象 A_1 が起こるのは，4つの同等に起こり得る $A_1A_2A_3, A_1A_2B_3, A_1B_2A_3, A_1B_2B_3$ のどれかが起きたときである．また，B_1A_2 が起こるのは，2つの $B_1A_2A_3, B_1A_2B_3$ のどれかが起きたときである．同等に起こり得る標本点を用いると，標本空間は次で与えられことになる．

$$\Omega = \{A_1A_2A_3, A_1A_2B_3, A_1B_2A_3, A_1B_2B_3, B_1A_2A_3, B_1A_2B_3, B_1B_2A_3,$$
$$B_1B_2B_3\}$$

全部で8つの同等に起こり得る結果が存在して，Bが賞金を得るのは $B_1B_2B_3$ という1つの結果だけである．一方，賭博者Aが賞金を得る確率は $\frac{7}{8}$ である．ゆえに，賞金はAとBの間で7：1の比で配分されるべきである．

▶考 察

このゲームの標本空間は，各賭博者がすでに勝っている試合数に基づくというよりはむしろ，ゲームを続けると行われるであろう**残り**の最大試合数に依存していることに注意する．

問題4は**配分問題**[1]，あるいは**得点問題**として知られている．ド・メレが1654年にパスカル（図4.1）に尋ねたもう1つの問題である．この数学者たちの時代よりも数百年前からすでにこの問題は知られていた[2]．早くも1380年には，イタリアの文献に現れる（Burton(2006, p.445)）．しかし，印刷物として初めて出版されたのは『算術・幾何・比および比率に関するすべて』（Pacioli(1494)）である．パチョーリの間違って与えた解は，賞金は各賭博者がすでに勝っている試合数の比で配分するというものである．**問題4**でのその比は5：3となる．簡単な反例で，パチョーリの解がおかしいことを示すことができる．賭博者たちは，ゲームで賞金を得るには先に100試合勝たなければならず，Aが1勝，Bが0勝の段階でやめなければならなかったとする．このとき，パチョーリの解によれば，賞金の全額がAに与えられることになる[3]．Bよりもわずか1勝先行しているだけであり，ゲームを続けたとしたら，さらに99勝もしなければならないのにである．

---

[1] 配分問題はまた，Todhunter(1865, 2章), Hald(2003, pp.56-63), Petkovic(2009, pp.212-214), Paolella(2006, pp.97-99), Montucla(1802, pp.383-390), de Sá(2007, pp.61-62), Kaplan and Kaplan(2006, pp.25-30), Isaac(1995, p.55), Gorroochun (2011) 等で議論されている．
[2] パスカル以前の配分問題については Coumet(1965b) と Meusnier(2004) を参照せよ．
[3] AとBの間の正しい配分比はおおよそ53：47である．これはすぐに知ることになる．

問題 4　シュバリエ・ド・メレの問題 II：分配問題（1654）　29

図 4.1　ブーレーズ・パスカル (1623-1662)

カルダーノも『実用算術』（Cardano(1539)）で配分問題を扱っている．彼のもつ大いなる洞察力により，すでに**勝っている試合数**ではなく，これから**勝たなければならない試合数**に依存して賞金は配分されなければならないと考えていた．そうではあるけれども，カルダーノは正しい配分比を与えることはできなかった．賭博者 A と B が賞金を得るにはそれぞれ a 試合と b 試合勝つ必要があるとき，配分比は $b(b+1) : a(a+1)$ であると結論した．ここでの問題では，$a=1, b=3$ なので，配分比は $6:1$ となる．

著名な数学者シメオン・ドニ・ポワソン (1781-1840) は著書『刑事事件及び民事事件の判決への確率的研究』（Poisson(1837, p.1)）の冒頭で，次の言葉を遺している．

　俗人 [ド・メレ] が禁欲的ジャンセニスト[4][パスカル] に問うた偶然の

---
[4]（訳注）17 世紀に流行ったキリスト教の一派ジャンセニズムの宗徒（p.13 の注 21 を参照

ゲームに関する問題が確率計算の起源である．勝負が中断されたとき賞金をどのような比率で分けるべきかが目的であった．

ポアソンの言葉は，今日深く静かに浸透している「本質的には，ルネサンス期に偶然のゲームについて考えることから確率は生じた」という見解と共鳴している．しかしながら，そうは考えない著者たちもいる．例えば，Maistrov (1974, p.7) は次のように主張している．

現在に至るまで，確率論はその誕生とその発展を賭博に負っている，という広く受け入れられている誤謬が存在する．

マイストロフは，賭博は古代からそして中世も存在していたが，そのとき確率は発展しなかったと説明する．そして，次のように強く主張する．その発展は，経済的発展とそれに伴う金融的な取引や貿易の増加に呼応して 16-17 世紀に起こった．実際，そのようにも思える．最近の研究によると，コートブラスも同様の意見で，次のように述べている（Courtebras(2008, p.51)）．

…偶然のゲームに関する問題では，理解しやすく数量化された解をうまく導くことができる．その問題の背景では，都市と金融，生産と交換などこれらの発展で特徴づけられる世界に応じた新しい態度が形成されつつあった．

専門分野での初期の，つまりカルダーノの時代からヤコブ・ベルヌーイ以前の時代までにおける研究は，主として**公正・公平**の問題に関係していた．歴史家アーネスト・クーメは，配分問題には司法的起源が存在すると述べている（Coumet(1970)）．ルネサンス期になると，偶然のゲームと射倖契約[5]の両者が合法化されることになった．後者の場合，法によって契約両者の公平を期す必要があった．配分問題はつまり，不確定ないろいろな状況下での，公平の**概念**を主に念頭においた再配分に関するモデルなのである．Gregersen(2011, p.25) が説明する通り，

せよ）．
[5]（訳注）aleatory contract:給付が偶然に依存する契約．

…偶然に関する新理論は，単純に賭博に対してだけではなく，公平な契約という法的な概念に対するものでもあった．公平な契約とは期待値の平等を意味した．期待値はそれらを計算するときの基礎的な概念として提供される．偶然の測定つまり確率は，期待値から副次的に派生するものであった．

　もう1つの重要な点で，法と交換に関する問題と確率は関連していた．射倖契約に伴う幸運性と危険性というものが，利子付きでの融資の際の正当化，つまり高利に対するキリスト教における禁制を避けるための方便を提供した．貸し手とはある意味，投資家のようなものである．危険を負担するとともに利益の分け前にも預かる．この理由により，運という概念はすでに銀行業や海上保険の理論と緩やかに広く非数学的なやり方で結びついていたのである．

　興味深い点を追加しておく．パスカルとフェルマー（図4.2）は確率計算に深く関わったが，その往復書簡での探求において「確率」という言葉は一度たりとも使われることはなかった．代わりに，分割比について議論し，勝つ確率を表すのに「賞金の値」や「一振りの値」などという用語を用いた．数量的な測定器としての「確率」という用語を初めて実際に用いたのはアントニー・アルノー (1612-1694) とピエール・ニコール (1625-1695) であり，広く受け入れられた著書『論理学あるいは考える技法』（Arnauld and Nicole(1662, pp.469-470)）[6]においてであった．

　パスカルとフェルマーによる配分問題の解答へ深く関わる前に，両者の交流の意義について最後の補足として述べておこう．一般に，確率論は実質的にこの2人の数学者の往復書簡から始まったと信じられている．しかし，これにはときおり異論も挟まれる．例えば，オアの古典的な著書『賭博する学者』（Ore(1953)）においては，『偶然のゲームの書』（Cardano(1564)）を詳細に調べ上げて，

---

[6] 『ポートロイヤル論理学』としても知られる．アルノーとニコールは共にパスカルと友人であった．そのため，パスカルがこの本に関わった可能性もある．アルノーはこの本の主著者であり，「大アルノー」と呼ばれることも多かった．

図 4.2 ピエール・ド・フェルマー (1601-1665)

…確率についてのこの先駆的仕事は広範囲に及び，いくつかの問題では良い結果をもたらしていることから，カルダーノの論文から確率論はまさに始まったと思うに足るものがある．パスカルと友人である賭博師ド・メレとの対話，それに続くフェルマーとの往復書簡から始まったと通例では思われているのではあるが，彼らの仕事はカルダーノがCardano(1564)を編集し始めてから少なくとも1世紀も後のことなのである．

バートンも同じ意見のようである（Burton(2006, p.445)）．

最初に，経験的なものから正常なサイコロという理論的な概念への移行について調べる．そうすると，カルダン[カルダーノ]がたぶんに近代確率論の真の父ということになる．

一方，Edwards(1982) ではかなり断定的である．

> …カルダーノ（Ore(1953)）やガリレオ（David(1962)）の初期の仕事への認知が増したにもかかわらず，パスカルやフェルマー以前にサイコロやトランプのゲームで行われた基本的な確率計算以上のものはなかったというのは明らかである．

カルダーノは確率を研究した最初の人物ではあるが，確率の数学理論の系統的な研究や発展へと続く最初のきっかけを与えたのはパスカルとフェルマーの仕事であった．同様に，パチョーリ，タルタリア，ペバローネなどカルダーノの同時代人もいろいろと偶然に基づくゲームに関する確率計算を行っているが，Gouraud(1848, p.3) は次のように説明する．

> …しかし，これらの未熟な小論は極めて間違いの多い解析で構成され，そしてどれも独創性を欠いているため，歴史的にも論評的にも考慮する価値は認められない…

では，配分問題へのパスカルとフェルマー両人のそれぞれの貢献を見ていくことにしよう．パスカルはこの問題への自分の解に初め自信がなかったので，友人である数学者ギレス・ペルソネ・ド・ロベルバル (1602-1675) に相談した．しかし，ロベルバルはあまり助けにはならず，次にフェルマーに意見を求めた．フェルマーはすぐに問題に興味をもって応えてくれた．パスカルとフェルマーとの間で引き続き行われたやり取りの顛末はキース・デブリンの最近の著書『中断されたゲーム：パスカル，フェルマー，そして世界を近代へと導いた書簡』(Devlin(2008)) にうまく記述されている．現存する手紙の英訳はSmith(1929, pp.546-565) に見ることができる．1654 年 8 月 24 日付の手紙で (Smith(1929, p.554))，パスカルは次のように記している．

> 私の推論のすべてをあなたの前に開示しますので，間違っているなら正してください．正しいときはそのようにお伝え下されるようにお願いします．誠心誠意お願いしています．というのも，あなたが賛成してくださるのかおぼつかないからです．

フェルマーは，2人の賭博者がすでに何回試合に勝利したかは解に関係しない，**賞金を得るためにはあと何回勝つ必要があるのか**に関係しているという事実に着目した．これはカルダーノが以前に考えたものと同じである．しかし，カルダーノはこの問題に正しい解を与えることはできなかった．

解答で与えた解は，未完のゲームをそのまま続けて実行するというフェルマーの考えに基づいている．フェルマーはまた，そこでの解法のように幾つかの標本点を列挙して正しい配分比 7:1 に辿り着いている．

パスカルも，少なくとも 2 人の賭博者の場合には，数え上げるというフェルマーの方法に気づいていたようである（Edwards(1982)）．しかしまた，さらに良い方法があると信じていた．というのも，1654 年 7 月 29 日付の現存する最初の手紙で次のように述べているからである（Smith(1929, p.548)）．

> あなたの方法は非常に健全ではあるのですが，それは私がこの研究を始めたとき最初に思いついたものなのです．しかし，その組み合わせで求めるというやり方は私には煩わしいものでしたので，かなり簡潔でかなりに巧妙なまったく別の方法を考えつきました．ここでは短めにあなたにお伝えしたいと思います．というもの，これからは許されるのならあなたには心を開いて応対したいからです．私たちが同じ意見であったということで喜びは多大なのですから．真実はトゥールーズでもパリでも同じであったと素直に納得できました[7]．

この手紙でパスカルが「かなり簡潔でかなりに巧妙な」と述べている方法を確かめてみよう．7 月 29 日付の手紙で，さらに続けて，

> これは，2 人の賭博者が例えば先に 3 得点得るゲームで共に 32 ピストルを賭け金として供出しているとき，それぞれの分配金を求めるための方法です．
> 両者の 1 人が 2 得点得て，もう 1 人は 1 得点であったとします．もう 1 回勝負して前者が勝ったとすると，賞金のすべて，つまり 64 ピストルを手に入れます．後者が勝ったとすると，両者の得点は 2 : 2

---

[7] パスカルはパリに，フェルマーはトゥールーズに居を構えていた．

となるので，この時点でゲームを中断するならば，両者ともに賭け金の 32 ピストルを取り戻すことになります．
そこで，前者が勝った場合は 64 ピストル手に入れ，負けた場合は 32 ピストル手に入れるのです．そう考えると，この時点でゲームの続行を望まず，中断して別れるのなら，前者はこう言うでしょう．「32 ピストルは私のものだ．なぜなら負けたとしても，それだけは貰えるのだから．残りの 32 ピストルに関しては，私のものになるかもしれないし，あなたのものかもしれない．可能性は同じだ．だから，この 32 ピストルは半々に分けることにして，私は確定していた 32 ピストルをさらに頂くことにする．」かくして，前者は 48 ピストル，後者は 16 ピストルとなります．
ここでさらに，前者は 2 得点，後者は 0 得点であったとし，さらに得点を競うとします．もし前者が勝ったなら，すべての賞金 64 ピストルを手に入れます．後者が勝ったなら，前者が 2 得点，後者が 1 得点であるという上で見た状態に両者がなることに注意してください．
しかしすでに，その得点状態ならば，2 得点得ている人物に 48 ピストルは与えられることを示しています．ゆえに，この時点でゲームを続けないのなら，彼は次のように言うことでしょう．「私が勝ったら，すべてを貰える．つまり，64 ピストルを．負けたとしても，48 ピストルが私のものになるというのは合理的である．ゆえに，負けても 48 ピストル貰えることになり，残りの 16 ピストルは半々に分けることにしよう．なぜなら，あなたがそれを得る運と私の運は同じなのだから．」かくして，彼は 48 ピストルと 8 ピストル，つまり 56 ピストルを得るのです．
では，前者は 1 得点，後者は 0 得点と仮定してみましょう．さらに勝負を続けたとして前者が勝ったなら，得点は 2 対 0 となり，前の結果から 56 ピストルを前者は受け取れることが分かるでしょう．負けたなら，両者は対等になるので，32 ピストルを前者は受け取れます．そこで，彼は言うでしょう．「ここでゲームを続けないのなら，

確実な 32 ピストルを貰いたい．さらに，56 ピストルの残りを半々に分けることにしよう．」56 から 32 を引いて，24 残ります．そこで，24 を半分にして，それぞれ 12 と 12 になり，それに 32 を加えて前者は 44 得点を得ることになります．

これらのことから，単純な引き算で，1 回勝つと相手から 12 ピストル貰え，さらに勝つとさらに 12 ピストル貰え，最後には 8 ピストル貰えることが分かります．

このようにパスカルは先に 3 得点得たら終了する，総額 64 ピストルの賞金の公平なゲームについて考えている．まず最初に，賭博者 A は 2 得点を，賭博者 B は 1 得点をすでに得ていると仮定する．そのとき，ゲームは突然に終了する．どのように配分すべきだろうか．パスカルは次のように理解した．A が次の 1 回の勝負で勝ったなら $\left(確率\frac{1}{2}\right)$，3 得点を得ることになる．そのとき，賭博者 A は 64 ピストルを得るだろう．一方，負けたなら $\left(確率\frac{1}{2}\right)$，両賭博者ともに 2 得点となり，A は 32 ピストル得るだろう．ゆえに，賭博者 A の期待できる賞金は $\frac{1}{2} \times 64 + \frac{1}{2} \times 32 = 48$ ピストルである．これにより，A と B の間での配分比は $48 : 16 = 3 : 1$ となる．

パスカルは次に第 2 の場合を考える．ゲームを中断したとき，A は 2 得点で，B は 0 得点である場合についてである．A が次の勝負で勝ったとすると，64 ピストル得ることになる．負けたとすると，A と B はそれぞれ 2 得点と 1 得点になる．これは最初の場合になるので，A の配分は 48 ピストルである．この 2 番目の場合の A の期待賞金は $\frac{1}{2} \times 64 + \frac{1}{2} \times 48 = 56$ ピストルとなり，配分比は $56 : 8 = 7 : 1$ である．

最後に，A は 1 得点，B は 0 得点である第 3 の場合についてパスカルは考える．A が次の勝負で勝ったとすると，A は 2 得点，B は 0 得点となる．これは，2 番目の場合にあたり，A への配分は 56 ピストルである．A が次の勝負で負けたとすると，A と B の得点はともに 1 得点なので，A への配分は 32 ピストルである．この第 3 の場合の A の期待賞金は $\frac{1}{2} \times 56 + \frac{1}{2} \times 32 = 44$ ピストルとなり，配分比は $44 : 20 = 11 : 5$ である．

パスカルの推論は次のように一般化できる．賞金の総額が 1 ドルであり，

公平な勝負で R 回先に勝った人物がすべての賞金をさらうと仮定する．A は R 得点に a 得点足らず，B は b 得点足らない段階でゲームは突然終了することになった．A の期待賞金を $e_{a,b}$ とおく．次の勝負で，A は確率 $\frac{1}{2}$ で勝つか（このときの A の期待賞金は $e_{a-1,b}$ である），確率 $\frac{1}{2}$ で負けるか（このときの A の期待賞金は $e_{a,b-1}$ である）のどちらかである．

$$\left.\begin{aligned} e_{a,b} &= \frac{1}{2}(e_{a-1,b} + e_{a,b-1}), & a,b &= 1,2,...,R \\ e_{a,0} &= 0, & a &= 1,2,...,R-1 \\ e_{0,b} &= 1, & b &= 1,2,...,R-1 \end{aligned}\right\} \quad (4.1)$$

賞金は 1 ドルなので，A の期待賞金 $e_{a,b}$ はまたゲームに勝つ**確率** $p_{a,b}$ でもあることも付け加えておく[8]．

パスカルの方法の論理的簡潔さは，本来の**問題 4** に適用すると明らかになる．全賞金は 1 ドルと仮定する．A と B の得点がそれぞれ 5 得点と 3 得点であった場合ではなく，代わりに 5 得点と 4 得点であった場合について考えてみよう．A が次の勝負で勝つと 1 ドルを得るが，負けると $\frac{1}{2}$ ドルの期待賞金となるだろう．ゆえに，A の期待賞金は $\frac{1}{2} \times 1 + \frac{1}{2} \times \frac{1}{2} = \frac{3}{4}$ ドルである．ここで，A と B の得点がそれぞれ 5 得点と 3 得点である場合について考える．A が勝つと 1 ドルの賞金を得る．負けると，A と B は 5 得点と 4 得点の場合になる（このとき A の期待得点は $\frac{3}{4}$ ドルである）．これにより，A の期待得点は $\frac{1}{2} \times 1 + \frac{1}{2} \times \frac{3}{4} = \frac{7}{8}$ ドルである．ゆえに，配分比は 7:1 であり，**解答**で与えたものと同じである．

パスカルの方法はいくつかの理由で注目するに値する．フェルマーの方法で要求されていたある種の数え上げを必要としない．残された勝負数が少ない（〜 10）場合であっても当時では，フェルマーの方法は非常に退屈なやり方であった．パスカルの方法は本質的には再帰的なものであり，期待値の概念を用いている．期待値の概念は通常，ホイヘンスに由来するとされているが，パスカルがそれを最初に用いていた．ハッキングは正しくそのことを指摘している (Hacking(2006))．

---
[8] **問題 5** の p.60 も参照せよ．

問題 4 シュバリエ・ド・メレの問題 II：分配問題（1654）

$(a+b-1$の値)									
					1				
1				1		1			
2			1		2		1		
3		1		3		3		1	
4	1		4		6		4		1
⋮	⋮		⋮		⋮		⋮		⋮

図 4.3 パスカルの三角形の現代風表示

パスカルとフェルマーの往復書簡において初めて，期待値が正しく理解されたと知るのである．

パスカルは，a と b が大きいとき，彼の再帰的方法はすぐに扱いにくくなることを理解していた．さらに，賭博者 A があと $b-1$ 得点足らず，賭博者 B が b 得点足らない場合にもその方法を適用することができなかった．そこで，その解を求めるためにパスカルの三角形[9]に頼ることにした（Pascal(1665)）．この三角形は外側の対角線上の成分は値 1 であり，内部の成分はすぐ上の成分の和で表される（図 4.3 と図 4.4 を参照せよ）．さらに，与えられた第 n 行においては，左から数えて i 番目の成分は $\binom{n}{i}$ と表され，特別な性質をもっている．それは n 個の異なるものから i 個のものの取り出し方の数である．$(x+y)^n$ の 2 項展開において，$\binom{n}{i}$ は $x^i y^{n-i}$ の係数に等しい．そのため，**2 項係数**と呼ばれる．つまり，

$$(x+y)^n = \sum_{i=0}^{n} \binom{n}{i} x^i y^{n-i}$$

---

[9] パスカルの三角形はパスカル以前にもよく知られていた．カルダーノもまた，『偉大な技法』（Cardano(1570)）（Boyer(1950) を参照せよ）において利用している．中国では，数学者楊輝（1238-1298）が 1261 年にそれを用いたことに敬意を表して**楊輝の三角形**と呼ばれている．また，インドの数学者ハラユーダが 10 世紀に用いていることから，**ハラユーダの三角形**と呼ぶ人々もいる．この三角形をパスカルの三角形と初めて呼んだのは『偶然のゲームについての解析的試論』（Montmort(1708, p.80)）であった（Samueli and Boudenot(2009, pp.38-39) を参照せよ）．パスカルの三角形の近世での取り扱いについては，Edwards(2002) と Hald(2003, pp.45-54) を参照せよ．

問題 4 シュバリエ・ド・メレの問題 II：分配問題（1654） 39

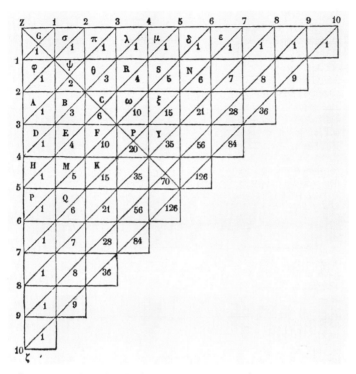

図 4.4 『パスカル全集』第二巻（Pascal(1858), p.416）にあるパスカルの三角形

ただし，n は自然数である．これは Pascal(1665) により **2 項定理**と呼ばれている．また，Newton(1665) により，**一般化 2 項定理**に拡張されている．

$$(1+x)^\alpha = 1 + \alpha x + \frac{\alpha(\alpha-1)}{2!}x^2 + \cdots + \frac{\alpha(\alpha-1)\cdots(\alpha-i+1)}{i!}x^i + \cdots$$

ただし，α は任意の実数であり，$|x| < 1$ である．

　パスカルは配分問題をパスカルの三角形に関連付けることができた．彼は値 $a+b-1$ を三角形の行に対応させ，その行の各項には，ゲームで A が $0, 1, 2, \ldots$ 回勝つ組み合わせの数があることを正しく理解していた．つまり，$a+b-1$ 行の左から j 番目の項には，$a+b-1$ 回の勝負で A が j 回勝つ組み合わせの数 $\binom{a+b-1}{j}$ がおいてある．いま，賭博者 A はあと a 回勝つ必要があり，賭博者 B は b 回勝つ必要であると仮定する．賭博者 A は，$a, a+1, \ldots, a+b-1$ 回のいずれか勝てば賞金を得ることになる．パスカルは，そうである組み合わせ

40　問題 4　シュバリエ・ド・メレの問題 II：分配問題（1654）

の数が次の和[10]で与えられることを示した．

$$\binom{a+b-1}{a} + \binom{a+b-1}{a+1} + \cdots + \binom{a+b-1}{a+b-1}$$
$$= \binom{a+b-1}{0} + \binom{a+b-1}{1} + \cdots + \binom{a+b-1}{b-1} \quad (4.2)$$

右辺は，パスカルの三角形の $a+b-1$ 行にある左から b 項の和である．同様に賭博者 B は，$b, b+1, \ldots, a+b-1$ 回のいずれか勝てば賞金を得ることになる．そうである組み合わせの数は次の和で与えられる．

$$\binom{a+b-1}{b} + \binom{a+b-1}{b+1} + \cdots + \binom{a+b-1}{a+b-1} \quad (4.3)$$

これは，パスカルの三角形の $a+b-1$ 行にある右から a 項の和である．パスカルはこのようにパスカルの三角形の左からの項の和をとることにより，A と B の間の公平なゲームに対する一般的な配分法を与えることができた．すなわち，

（第 $a+b-1$ 行の初めの b 項の和）：（第 $a+b-1$ 行の終わりの a 項の和）

パスカルはフェルマーと交わした書簡において，A と B がそれぞれあと $b-1$ 勝と b 勝する必要がある場合のみを解いていたけれども，『数三角形論』[11]（Pascal(1665)）において上記の一般的な配分法を証明することができた．**問題 4**[12]にこの簡単な分配法を適用すると，$a=1, b=3, a+b-1=3$ なので，前に求めたように，$(1+3+3):1 = 7:1$ の比を使って A と B の間で賞金を配分することになる．式 (4.2) を用いると，公平なゲームで A が勝つ確率を求

---

[10] 式の証明には，$\binom{n}{r} = \binom{n}{n-r}$ を用いるとよい．
[11] Smith(1929, pp.67-79) にあるこの論文の英訳は残念ながら不完全である．数三角形の 1 つの応用のみが取り上げてあるだけで，特に，配分問題への数三角形の応用が含まれていない．しかし，フランス語での全『数三角形論』は『パスカル全集』(Vol.II)（Pascal(1858, pp.415-439)）に収められている．『数三角形論』はまた，近代組合せ論の始まりを告げることになった．
[12] 公平なゲームで，賭博者 A と B がそれぞれあと 1 勝と 3 勝を必要としている時点でゲームが中断している．

めることもできる.

$$p_{a,b}^* = \frac{1}{2^{a+b-1}} \left(\binom{a+b-1}{a} + \binom{a+b-1}{a+1} + \cdots + \binom{a+b-1}{a+b-1} \right)$$

賭博者 A と B が各勝負で勝つ確率が p と $q = 1 - p$ である場合に,パスカルの考え方を拡張してみよう.A と B がゲームに勝つにはそれぞれあと a 勝と b 勝する必要があるときに,ゲームが突然中断されたと仮定する.ゲームが続行されていたならば,必要な勝負の最大回数は $a+b-1$ 回である.$a+b-1$ 回の勝負で A が j 回勝つ組み合わせの数は $\binom{a+b-1}{j}$ である.ゆえに,A が賞金を得る確率は次で与えられる.

$$p_{a,b} = \sum_{j=a}^{a+b-1} \binom{a+b-1}{j} p^j q^{a+b-1-j} \tag{4.4}$$

式 (4.4) が初めて現れたのはピエール・レモンド・ド・モンモールの著書『偶然のゲームについての解析的試論』の第 2 版 Montmort(1713, pp.244-245) においてであった.分配問題の最初の公式として,A と B の間で $p_{a,b} : (1-p_{a,b})$ の配分比が与えられている.この解はヨハン・ベルヌーイ (1667-1748) によりモンモールに伝えられ,その手紙は Montmort(1713, p.295) に掲載されている.

2 人の賭博者に関するフェルマーの計算法を知らされたとき,その 8 月 24 日付の返信においてパスカルは 2 つの重要な所見を述べている.パスカルはまず,友人ロベルヴァルがフェルマーの推論は間違っていると信じていたので,フェルマーの方法が本当に正しいのだとロベルヴァルを説得しようと試みたと述べている.ロベルヴァルの理屈は,例えば**問題 4** においては,仮想的に 3 回の勝負を考えるのは意味がない,なぜなら実際のゲームは 1 回で終わったり,あるいは 2 回で,もしかしたら多分に 3 回となるものなのだから,というものであった.ロベルヴァルの考えは,標本空間を $\Omega = \{A_1, B_1A_2, B_1B_2A_3, B_1B_2B_3\}$ と表記することになるという難点をもつ.A が勝つ場合は,4 つの標本点のなかに 3 つあるので,確率の古典的な定義に素朴に従う

と，AとBの間では間違った配分比 3 : 1 になる[13]（正しくは 7 : 1）．ここでの問題点は，Ω の標本点は同等に起こりやすいとは言えないので，古典的定義を適用できないというところにある．そのため，仮想的に勝負の**最大**回数（ここでは 3 回）を考えることが重要になる．これにより，同等に起こりやすい標本点で標本空間を記述することができるようになる．

$$\Omega = \{A_1A_2A_3, A_1A_2B_3, A_1B_2A_3, A_1B_2B_3, B_1A_2A_3, B_1A_2B_3, B_1B_2A_3, B_1B_2B_3\}$$

これを用いて，正しい配分比 7 : 1 を導くことができる．

パスカルの 2 番目の所見とは，3 人の賭博者でゲームを行うとき，フェルマーの方法はうまくいかないと思い込んだことに関係している．1654 年 8 月 24 日付の手紙で，パスカルは次のように述べている（Smith(1929, p.554)）．

> 2 人の賭博者だけの場合は，組み合わせで求めるというあなたの理論はまことに適切です．しかし，3 人の場合には，私の方法よりも別の方法を採用すべきだと考えるのは不適切であると証明できると信じています．

3 人の賭博者についての配分問題を扱うとき，パスカルがどのように間違ったか，次に説明しよう．3 人の賭博者 A, B, C がゲームに勝つにはそれぞれさらに 1 勝，2 勝，2 勝する必要がある場合についてパスカルは考えた．このとき，ゲームを終わらせるのに必要な最大勝負数は $(1 + 2 + 2) - 2 = 3$ 回である[14]．最大 3 回の勝負において，3 人の賭博者が各勝負で勝つ組み合わせは $3^3 = 27$ 通り存在する．パスカルは正しく 27 通りのすべてを数え上げたが，ある間違いを犯してしまった．A をゲームの勝利へ導く好ましい組み合わせは 19 であると数えたのである．表 4.1 から分かるように，少なくとも 1 回 A が勝っている組み合わせの（✓印と×印で表される）数は 19 である．しかし，これらの中で 17 個（✓印）だけが A のゲームでの勝利を導くが，残り

---

[13] 後にダランベールは，硬貨を 2 回投げて少なくとも 1 回表が出る確率を計算するときに，まさに同じ考え違いをしている（**問題 12** を参照せよ）．
[14] 必要な最大勝負数の一般的公式は，「（各賭博者が必要な勝利数の和）−（賭博者数）+ 1」である．

表 4.1 A, B, C が勝利までそれぞれ 1, 2, 2 得点必要な場合に起こり得る結果

$A_1A_2A_3$ ✓	$B_1A_2A_3$ ✓	$C_1A_2A_3$ ✓
$A_1A_2B_3$ ✓	$B_1A_2B_3$ ✓	$C_1A_2B_3$ ✓
$A_1A_2C_3$ ✓	$B_1A_2C_3$ ✓	$C_1A_2C_3$ ✓
$A_1B_2A_3$ ✓	$B_1B_2A_3$ ×	$C_1B_2A_3$
$A_1B_2B_3$ ✓	$B_1B_2B_3$	$C_1B_2B_3$
$A_1B_2C_3$ ✓	$B_1B_2C_3$	$C_1B_2C_3$
$A_1C_2A_3$ ✓	$B_1C_2A_3$ ✓	$C_1C_2A_3$ ×
$A_1C_2B_3$ ✓	$B_1C_2B_3$	$C_1C_2B_3$
$A_1C_2C_3$ ✓	$B_1C_2C_3$	$C_1C_2C_3$

の 2 個（×印）では B または C が先に勝利する．同様にパスカルは B と C の勝利を導く好ましい組み合わせの数を間違ってそれぞれ 7 と 7 であるとしている（5 と 5 であるはずなのに）．

こうしてパスカルは誤った配分比 19 : 7 : 7 を導いている．この時点でさらにパスカルは間違った推論を行い，A がゲームに勝つ 19 個の結果の中の 6 個の結果（つまり，$A_1B_2B_3, A_1C_2C_3, B_1A_2B_3, B_1B_2A_3, C_1A_2C_3, C_1C_2A_3$）では，A と B がともに勝つか，A と C がともに勝つかのどちらかであると論じている．そして，A の好ましい組み合わせの数の最終的な値は $13 + \dfrac{6}{2} = 16$ であるべきだとしている．同様に，B と C の好ましい組み合わせの数を修正して，最後に配分比 16 : 5.5 : 5.5 に到達する．しかし，彼の再帰的方法により誤りなく求めた比は 17 : 5 : 5 になるため，この解は間違っていると正しく判断している．かくして，フェルマーの数え上げる方法は 3 人以上の賭博者の場合へとは拡張できないと，パスカルは最初は間違って思い込んだのである．フェルマーはただちにパスカルの推論での誤謬を指摘した．1654 年 9 月 25 日付の手紙において，フェルマーは次のように書いている（Smith(1929, p.562)）．

> あなたが反証として扱った，最初の賭博者は勝利に 1 得点足らず，他の 2 人は 2 得点足らないという 3 人の賭博者の例についていえば，第 1 の賭博者に関しては 17 個のみの組み合わせであり，他の 2 人はそれぞれ 5 個の組み合わせであることを確かめました．あなたが，

組み合わせ acc は第 1 の賭博者に貢献するというとき，賭博者の 1 人が勝利したら，その後どのようなことが起こっても考慮する価値は無いことを思い出してください．その組み合わせにおけるサイコロの最初の一振りの結果で第 1 の賭博者が勝利したのだから，その後 3 番目の賭博者が 2 得点得たからといって何の意味があるのでしょうか．その後彼が 30 得点得たとしても無意味なのです．あなたがよく「この仮想」と呼んでいる，ある回数だけゲームを延長するということは，解法を簡単にし，（私見によれば）すべての起こりやすさを等しくさせているだけなのです．よりはっきりと，より理知的に述べるなら，すべての起こり方を同単位に揃えているのです．

このようにフェルマーは，$A_1 C_2 C_3$ のような組み合わせが A と C 両者に好ましいとすることはできず，A が最初の勝負で勝ったのなら，A はゲームに勝利したのであり，残りの結果は無視できると正しく議論した．同様に，$B_1 B_2 A_3$ と $C_1 C_2 A_3$ もまた，B または C がそれぞれ最初の 2 つの勝負ですでにゲームに勝っているのだから，A が勝ったと見ることはできず，3 番目の勝負に意味はない．このように，A が勝つのは 17 個の組み合わせ（チェック印）のみの場合である．同じく，B が勝つには 5 個の組み合わせ（つまり，$B_1 B_2 A_3, B_1 B_2 B_3, B_1 B_2 C_3, B_1 C_2 B_3, C_1 B_2 B_3$）があり，C に対しても 5 個の組み合わせ（つまり，$B_1 C_2 C_3, C_1 B_2 C_3, C_1 C_2 A_3, C_1 C_2 B_3, C_1 C_2 C_3$）がある．したがって，正しい配分比は 17：5：5 であるべきである．

同じ手紙でフェルマーはさらに続けて，A が勝つ正しい確率を得るために利用できる，数え上げの方法とは異なる別の方法も与えている．

> 第 1 の賭博者は，1 回目だけの勝負でゲームに勝利するかもしれないし，2 回目，3 回目かもしれません．
> 彼がサイコロ投げで 1 回目に勝利するなら，3 つの面をもつサイコロを投げて最初の勝負で好ましい面を出す必要があります．1 つのサイコロで 3 つの場合が起こります．彼は 3 つの中の 1 つに賭けるのですから，賭博者はそのとき賞金の $\frac{1}{3}$ を手に入れます．彼が 2 回勝負するのなら，2 通りの勝ち方があります．第 2 の賭博者が初めに

勝ち，彼が2番目に勝つ，あるいは第3の賭博者が初めに勝ち，彼が2番目に勝つ場合です．しかし，2回のサイコロでは9つの場合が起こります．つまり，彼が2回の勝負を行うときは，賞金の $\frac{2}{9}$ を得ます．では，彼が3回勝負するときも，2通りの勝ち方があるだけです．第2の賭博者が最初に勝ち，第3の賭博者が次に勝ち，最後に彼が勝つ，あるいは第3の賭博者が最初に勝ち，第2の賭博者が次に勝ち，最後に彼が勝つ場合です．というのも，第2のあるいは第3の賭博者のどちらかが最初の2回で勝ったとすると，彼らが賞金を得ることになり，第1の賭博者は貰えないからです．しかし，3回のサイコロでは27通りの起こり方があり，3回勝負しないといけない場合，第1の賭博者はその中の2つで賞金を得ます．この結果，第1の賭博者を勝利させる起こりやすさは $\frac{1}{3}$, $\frac{2}{9}$ そして $\frac{2}{27}$ であり，その合計は $\frac{17}{27}$ となります．

フェルマーの推論は，「成功」が一定の回数だけ起こるまでの待ち時間に基づいている．現代的な記法を用いてフェルマーの考えを一般化してみよう．フェルマーとパスカルは公平なゲームを考えているが，ここではAとBが各勝負で勝つ確率はそれぞれ p と $q = 1 - p$ であるとしよう．Aが勝利するには a 得点足らず，可能な勝負数の最大回数は $a + b - 1$ であるとする．Aの勝利は a 番目の勝負で起こるか，あるいは $a + 1$ 番目，…，$a + b - 1$ 番目のいずれかで起こる．これが意味するのは，最初の $a - 1$ 回の勝負のすべてで勝ち，a 回目の勝負で勝つ場合，あるいは最初の a 回で $a - 1$ 回勝ち，$a + 1$ 回目で勝つ場合，…，最初の $a + b - 2$ 回で $a - 1$ 回勝ち，$a + b - 1$ 回目で勝つ場合のいずれかでの勝利である．これにより，Aの勝利する確率は次のように求められる．

問題 4 シュバリエ・ド・メレの問題 II：分配問題 (1654)

$$p_{a,b} = \binom{a-1}{a-1}p^{a-1}\cdot p + \binom{a}{a-1}p^{a-1}q\cdot p + \cdots + \binom{a+b-2}{a-1}p^{a-1}q^{b-1}\cdot p$$

$$= p^a + p^a\binom{a}{1}q + \cdots + p^a\binom{a+b-2}{b-1}q^{b-1}$$

$$= p^a \sum_{j=0}^{b-1}\binom{a-1+j}{j}q^j \tag{4.5}$$

読者は，この2番目の推論が**負の2項分布**[15]に基づいていることを気づいているかもしれない．これはしばしばパスカル分布と呼ばれることもあるが，$p = \frac{1}{2}$ の場合に実際に初めて利用したのはフェルマーである．式 (4.5) は『偶然のゲームについての解析的試論』(Montmort(1713, p.245)) の第2版[16]の配分問題[17]に対する第2の公式として初めて現れる．

フェルマーとパスカルはこのように，異なる接近法で同じ答えに至った．しかし，どちらの方法が先駆的なのだろうか．2つのどちらが，確率の計算を基礎付ける，より意義ある業績なのだろうか．デイビッドは明らかにフェルマーの肩をもつ．彼女は次のように書いている (David(1962, p.88))．

> この時点でパスカルが遺したものを見るだけならば，そのような小さな計算問題から一般論へと広げる敏捷な聡明さに感銘を受けるだろう．しかし，この手紙の続きやその後の手紙からは，彼が関わっているものを真に理解していたのか，ある程度の疑いを投げかけざるを得

---

[15] 一般に，成功の確率 p と失敗の確率 $q = 1-p$ をもつベルヌーイ試行 (**問題 8** を参照) について考える．r 番目の成功が得られるまでに失敗した回数を X とおく．このとき，X は母数 p と r をもつ負の2項分布と呼ばれる．

$$P(X=x) = \binom{x+r-1}{r-1}p^{r-1}q^x \cdot p = \binom{x+r-1}{x}p^r q^x, \ x = 0, 1, 2, ...$$

なぜ X が**負の2項分布**と呼ばれるか理解するために，$\binom{r+x-1}{x}(-1)^x = \binom{-r}{x}$ とおけば，$P(X=x) = \binom{-r}{x}p^r(-q)^x$ と書ける．つまり，$P(X=x)$ は $p^r(1-q)^{-r}$ の展開における $x+1$ 番目の項であり，その展開は**負**の指数をもつときの2項展開である．負の2項分布については，Johnson et al. (2005, 5章) でかなり詳細に記述されている．

[16] 1708年出版の初版 (Montmort(1708, pp.165-178)) でもモンモールは配分問題を扱っているが，公平なゲームに関してだけである．

[17] **一般化配分問題**については，pp.113-115 を参照せよ．

ない.

同様に，Devlin(2008, p.62) には，

> この本のレベルでは，配分問題についてのパスカルの再帰的解法の詳しい説明はすぐに専門的なものになってしまう．しかし，そのことを含めなかった主たる理由は，フェルマーの解法が単純であり一段と優れているからである．

一方，Rényi(1972, p.82) では，

> 公正な配分の問題（配分問題）に関する機知に富んだ解法は，間違いなくパスカルに由来する．再帰的手法が個々の場合の実際的数え上げを不必要なものにしてしまうということが，それ自体で確率論の基礎への意義ある貢献をなしているのである．

さらに，Edwards(2003, pp.40-52) でも

> パスカルは第3節 [『数三角形論』(Pascal(1665))[18]] で新しい地平を拓いた．フェルマーとの往復書簡と相俟って，その第3節は彼の確率論の父としての評判の礎石となったのである．

パスカルとフェルマーの往復書簡は明らかに，フェルマーが確率計算を楽々とこなす練達の数学者であったことを示している．フェルマーはその時代にすでにあった確率規則に精通していて，配分問題にどのように適用すればよいのか知っていた．一方，パスカルの接近法はより先駆的でありかつ一般的であり，彼の天分は古い問題を扱うのに新しい方法を考案できる点にあった．さらにパスカルは，確率計算において初めての意義ある問題，つまり配分問題を解いた最初の人物なのである．

パスカルがその時代の偉大な数学者の1人であるにもかかわらず，配分問

---

[18] この論文の評価には，確率計算の基礎に向かってパスカルとフェルマーが互いに寄与しながら議論し合ったことを考慮に入れるべきである．というのも，フェルマーからパスカルへのある手紙より以前に，フェルマーはすでにパスカルからその写しを手に入れていたからである．

題で 3 人の賭博者を扱うときどのように誤ったか見てきた．その勘違いを，あまりに厳しく批判すべきではない．実際，単純に見える問題が鋭敏な頭脳の持ち主を欺く，それが確率計算の特徴なのである．フランスの著名なピエール–サイモン・ラプラス (1749-1827) は有名な著書『確率に関する哲学的小論』(Laplace(1814a, 英語版の p.196)) において次のように述べている．

　…確率論は根本的には，計算に還元できる常識にすぎない．

疑いもなくラプラスは正しいが，「常識」が問題に適用されるとき，しばしばヘマや勘違いがまかり通るのが確率の分野なのである．1 世紀以上前に書かれた確率についての有名な小論 Crofton(1885) において，英国の数学者モーガン・クロフトン (1826-1915) は以下のような非常に適切な批評を残している．

　その最も初期の頃から，この主題の顕著な特徴は，するすると誤謬がすべり込む油断のならない奇妙さや（ダランベール[19]のような最も鋭い精神をも誤らせた！），結果が明らかに正しくないので誤謬が存在すると分かっているのにその誤謬を明確に指摘する難しさなどにある．多くの場合これは多分に，言葉の貧しさゆえに，同一文脈で異なるものに同一用語を用いてしまうことにより起こり得る．つまり，これは多義的空虚の誤謬をもち込む．例えば，同じ事象についての同じ用語「確率」が，あることが起こる**前**の確率であったり，ときには起こった**後**の確率を意味するかもしれない．したがって，ある馬がダービー競馬で勝つ確率は，二千ギニー競馬が終わった後と前とでは異なるのである．さらに，その事象の確率は 1 つの情報源に依存して求められたものを意味するかもしれない．それはすべてを考慮して求めたその事象の確率とは区別されるだろう．例えば，天文学者が新発見の惑星の回転は東から西へであると発見できたと考えたとする．そうである確率はもちろん，他の情報源が無いのなら，他と同様な場合に彼の発見が真であるような確率である．しかし，実際の確率は低い．なぜなら，非常に大多数の惑星や衛星においては西から東へ回転して

---

[19] ダランベールはさらに**問題 11, 12, 13** でも扱われる．

いることを知っているからである．同じ文脈での用語のそのような使用が誤謬の大いなる源泉なのだろうと知るのはたやすい．しかし，厄介なそのような繰り返しを経なければ，常に避け得ないことなのである．

最後の話題は，神への信仰[20]を支持する有名な議論において，パスカルが数学的期待値をさらに利用したことに関してである．議論は『パンセ』(Pascal(1670)) に現れ（図 4.5），世間では**パスカルの賭け**として知られる．賭けは神が**存在**するかどうかについての議論ではない．むしろ，決定理論的接近法を用いて，神への**信仰**とは思慮深くさらに理性的な行為であることを議論するためのものである．ハッキングは，確率に関するパスカルとフェルマーの仕事よりも，パスカルの賭け[21]に非常に高い重要性を見出している（Hacking(1972)）．次のように書いている．

> パスカルの賭けは確率論における決定的な転換点であった．パスカルはフェルマーとの間での確率についての往復書簡で称賛されているが，それが確率論への最も深遠な貢献だからというわけではない．パスカルの考えは，偶然のゲームの数学がかなりに一般的な応用をもつことを示した．偶然の教義（頻度に関係した「客観的」理論，その原初的な概念は期待値や勝率である）が推測の技術（信頼度に関する

---

[20] 信仰はパスカルの短い生涯に拭い去りようのない影響を与えた．負傷した父親のために 2 人の男性看護師が 3 ヶ月間通っていたころ，パスカルが最初の宗教的邂逅を通してジャンセニストとなったのは 1646 年 23 歳のときであった．ジャンセニズムとはカソリック教会内の独特な運動であり，深い祈り，人の罪深さの認識，禁欲，予定説などで特徴づけられる．その運動はイエズス会支配及び教皇との熾烈な確執を生じていた．1647 年，パスカルは非常に体調を崩し，主治医は心労を避けることを勧めたため，パスカルは俗界の喜楽へと戻ってきた．しかし，ポン・デ・ニューイリーでの生死にかかわる事故に続き，1654 年 11 月 23 日に 2 度目の恍惚的な宗教的邂逅いわゆる「炎の夜」を体験する．これはフェルマーとの確率に関する往復書簡を交わしたすぐ後のことである．それ以降，パスカルはポート・ロイヤルにあるジャンセニスト教会に隠遁し，数学に関係したのは 1658 年の一度だけであり，数学を捨て去ることになる．パスカルは 1662 年に 39 歳で亡くなった．数学史上最も偉大「であったに違いない」人物の 1 人として，しかし，偉大な人物の 1 人として位置づけられるほどの業績を十分に遺しているのは確かである．さらに詳しくは Groothuis(2003) を参照せよ．

[21] パスカルの賭けはまた，Hacking(1972), Jordan(2006), Elster(2003, pp.53-74), Palmer(2001, pp.286-302), Oppy(2006, 5 章), Erickon and Fossa(1998, p.150), Sorensen(2003, p.228), Joyce(1999, 1 章) 等で議論されている．

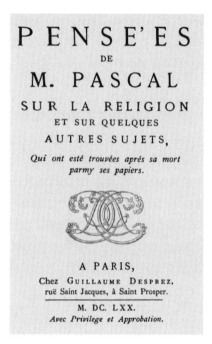

図 4.5 『パンセ』（Pascal(1670)）の初版の表紙

「主観的」理論）になれるということを可能にしたのである.

ハッキングによれば，パスカルは彼の賭けの変形を 3 種類与えている．しかし，ジョルダンはパスカルの著作の中に 4 番目の変形を認めている（Jordan(2006, p.24)）．ジョルダンが「正準変形」と称するものに焦点を当ててみよう．パスカルは，その賭けについて次のように述べていた（Palmer(2001, p.327)）.

> …起こり得る運が無限個あり，その中の 1 つだけを好ましいものと考え，1 点を賭けて 2 点の賞金を得ようとするとき正しい場合もあり得る．また，ゲームで賭けざるを得ず，起こり得る無限個の運の中に好ましいものがあり，もし尽きることなく幸せな人生という無限大が賞金として得られるときに，3 点に対して一人生を賭けるのを拒否するというのは，間違った判断をしているのかもしれない．しかしここ

表 4.2　パスカルの賭けにおける決定行列

決定	真の状態	
	神は存在する（確率 p）	神は存在しない（確率 $1-p$）
神を信じる	$U = \infty$	$U = y$
神を信じない	$U = x$	$U = z$

で，勝って賞金として尽きることなく幸せな人生という無限大を得るのは1つの場合であり，失うのは有限個の場合であり，賭けるものも有限であるとする．そうであるならば，選択肢は1つに限られる．無限のものが存在するときはいつでも，それを得ることに対して失う場合が無限でないようなら，何もためらう必要はない．すべてを賭けるに違いない．このように，ゲームで賭けざるを得ず，同様に起こりやすいが無に等しい損失に対する無限の賞金を前にして，それに人生を賭けるよりも人生を保全する方を選ぶのならば，判断力を失っているに違いない．

現代の記法を用いるならば，パスカルの議論は表4.2の決定行列で表される．そこでのpは神が存在する確率であり，極めて小さい（しかし0ではない）と仮定される．

変数Uは，自然の真の状態が与えられたときの決定に対する**効用**（あるいは価値）を表す．例えば，$U = x$は，神が存在するとき神に反する（つまり，神は存在しないと信じる）ことに賭けたときの効用を意味する．神が存在するときに神に賭けるということは，天国における永遠の尽きることのない幸せをもたらすので，無限の効用をもつとパスカルは主張する．一方，x, y, zはすべて有限である．このとき，神が存在する確率pが極めて小さいとしても，0ではないとき，神が存在することに賭けたときの期待効用は

$$EU_{存在} = \infty \times p + y \times (1-p) = \infty$$

一方，神は存在しない方に賭けるときの期待効用は

$$EU_{非存在} = x \times p + z \times (1-p) = p(x-z) + z \ll EU_{存在}$$

神の存在する方に賭けたときの期待効用は無限大であり，神の非存在に賭けたときの期待効用より大きい．ハッキングは，任意の0でないpに対する期待効用に基づく意思決定基準を「期待値を操って得られる議論」と呼んでいる．

パスカルの賭けをどのように理解したらよいのだろうか．はたして，それは多くの批判を引き寄せた．パスカルはキリスト教の神のみを想定していたが，デゥニ・ディデロ (1713-1784) は次のように述べている（Diderot(1875, LIX)).

> イスラム教徒もまったくそのように考えるに違いない．

これは，パスカルの賭けに対するいわゆる「多くの神々」的反論である．パスカルは他の宗教については考慮しなかったが，どの宗教でも無限の恩寵を主張するだろう．もう1つのよく知られた批判は，リチャード・ドーキンス (1941-) の『神という妄想』（Dawkins(2006, p.104)) によく反映されている．

> 信じるということは，政策等のように決定して行えるようなものではない．少なくとも，意思による行動のように決定して行うものではない．教会に行くと決めることはできる．ニカイア信条を暗唱すると決めることもできる．山積みの聖書の前でそこにあるすべての言葉を信じると誓うことを決めることもできる．しかし，私が信じていないとき，それらのどれも実際に私に信じさせることはできない．パスカルの賭けは，神を信じると装う議論に過ぎない．あなたが信じると主張する神が全知でなければよいが，さもないと神はその偽装を見通すに違いない．

ここでドーキンスが述べている議論の本質は，人は神を信じると意識的に決めることはできないという，パスカルの賭けの大前提を毀損する事実である．パスカルの賭けに対する他の批判は Jordan(2006) の5章に見ることができる．しかし，パスカルの前提としているものには議論の余地があるものの，

パスカルの数学的な議論の背景にある**論理**に問題はない．Hacking(1972) は次のように説明する．

> この論文のどこででも，パスカルの議論には説得力があると述べるつもりなどない．しかしそれは，その議論に（論理上の）説得力がないからではなく，どう贔屓目に見ても議論の前提に異論があるからである．

問題 5

ホイヘンスと賭博者の破産（1657）

▶問 題

2人の賭博者 A と B が，初めにそれぞれ a ドルと $t-a$ ドル所持している．A が1回の勝負で勝つ確率が p，B の確率は $q = 1-p$ であるゲームを行うとする．A は勝つたびに B から1ドル貰い，負けると B へ1ドル渡す．A が最終的に B の所持金をすべて手に入れる確率はいくらか．

▶解 答

A が a ドルの所持金から始めて，最終的に t ドルすべてを手に入れる（B が破産する）確率を $w_{a,t}$ とする．このとき，1回目の勝負の結果で条件を付けて，$w_{a,t}$ に関する差分方程式を得る．

$$w_{a,t} = pw_{a+1,t} + qw_{a-1,t} \tag{5.1}$$

ただし，$w_{t,t} \equiv 1$, $w_{0,t} \equiv 0$ である．この差分方程式を解くために，定数 λ に対して $w_{a,t} = \lambda^a$ とおく．すると，方程式 (5.1) は

$$\lambda^a = p\lambda^{a+1} + q\lambda^{a-1}$$

となり，

$$p\lambda^2 - \lambda + q = 0$$

ゆえに，

$$\lambda = \frac{1 \pm \sqrt{1-4pq}}{2p}$$
$$= \frac{1 \pm \sqrt{1-4p+4p^2}}{2p}$$
$$= \frac{1 \pm (1-2p)}{2p}$$
$$= \frac{q}{p}, \ 1$$

$p \neq q$ の場合，2つの異なる根をもつので，解として $w_{a,t} = C + D\left(\dfrac{q}{p}\right)^a$ を得る．ただし，C, D は任意の定数である．$w_{t,t} \equiv 1$ と $w_{0,t} \equiv 0$ を代入して，

$$C + D\left(\frac{q}{p}\right)^t = 1,$$
$$C + D = 0$$

これにより，$C = -D = -\left(\left(\dfrac{q}{p}\right)^t - 1\right)^{-1}$ である．ゆえに，$p \neq q$ のとき，

$$w_{a,t} = \frac{(q/p)^a - 1}{(q/p)^t - 1}$$

$p = q$ の場合は，$z = \dfrac{q}{p}$ が1に近づくときの上の式の極限を考えて次を得る．

$$w_{a,t} = \lim_{z \to 1} \frac{z^a - 1}{z^t - 1}$$
$$= \lim_{z \to 1} \frac{az^{a-1}}{tz^{t-1}}$$
$$= \frac{a}{t}$$

ゆえに，

$$w_{a,t} = \begin{cases} \dfrac{(q/p)^a - 1}{(q/p)^t - 1}, & p \neq q \\ \dfrac{a}{t}, & p = q \end{cases} \tag{5.2}$$

56　問題5　ホイヘンスと賭博者の破産（1657）

▶考察

　パスカルとフェルマーによる革新的な研究は，そうであることは疑いようがないにもかかわらず，当時の専門誌に発表されることはなかった．パスカルは，1654年にAcadémie Parisienne[1]に，新規の科学（偶然の幾何学あるいは偶然の数学）の基礎となるものをまもなく発表したいと伝えている（Pascal(1858, pp.391-392)）．しかし，その目論見は結局実を結ばなかった．パスカルは他の仕事や，内なる宗教的葛藤と戦うことで忙殺されていたのである．フェルマーはと言えば，自身の数学的結果を自ら公表することには興味がなく，まさしく「アマチュアのプリンス[2]」と呼ばれるのにふさわしいのであった．その命運は，オランダの著名な天文学者であり数学者のクリスチャン・ホイヘンス(1629-1695)に委ねられ，彼が高名な2人の同時代人の結果を広めたのである（図5.1）．

　1655年，パスカルとフェルマーの間で書簡が交わされた数か月後，ホイヘンスはフランスを訪れた．そこで，**配分問題**を知ることになる．しかし，ホイヘンスは2人のフランス人のどちらとも会うことはなかった．代わりに会ったのは，数学者クロード・マイロン(1618-1660)である．彼はカルカビとギレス・ド・ロベルバルの友人であり，この両名にはパスカルが以前にド・メレの質問に関して相談していた．ホイヘンスはオランダに戻った後，確率についての短い論文を書き，彼の指導者であるオランダの数学者フランシス・ヴァン・スホーテン(1615-1660)に送った．彼はホイヘンスの論文をラテン語に翻訳し，彼の著書『数学演習』に含めた．ホイヘンスの論文は1657年に『偶然のゲームでの計算について』[3]という書名で出版されている（図5.2）．

---

[1] 数学者であり，音楽の理論家でもあるマリン・メルセンヌ(1588-1648)によって1635年に創刊された．Académie Parisienne（パリアカデミー）は1666年にAcadémie des Sciences（科学アカデミー）へと改名・発展する．Droesbeke and Tassi(1990, pp.24-25)を参照せよ．

[2] 例えば，ベルの『数学者たち』(Bell(1953, pp.60-78))を参照せよ．Samueli and Boudenot(2009, p.36)によれば，フェルマーが生涯で公表した論文はわずか1篇であった．彼の数学的業績は極めて広範囲に亘っていたのであるが．

[3] この本の英訳は1692年にスコットランドの物理学者ジョン・アーバスノット(1667-1735)により『偶然の法則について，あるいはゲームの危険度の計算法，分かりやすい証明と今よく遊ばれているゲームへの応用』という書名で出版された．しかし，

問題 5　ホイヘンスと賭博者の破産 (1657)　　57

図 5.1　クリスチャン・ホイヘンス (1629-1695)

その 18 ページの書物が，確率について初めて出版された本となった (Huygens(1657))．その本文ではパスカルにもフェルマーにも言及していないが，序文では簡単に触れている (David(1962, p.114))．

> また，しばらく前からフランスの最高の数学者たち[4]がこの計算法について研究している．そのため，最初の発明者としての名誉は私に帰すべきではない．それは私に属するものではない．その優秀な学者たちは互いに難しい問題を提案しあい，互いに吟味しあったのであるが，その解法は秘されたままである．したがって，この問題を私自身で一から始め，調べ，深く突き詰めなければならなかった．それゆえ

　アーバスノットの仕事は単なる翻訳にとどまらず，序文，ホイヘンスの問題への解答，彼自身の注釈を含んでいる．
[4] ホイヘンスは間接的にしか述べていないけれども，確率計算を基礎づけた貢献者としてパスカルとフェルマーを認めた最初の人物となった．Pichard(2004, p.18) を参照せよ．

図 5.2　スホーテン著『数学演習』にあるホイヘンス著『偶然のゲームでの計算について』(Huygens(1657)) の第 1 ページ.

　　に，同じ原理から出発しているのかさえ確かめるのは不可能である．
　　しかし，最終的には，私の解が多くの場合彼らのものと異なっていないことを知ることができた.

　これにより，パスカルとフェルマーが議論した問題の解答をホイヘンスは手に入れられず，自分自身で解かなければならなかったことが分かる．しか

し，歴史家アーネスト・クーメはこのことに疑問を投げかけている（Coumet (1981), p.129）．クーメはホイヘンスからのヴァン・スホーテンへの1656年の手紙を引いて，ホイヘンスはこの問題の解に関するヒントをド・メレの仲介を経てパスカルから得たのではないかという仮説を呈している．さらに，カルカビは後に，パスカルとフェルマーの本質的な解を，詳細ではないけれどもホイヘンスに伝えていた[5]．

『偶然のゲームでの計算について』（Huygens(1657)）は14個の命題と読者向けの5つの問題からなる．ここで興味あるのは5番目の問題である（図5.3）．

> AとBは共に12枚の硬貨を所持している．この条件で，3個のサイコロで賭博を行う．11の目が出たら，AはBに硬貨を1枚渡す．14の目が出たら，BがAに1枚渡す．すべての硬貨を初めて手に入れた方がこのゲームに勝利する．AとBの運の比は244140625：282429536481である．

では，現代的な記法を用いて，ホイヘンスが後に『ホイヘンス全集』（Huygens(1920)）の第14巻で与えた解を見てみよう．読者は，数学的期待値の使用を初めて**定式化**したのはホイヘンスであったことを記憶すべきである[6]．Huygens(1657) の命題 III は次のように述べている．

> a を得る p 個の運があり，b を得る q 個の運があるとき，どの運も同様に起こり得るなら，私にとってその価値は $\frac{pa+qb}{p+q}$ である．

現代的な記法では，賭博者が量 a を得る確率が $\frac{p}{p+q}$ であり，また量 b を得る確率が $\frac{q}{p+q}$ であるとき，彼が得る量 W の期待できる値は次で与えられる．

---

[5] Courtebras(2008, p.76) を参照せよ．
[6] **問題4**で述べたように，期待値を実質的に初めて利用したのはパスカルである．

60　問題 5　ホイヘンスと賭博者の破産（1657）

図 5.3　スホーテン著『数学演習』にある『偶然のゲームでの計算について』（Huygens(1657)）の最後の 4 つの問題．まさに最後の問題（Probl. 5）が有名な賭博者の破産問題である．

$$E(W) = \sum_i w_i P(W = w_i)$$
$$= a \cdot \frac{p}{p+q} + b \cdot \frac{q}{p+q}$$
$$= \frac{pa + qb}{p+q}$$

同様に，賭博者がゲームで勝ったとき $I = 1$ と定義し，その事象の確率を π とおく．また，そうでないときは $I = 0$ とおくとき，I の期待値は

$$E(I) = 1 \cdot \pi + 0 \cdot (1-\pi) = \pi$$

賭博者がそのゲームで勝つための期待値は，より単純に賭博者の期待値は，こ

のように勝つ確率でもある．

ホイヘンスの 5 番目の問題に戻ると，A が i 枚の硬貨を手に入れているときに B を破産させる A の期待値を E_i とおく．3 個のサイコロを投げたとき 14 または 11 の目が出たという条件付きで，14 の目が出る確率を α，11 の目が出る確率を β とおく．ホイヘンスはまず，A が 2 勝すると B が破産し，A が 2 敗すると A 自身が破産すると仮定して考えた．**これは，A と B ともに 2 枚の硬貨をもつ状態からゲームを始めて，4 枚の硬貨を手に入れた方が相手を破産させるということに等しい．** このとき問題は，ゲームを始めたときに（そしていつでも，A と B が同量の硬貨を手にしているときに）A が B を破産させる期待値 E_0 を見つけることである．$E_2 = 1, E_{-2} = 0$ なので，

$$E_1 = \alpha \cdot 1 + \beta \cdot E_0 = \alpha + \beta E_0$$
$$E_{-1} = \alpha E_0 + \beta \cdot 0 = \alpha E_0$$
$$E_0 = \alpha E_1 + \beta E_{-1}$$

ホイヘンスはまた，確率を樹状に配置して（もちろん初めての考え方）最終的に得られる関係式群について説明した[7]．E_{-1} と E_1 を消去して，次を得る．

$$E_0 = \frac{\alpha^2}{\alpha^2 + \beta^2}$$

このことは，B が A を破産させる確率が $\frac{\beta^2}{\alpha^2 + \beta^2}$ であることを意味する．ゆえに，A と B の確率の比は $\frac{\alpha^2}{\beta^2}$ である．ホイヘンスは次に，賭博者がともに 4 枚と 8 枚の硬貨を持っている 2 つの場合を考え，そのときそれぞれの確率比が $\frac{\alpha^4}{\beta^4}$ と $\frac{\alpha^8}{\beta^8}$ であることを示した．ホイヘンスは，n 枚の硬貨の場合については確率比 $\frac{\alpha^n}{\beta^n}$ であると述べはしたが，帰納法を用いて証明することはなかった．$n = 12$ で $\frac{\alpha}{\beta} = \frac{5}{9}$ のときは[8]，確率比として次が得られる．

$$\left(\frac{\alpha}{\beta}\right)^{12} = \left(\frac{5}{9}\right)^{12} = \frac{244140625}{282429536481}$$

---

[7] Edwards(1983) と Shoesmith(1986) を参照せよ．
[8] これは，3 個のサイコロを投げたときに 11 の目が出る確率と 14 の目が出る確率との比である．

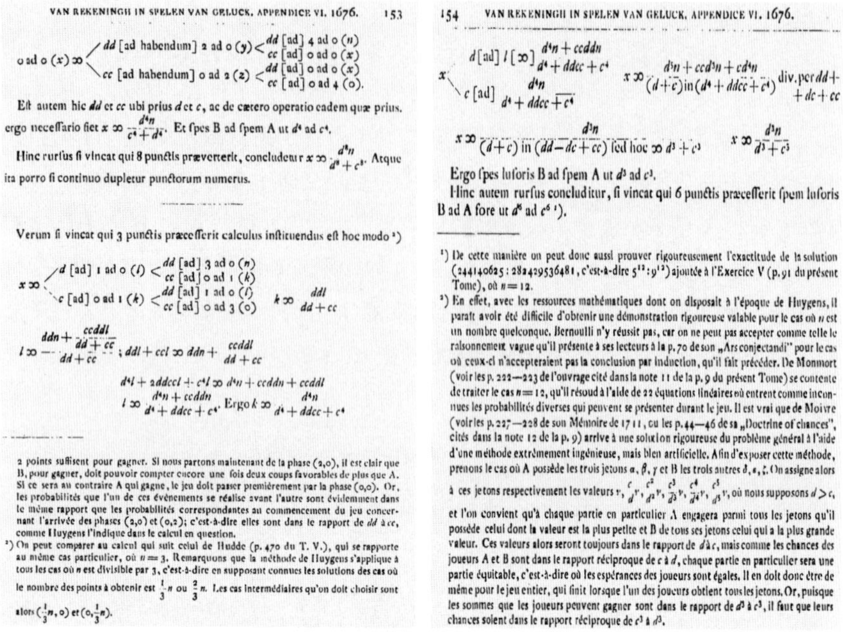

VAN REKENINGH IN SPELEN VAN GELUCK. APPENDICE VI. 1676. 153

$$\text{o ad o } (x) \propto \begin{cases} dd \text{ [ad habendum] 2 ad o } (y) < \begin{matrix} dd \text{ [ad] 4 ad o } (n) \\ cc \text{ [ad] o ad o } (x) \end{matrix} \\ cc \text{ [ad habendum] o ad 2 } (z) < \begin{matrix} dd \text{ [ad] o ad o } (x) \\ cc \text{ [ad] o ad 4 } (o). \end{matrix} \end{cases}$$

Eſt autem hic *dd* et *cc* ubi prius *d* et *c*, ac de cætero operatio eadem quæ prius. ergo neceſſario fiet $x \propto \frac{d^4 n}{c^4 + d^4}$. Et ſpes B ad ſpem A ut d^4 ad c^4.

Hinc rurſus ſi vincat qui 8 punctis præverterit, concludetur $x \propto \frac{d^8 n}{d^8 + c^8}$. Atque ita porro ſi continuo dupletur punctorum numerus.

Verum ſi vincat qui 3 punctis præceſſerit calculus inſtituendus eſt hoc modo [2])

$$x \propto \begin{cases} d \text{ [ad] 1 ad o } (l) < \begin{matrix} dd \text{ [ad] 3 ad o } (n) \\ cc \text{ [ad] o ad 1 } (k) \end{matrix} \\ c \text{ [ad] o ad 1 } (k) < \begin{matrix} dd \text{ [ad] 1 ad o } (l) \\ cc \text{ [ad] o ad 3 } (o) \end{matrix} \end{cases} \qquad k \propto \frac{ddl}{dd + cc}$$

$$l \propto \frac{ddn + \frac{ccddl}{dd + cc}}{dd + cc}; \; ddl + ccl \propto ddn + \frac{ccddl}{dd + cc}$$

$$d^4 l + 2ddccl + c^4 l \propto d^4 n + ccddn + ccddl$$

$$l \propto \frac{d^4 n + ccddn}{d^4 + ddcc + c^4}. \text{ Ergo } k \propto \frac{d^4 n}{d^4 + ddcc + c^4}$$

2 points suffisent pour gagner. Si nous partons maintenant de la phase (2,0), il est clair que B, pour gagner, doit pouvoir compter encore une fois deux coups favorables de plus que A. Si ce sera au contraire A qui gagne, le jeu doit passer premièrement par la phase (0,0). Or, les probabilités que l'un de ces événements se réalise avant l'autre sont évidemment dans le même rapport que les probabilités correspondantes au commencement du jeu concernant l'arrivée des phases (2,0) et (0,2); c'est-à-dire elles sont dans le rapport de *dd* à *cc*, comme Huygens l'indique dans le calcul en question.

[2]) On peut comparer au calcul qui suit celui de Hudde (p. 470 du T. V.), qui se rapporte au même cas particulier, où $n = 3$. Remarquons que la méthode de Huygens s'applique à tous les cas où *n* est divisible par 3, c'est-à-dire en supposant connues les solutions des cas où le nombre des points à obtenir est $\frac{1}{3}n$ ou $\frac{2}{3}n$. Les cas intermédiaires qu'on doit choisir sont alors $(\frac{1}{3}n, 0)$ et $(0, \frac{1}{3}n)$.

154 VAN REKENINGH IN SPELEN VAN GELUCK. APPENDICE VI. 1676.

$$x \begin{cases} d \text{ [ad] } l \; [\propto] \; \frac{d^4 n + ccddn}{d^4 + ddcc + c^4} \\ c \text{ [ad] } \frac{d^4 n}{d^4 + ddcc + c^4} \end{cases} \qquad x \propto \frac{d^5 n + ccd^3 n + cd^4 n}{(d + c) \text{ in } (d^4 + ddcc + c^4)} \text{ div. per } dd + dc + cc$$

$$x \propto \frac{d^3 n}{(d + c) \text{ in } (dd - dc + cc) \text{ ſed hoc } \propto d^3 + c^3} \qquad x \propto \frac{d^3 n}{d^3 + c^3}$$

Ergo ſpes luſoris B ad ſpem A ut d^3 ad c^3.

Hinc autem rurſus concluditur, ſi vincat qui 6 punctis præceſſerit ſpem luſoris B ad A fore ut d^6 ad c^6 [1]).

[1]) De cette manière on peut donc aussi prouver rigoureusement l'exactitude de la solution (244140625 : 282429536481, c'est-à-dire $5^{12} : 9^{12}$) ajoutée à l'Exercice V (p. 91 du présent Tome), où $n = 12$.

[2]) En effet, avec les ressources mathématiques dont on disposait à l'époque de Huygens, il paraît avoir été difficile d'obtenir une démonstration rigoureuse valable pour le cas où *n* est un nombre quelconque. Bernoulli n'y réussit pas, car on ne peut pas accepter comme telle le raisonnement vague qu'il présente à ses lecteurs à la p. 70 de son „Ars conjectandi" pour le cas où ceux-ci n'accepteraient pas la conclusion par induction, qu'il fait précéder. De Monmort (voir les p. 222—223 de l'ouvrage cité dans la note 11 de la p. 9 du présent Tome) se contente de traiter le cas $n = 12$, qu'il résoud à l'aide de 22 équations linéaires où entrent comme inconnues les probabilités diverses qui peuvent se présenter durant le jeu. Il est vrai que de Moivre (voir les p. 227—228 de son Mémoire de 1711, ou les p. 44—46 de sa „Doctrine of chances", cités dans la note 12 de la p. 9) arrive à une solution rigoureuse du problème général à l'aide d'une méthode extrêmement ingénieuse, mais bien artificielle. Afin d'exposer cette méthode, prenons le cas où A possède les trois jetons α, β, γ et B les trois autres δ, ε, ζ. On assigne alors à ces jetons respectivement les valeurs v, $\frac{c}{d}v$, $\frac{c^2}{d^2}v$, $\frac{c^3}{d^3}v$, $\frac{c^4}{d^4}v$, $\frac{c^5}{d^5}v$, où nous supposons $d > c$, et l'on convient qu'à chaque partie en particulier A engagera parmi tous les jetons qu'il possède celui dont la valeur est la plus petite et B de tous ses jetons celui qui a la plus grande valeur. Ces valeurs alors seront toujours dans le rapport de *d* à *c*, mais comme les chances des joueurs A et B sont dans le rapport réciproque de *c* à *d*, chaque partie en particulier sera une partie équitable, c'est-à-dire où les espérances des joueurs sont égales. Il en doit donc être de même pour le jeu entier, qui finit lorsque l'un des joueurs obtient tous les jetons. Or, puisque les sommes que les joueurs peuvent gagner sont dans le rapport de d^3 à c^3, il faut que leurs chances soient dans le rapport réciproque de c^3 à d^3.

図 5.4　賭博者の破産問題に対する公式のホイヘンスの証明からの抜粋（『ホイヘンス全集』（Huygens(1920)）の 14 巻による）.

これが『偶然のゲームでの計算について』（Huygens(1657)）で与えられたものである（図 5.3）．**賭博者の破産問題**[9]はホイヘンスに由来すると普通考えられているが，実際はフェルマーがその問題についてホイヘンスに後に伝えている．フェルマーは 1656 年にパスカルからその問題について質問を受けていた．となると，賭博者の破産問題の起源はパスカルに帰されるべきかもしれない[10]．Edwards(1983) は，パスカル自身の解を調べて配分問題[11]に対する差分方程式にまで辿りついている．**解答**での解はヤコブ・ベルヌーイの『推測論』（Bernoulli(1713), p.99)）で初めて与えられた．

[9] 賭博者の破産問題はまた，Ibe(2009, p.220)，Mosteller(1987, p.54)，Rosenthal(2006, p.75)，Andel(2001, p.29)，Karlin and Taylor(1975, pp.92–94)，Ethier（2010, 7 章），Hassett and Stewart(2006, p.373) 等で議論されている．

[10] しかし，歴史家アーネスト・クーメはカルダーノの Cardano（1539, 56 章）からの興味深い一節を引用して，賭博者の破産に非常に似ている問題を議論していると述べている．さらには，**問題 11** にある脚注 1 (p.140) も参照せよ．

[11] **問題 4** を参照せよ．

その時代において関連したさらにややこしい問題は**ゲームの継続時間問題**である（Roux(1906), p.18）．この問題はモンモールの小論『偶然のゲームについての解析的試論』（Montmort(1708, p.184)）で初めて，そしてド・モアブルの『くじの測定』（de Moivre(1711)）で論じられた．モンモールは同じ技量をもつ2人の賭博者を考え，初めにともに3枚の硬貨を持っているとした．次のように書いている．

> この問題に対する方法を用いると，次のように解くことができる．p.178 で説明した条件に従って勝ち越し数を数えることで，ゲームの継続時間を決めることができる．例えば3枚の硬貨の場合に，これらの規則通りにゲームを行うと，7回までにゲームが終了するオッズは 37 : 27 であることが分かる．また，5回までならそのオッズは 7 : 9 である．ゲームがある回数で終了するためのオッズがそれで得られるのは，公式 $\frac{1}{4} + \frac{3}{4^2} + \frac{3^2}{4^3} + \frac{3^3}{4^4} + \cdots$ を用いているからである．

上記の数列の最初の3項を加えて，確率 $\frac{37}{64}$，つまりオッズ 37 : 27 を得る．最初の2項を加えると，確率 $\frac{7}{16}$，つまりオッズ 7 : 9 を得る

AまたはBのどちらかが破産するまでの対戦数を N とおき，N の確率関数を求めることにより，一般的なゲームの継続時間問題は解くことができる．最初の所持金としてAとBはそれぞれ a ドルと $t-a$ ドルを所持していて，1回の対戦で勝つ確率もそれぞれ p と $q = 1-p$ とする．最初の所持金が a ドルであるAが n 回目の対戦で破産する確率を $u_a^{(n)}$ とおく．最初の対戦の結果で条件付けて次を得る．

$$u_a^{(n)} = pu_{a+1}^{(n-1)} + qu_{a-1}^{(n-1)} \tag{5.3}$$

ただし，

$$\left.\begin{array}{l} u_0^{(n)} \equiv u_t^{(n)} \equiv 0, n \geq 1 \\ u_0^{(0)} \equiv 1, \\ u_t^{(0)} \equiv 0, \qquad a > 0 \end{array}\right\} \tag{5.4}$$

問題 5 ホイヘンスと賭博者の破産 (1657)

確率母関数を用いて一般的にかつ完全にこの問題を解いたピエール-シモン・ラプラス (1749-1827) の方法に従うことにする (Laplace(1812, p.225)[12]. 読者は次に進む前に, **問題 9** にあるその手法を予習しておくとよいかもしれない. A が破産する試合数 N_1 の確率母関数をまず定義する.

$$G_a(s) \equiv Es^{N_1} = \sum_{n=0}^{\infty} u_a^{(n)} s^n$$

方程式 (5.3) により,

$$\sum_{n=0}^{\infty} u_a^{(n)} s^n = p \sum_{n=1}^{\infty} u_{a+1}^{(n-1)} s^n + q \sum_{n=1}^{\infty} u_{a-1}^{(n-1)} s^n$$
$$= p \sum_{n=0}^{\infty} u_{a+1}^{(n)} s^{n+1} + q \sum_{n=0}^{\infty} u_{a-1}^{(n)} s^{n+1}$$
$$= ps \sum_{n=0}^{\infty} u_{a+1}^{(n)} s^n + qs \sum_{n=0}^{\infty} u_{a-1}^{(n)} s^n$$

ゆえに, 次を得る.

$$G_a(s) = ps G_{a+1}(s) + qs G_{a-1}(s) \tag{5.5}$$

ただし, 周辺条件 (5.4) により, $G_0(s) \equiv 1$ かつ $G_t(s) \equiv 0$ である. この差分方程式を解くために, $G_a(s) = \xi^a$ とおく. 方程式 (5.5) は次のようになり,

$$1 = ps\xi + qs\xi^{-1}$$

この解は次で与えられる.

$$\xi_1, \xi_2 = \frac{1 \pm \sqrt{1 - 4pqs^2}}{2ps}$$

この 2 つの解を用いて, 方程式 (5.5) の一般解は次のように書ける.

$$G_a(s) = C_1 \xi_1^a + C_2 \xi_2^a \tag{5.6}$$

---
[12] Feller(1968, p.349) を参照せよ.

$G_0(s) \equiv 1$ かつ $G_t(s) \equiv 0$ により，次を得る．

$$\begin{cases} C_1 + C_2 = 1 \\ C_1 \xi_1^t + C_2 \xi_2^t = 0 \end{cases}$$

C_1 と C_2 について解き，方程式 (5.6) に代入すると，最終的に次を得る．

$$G_a(s) = Es^{N_1} = \left(\frac{q}{p}\right)^a \frac{\xi_1^{t-a} - \xi_2^{t-a}}{\xi_1^t - \xi_2^t}$$

同様に，B が破産する試合数 N_2 に対する確率母関数は次で与えられる．

$$Es^{N_2} = \frac{\xi_1^a - \xi_2^a}{\xi_1^t - \xi_2^t}$$

$P(N = n) = P(N_1 = n) + P(N_2 = n)$ なので，A または B が破産するゲーム数の確率母関数は

$$Es^N = Es^{N_1} + Es^{N_2} = \frac{(q/p)^a(\xi_1^{t-a} - \xi_2^{t-a}) + (\xi_1^a - \xi_2^a)}{\xi_1^t - \xi_2^t} \tag{5.7}$$

$P(N = n)$ の表現式は，上の確率母関数を展開したときの s^n の係数で得られるが，複雑である[13]．しかし，ゲームの継続時間の期待値を求めるだけなら，(5.7) 式を微分して得られる[14]．

$$EN = \frac{d}{ds} Es^N \bigg|_{s=1} = \begin{cases} \dfrac{1}{q-p}\left(a - \dfrac{t(1-(q/p)^a)}{1-(q/p)^t}\right), & p \neq q \\ a(t-a), & p = q = \dfrac{1}{2} \end{cases}$$

---

[13] Feller(1968, pp.352-354) を参照せよ．
[14] もう 1 つの方法としては，$EN = D_a$ に対する差分方程式
$$D_a = pD_{a+1} + qD_{a-1} + 1$$
を条件 $D_0 = D_a = 0$ について解けばよい．

問題 6

ニュートンへのピープスからの質問（1693）

▶問題

Aは6個のサイコロを投げて6の目を少なくとも1個は出せるという．Bは12個のサイコロを投げて6の目を少なくとも2個は出せるという．Cは18個のサイコロを投げて6の目を少なくとも3個は出せるという．その言明を実現する確率が最も大きいのは3人のうちの誰か．

▶解答

解は**2項分布**を応用して求められる．自然数 $n = 1, 2, \ldots$ において，n 個の正常なサイコロを独立に投げたときに出た6の目の個数を X とおく．このとき，$X \sim B\left(n, \dfrac{1}{6}\right)$ であり，

$$P(X = x) = \binom{n}{x} \left(\frac{1}{6}\right)^x \left(\frac{5}{6}\right)^{n-x}, \quad x = 0, 1, 2, \ldots, n$$

Aに対しては，$X \sim \left(6, \dfrac{1}{6}\right)$ であり，

$$\begin{aligned} P(X \geq 1) &= 1 - P(X = 0) \\ &= 1 - \left(\frac{5}{6}\right)^6 \\ &= 0.665 \end{aligned}$$

Bに対しては，$X \sim \left(12, \dfrac{1}{6}\right)$ であり，

$$P(X \geq 2) = 1 - P(X=0) - P(X=1)$$
$$= 1 - \left(\frac{5}{6}\right)^{12} - 12 \cdot \frac{1}{6}\left(\frac{5}{6}\right)^{11}$$
$$= 0.619$$

Cに対しては，$X \sim \left(18, \dfrac{1}{6}\right)$ であり，

$$P(X \geq 3) = 1 - P(X=0) - P(X=1) - P(X=2)$$
$$= 1 - \left(\frac{5}{6}\right)^{18} - 18 \cdot \frac{1}{6}\left(\frac{5}{6}\right)^{17} - 153\left(\frac{1}{6}\right)^2 \left(\frac{5}{6}\right)^{16}$$
$$= 0.597$$

以上により，A は B よりも，B は C よりも大きな確率で実行できる．

▶ **考 察**

この問題には歴史的な意義がある．1693年，誰もが知るところのアイザック・ニュートン卿 (1643-1727)（図 6.3）のもとへ，海軍司令官かつ英国下院議員であり，日記作者でもあるサミュエル・ピープス (1633-1703) により質問された問題だったからである[1]．この問題は慈善学校の習字教師であるスミス氏によりニュートンに伝えられた．その際添えられたピープスからの文面が図 6.1 に与えてある．

ピープスからのもともとの問題は，6 の目が「少なくとも」何個出るかというよりは，「正確に」何個出るかという事象に対する確率を問いかけていた．ピープスへの返事において（図 6.2），ニュートンは本来の問題が曖昧であるとして，**問題 6** のように変更した．ニュートンの正しい答えは，確率は A, B, C の順で減少するというものであり，次のように説明した (Pepys (1866), p.257).

---
[1] ニュートンとピープスの問題はまた，David(1962, 12 章), Schell(1960), Pedoe(1958, pp.43-48), Higgins(1998, p.161) 等で議論されている．

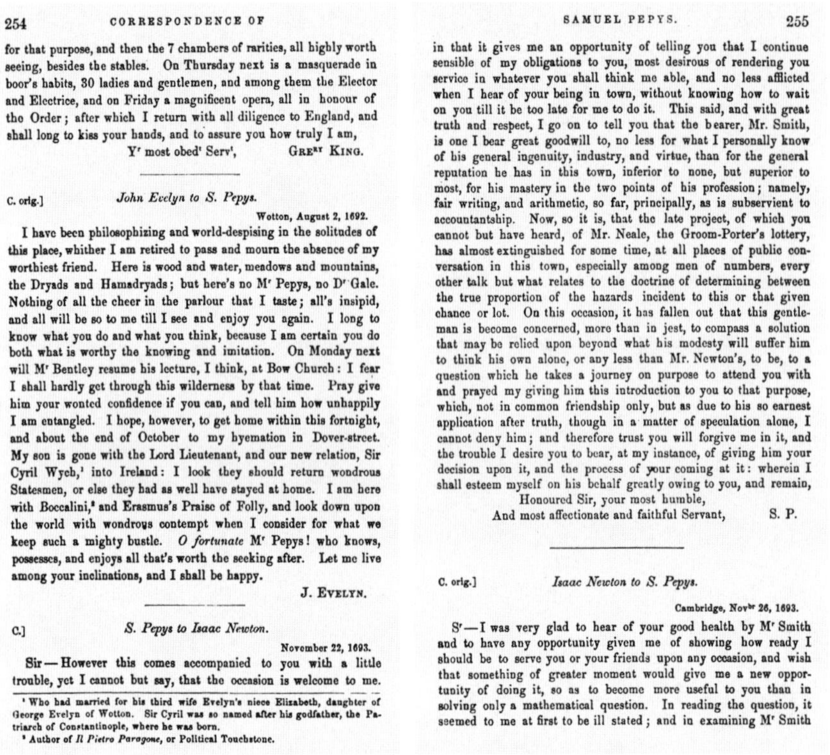

図 6.1 ピープスがニュートンへ宛てた 1693 年 11 月 22 日付の手紙（Pepys(1866)）による．

このように問題を変更すると，簡単な計算で，A が期待できるのは B や C よりも大きいことが分かる．A の言明が最も容易である．なぜなら，どのサイコロにおいても 6 の目を出す場合のすべてを A の期待はもっているのに比べ，B と C はすべての場合をもっているとは言えないからである．B が 1 個しか 6 の目を出さない場合や，C が 1 個または 2 個しか 6 の目を出さない場合に，それらの期待を失っているからである．

しかしながら，Stigler(2006) に指摘してあるように，ニュートンの解答は正しいが，その論拠は実のところ非難を免れ得ない．3 つの確率の順序は一般

図 6.2　ニュートンがピープスへ宛てた 1693 年 11 月 26 日付の手紙の抜粋 (Pepys(1866) による).

的に正しいとは言えず，$P(X \geq np)$ という確率の形に強く依存する[2]．ピープスはその答えに納得がいかず，C が最も大きい確率をもつと考えた．そのためニュートンは再度返信を書き，行った計算の詳細と最初の 2 つの場合の正確な確率，つまり $\frac{31031}{46656}$ と $\frac{1346704211}{2176782336}$ を伝えた．David(1962, p.128) によると，ニュートンは 12 個のサイコロの場合までで計算を中断し，「18 個のサイコロの場合の計算は手に負えない．ホイヘンスなら対数を用いていただろう」と述べてある．

ピープスとニュートンの問題は，ニュートンが確率を扱った希な例のように見える．David(1962, p.126) は次のように書いている．

---

[2] スティグラーは，その順序が正しくない Evans(1961) による一例を挙げる．$p = \frac{1}{4}$ のとき，$P(X \geq 1 | n = 6) = 0.822 < P(X \geq 2 | n = 12) = 0.842$.

図 6.3 アイザック・ニュートン卿 (1643-1727)

…ニュートンは確率計算の研究は行わなかった．賭博を良しとしなかったのかもしれない…

Mosteller(1987, p.34) も次のように記述している．

私の知る限り，これはニュートンが確率に言及した唯一の例である．

しかし，確率的な考えや方法をときとして用いた著作物もある（Sheynin (1971)）．Gani(2004) は次のように述べている．

上に概略を述べたピープスとの書簡は，ニュートンが当時の確率計算に精通していたことを示す確かな証拠である．

ニュートンは数学的な質問，おそらくは確率論的な質問を受けたときはいつでも，親友であったアブラハム・ド・モアブル (1667-1754) を勧めていた．

「ド・モアブル先生のところを訪ねなさい．私なんかよりその話題についてはよく知っているから」(Bernstein(1996, p.126))．その心情は両者に共有のものであった．なぜなら，ド・モアブルは大著『偶然の理論』(de Moivre (1718))の初版をニュートンに捧げているからである．

> この主題について執筆中に受けた最大の援助は，あなたの無類の業績，とくに級数についての手法からです．ここで扱った事柄に関して導くことのできた改良が，基本的にはあなたからのものであることを公に知らしめるのは私の義務です．この点で私の中に累積されつつある大いなる受益は，学識ある人々に広がるあなたへの賛辞に私も加わるように強いるのです．しかし，ことさらに私個人が受けた恩恵の1つは，あなたとの個人的な会話をしばしば許されたという栄誉です．その際，数学に関連したどのような話題においても，私が抱いた疑問を最大の親切心と丁寧さであなたに解消してもらえました．あなたの好意の数々は，私には無上の価値あるものなのです．それらについて大袈裟に言っているのではありません．卓越した普遍的に有用な思索を理解したいという真剣さゆえにです…．

問題 7

モンモールと一致の問題（1708）

▶問題

番号 $1,2,3,...,n$ がそれぞれ刻印された n 個の球が壺に入っている．それらはよく混ぜられ，次々に 1 個ずつ球が取り出される．i 番目に取り出された球の刻印が同じ番号 i であるようなものが少なくとも 1 個存在する確率を求めよ（例えば，刻印 2 の球が壺から 2 番目に取り出される）．

▶解答

n 個の球 $\{1,2,...,n\}$ の置き換え（順列）は $n!$ 個存在する．順列の j 番目の要素は j 番目に選ばれた球の刻印を表すとする．順列において j 番目に選ばれた球が刻印 j をもつという性質を P_j と表し，性質 P_j をもつ順列の集合を A_j とおく．少なくとも 1 個の球が，その刻印された順番で取り出されるような順列の総数 L_n を求める．包除原理[1]により

$$L_n = |A_1 \cup A_2 \cup \cdots \cup A_n|$$
$$= \sum_i |A_i| - \sum_{i<j} |A_i \cap A_j| + \sum_{i<j<k} |A_i \cap A_j \cap A_k|$$
$$- \cdots + (-1)^{n+1}|A_1 \cap A_2 \cap \cdots \cap A_n|$$

---

[1] 例えば，Johnson et al.(2005, 10 章) や Charalambides(2002, p.26) を参照せよ．

ただし，$|S|$ は集合 S の要素数を表す．例えば，$|A_i \cap A_j| = (n-2)!$ であり，そのような組み合わせは $\binom{n}{2}$ 個ある．他も同様なので，

$$L_n = \binom{n}{1}(n-1)! - \binom{n}{2}(n-2)! + \binom{n}{3}(n-3)! - \cdots + (-1)^{n+1}(1)$$
$$= \frac{n!}{1!} - \frac{n!}{2!} + \frac{n!}{3!} - \cdots + (-1)^{n+1}\frac{n!}{n!}$$
$$= n!\left(\frac{1}{1!} - \frac{1}{2!} + \frac{1}{3!} - \cdots + (-1)^{n+1}\frac{1}{n!}\right)$$

ゆえに，少なくとも1個の球が，それに刻印された順番で選ばれる確率は次で与えられる．

$$p_n = \frac{L_n}{n!} = \frac{1}{1!} - \frac{1}{2!} + \frac{1}{3!} - \cdots + (-1)^{n+1}\frac{1}{n!} \tag{7.1}$$

▶ 考 察

この問題は，フランスの数学者ピエール・レモン・ド・モンモール[2](1678-1719) による確率論への功績でもっともよく知られている．当時すでに亡くなっていたヤコブ・ベルヌーイに強く影響を受けて書かれた彼の著作『偶然のゲームについての解析的試論』(Montmort(1708, pp.54-64)) に含まれている（図 7.1）．もともとはトレーゼ[3]というゲームの名で通っていた（図 7.2）．一致の問題[4]としても知られていて，1 から 13 まで番号付けられた 13 枚のカード投げに関連している．カードは 1 枚ずつ引かれ，引かれた順番とそのカード番号とが少なくとも 1 回は一致する確率を求めよという問題である（図7.3）．偉大な数学歴史家であるアイザック・トドハンター (1820-1884)（図7.5）の著書『パスカルの時代からラプラスの時代までの確率の数学理論の歴史』(Todhunter(1865, p.91)) は今までに書かれた確率に関する最良の歴史書

---

[2] モンモールの伝記については Hacking(1980c) を参照せよ．
[3] 包括的な著書 Tenac(1847) は当時のさまざまなゲームを詳しく解説している．トレーゼ (Treize) はその本の p.98 にある．
[4] 一致の問題はまた，Hald(1990, 19 章)，Chuang-Chong and Khee-Meng(1992, pp.160-163)，MacMahon(1915, III 章)，Riordan(1958, 3 章)，Dorrie(1965, pp.19-21) 等で扱われている．

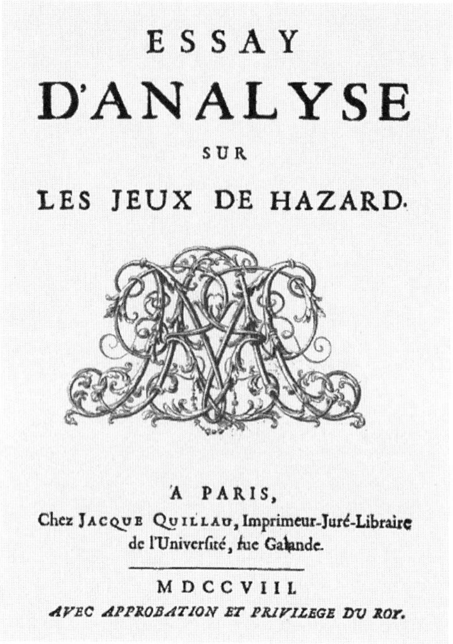

問題 7 モンモールと一致の問題（1708）

```
ESSAY
D'ANALYSE
SUR
LES JEUX DE HAZARD.

A PARIS,
Chez JACQUE QUILLAU, Imprimeur-Juré-Libraire
de l'Université, rue Galande.
MDCCVIII.
AVEC APPROBATION ET PRIVILEGE DU ROY.
```

図 7.1 初版本 Montmort(1708) の表紙

の1つであるが，そこにおいて次のように述べられている．

> 初版ではモンモールは結果についての証明は付けていない．しかし，第二版ではニコラス・ベルヌーイから受け取った2つの証明を含めている…

実際，1708年に出版された初版は当時の有名な数学者3名からの反応を誘うことになった．つまり，ヨハン・ベルヌーイ(1667-1748)（図7.4）（兄ヤコブの最大のライバル）とニコラス・ベルヌーイ(1687-1759)（ヤコブとヨハンの甥，ヤコブを教師とした）とアブラハム・ド・モアブル(1667-1754) である．まず，ヨハンからの手紙は，モンモールが以前に考えた問題に対する一般的な解やモンモールの本について間違いや手抜きを指摘するいささか手厳しいものであった．他方，ニコラスの指摘はより建設的であり，両者の実り

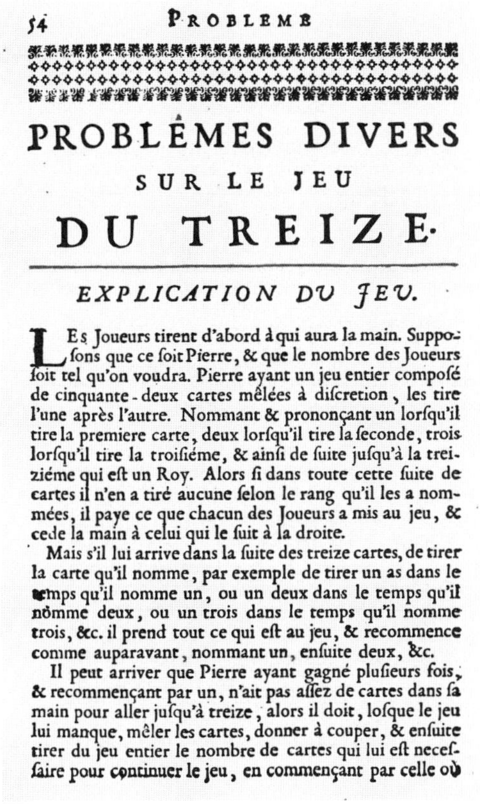

54 PROBLEME

PROBLÊMES DIVERS
SUR LE JEU
DU TREIZE.

EXPLICATION DU JEU.

LES Joueurs tirent d'abord à qui aura la main. Suppoſons que ce ſoit Pierre, & que le nombre des Joueurs ſoit tel qu'on voudra. Pierre ayant un jeu entier compoſé de cinquante-deux cartes mêlées à diſcretion, les tire l'une après l'autre. Nommant & prononçant un lorſqu'il tire la premiere carte, deux lorſqu'il tire la ſeconde, trois lorſqu'il tire la troiſiéme, & ainſi de ſuite juſqu'à la treiziéme qui eſt un Roy. Alors ſi dans toute cette ſuite de cartes il n'en a tiré aucune ſelon le rang qu'il les a nommées, il paye ce que chacun des Joueurs a mis au jeu, & cede la main à celui qui le ſuit à la droite.

Mais s'il lui arrive dans la ſuite des treize cartes, de tirer la carte qu'il nomme, par exemple de tirer un as dans le temps qu'il nomme un, ou un deux dans le temps qu'il nomme deux, ou un trois dans le temps qu'il nomme trois, &c. il prend tout ce qui eſt au jeu, & recommence comme auparavant, nommant un, enſuite deux, &c.

Il peut arriver que Pierre ayant gagné pluſieurs fois, & recommençant par un, n'ait pas aſſez de cartes dans ſa main pour aller juſqu'à treize; alors il doit, loſque le jeu lui manque, mêler les cartes, donner à couper, & enſuite tirer du jeu entier le nombre de cartes qui lui eſt neceſſaire pour continuer le jeu, en commençant par celle où

図 7.2 初版本 Montmort(1708) の p.54 にあるトレーゼゲームの記載

ある往復書簡の始まりでもあった[5].ヨハンとニコラスからの連絡により,大きく拡張され改善された『偶然のゲームについての解析的試論』の第二版をモンモールは出版することができた.第二版では,モンモールはヨハンとニコラスからの手紙を載せ,両名の功績を認めている.しかしながら,モンモールのド・モアブルに対する態度は同様に親身というわけではなかった.ド・モアブルの『くじの測定』(de Moivre(1711)) ではモンモールの1708年版のな

---
[5] この往復書簡により,いわゆるサンクト・ペテルブルグ問題がニコラス・ベルヌーイにより初めて提起された.この問題は後に,ニコラスの年下の従弟であるダニエル・ベルヌーイにより公表され,不朽の地位を得るに至るのである.**問題 11** も参照せよ.

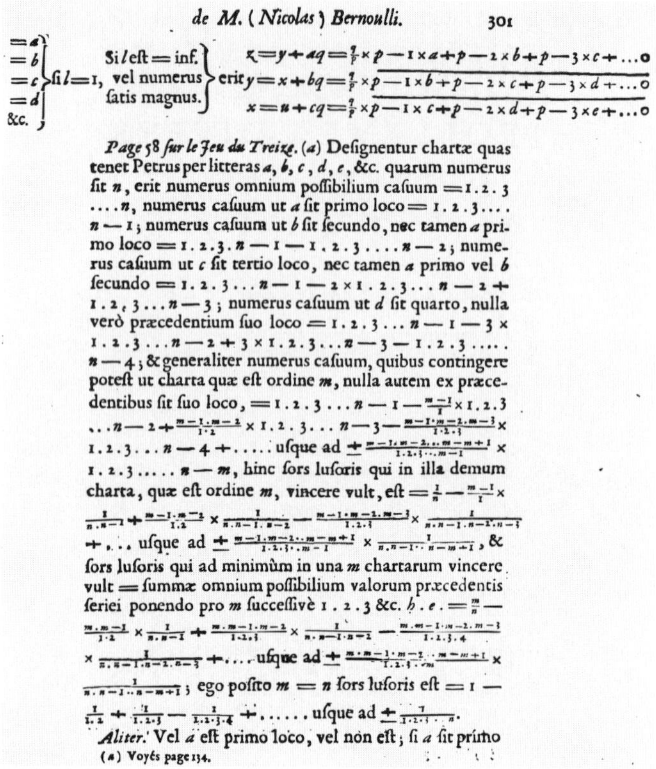

de M. (Nicolas) Bernoulli. 301

$$\left.\begin{array}{l}=a\\=b\\=c\\=d\\\&c.\end{array}\right\}\text{si } l=1,\ \left.\begin{array}{l}\text{Si } l \text{ est} = \text{inf.}\\ \text{vel numerus}\\ \text{satis magnus.}\end{array}\right\}\text{erit}\ \begin{array}{l} z=y+aq=\frac{q}{p}\times\overline{p-1\times a+p-2\times b+p-3\times c+\ldots 0}\\ y=x+bq=\frac{q}{p}\times\overline{p-1\times b+p-2\times c+p-3\times d+\ldots 0}\\ x=u+cq=\frac{q}{p}\times\overline{p-1\times c+p-2\times d+p-3\times e+\ldots 0}\end{array}$$

Page 58 sur le Jeu du Treize. (a) Designentur chartæ quas tenet Petrus per litteras a, b, c, d, e, &c. quarum numerus sit n, erit numerus omnium possibilium casuum $= 1.2.3\ldots n$, numerus casuum ut a sit primo loco $= 1.2.3\ldots n-1$; numerus casuum ut b sit secundo, nec tamen a primo loco $= 1.2.3.n-1 - 1.2.3\ldots n-2$; numerus casuum ut c sit tertio loco, nec tamen a primo vel b secundo $= 1.2.3\ldots n-1 - 2\times 1.2.3\ldots n-2 + 1.2.3\ldots n-3$; numerus casuum ut d sit quarto, nulla verò præcedentium suo loco $= 1.2.3\ldots n-1 - 3\times 1.2.3\ldots n-2 + 3\times 1.2.3\ldots n-3 - 1.2.3\ldots n-4$; & generaliter numerus casuum, quibus contingere potest ut charta quæ est ordine m, nulla autem ex præcedentibus sit suo loco, $= 1.2.3\ldots n-1 - \frac{m-1}{1}\times 1.2.3\ldots n-2 + \frac{m-1.m-2}{1.2}\times 1.2.3\ldots n-3 - \frac{m-1.m-2.m-3}{1.2.3}\times 1.2.3\ldots n-4 + \ldots$ usque ad $\pm\frac{m-1.m-2\ldots m-m+1}{1.2.3\ldots m-1}\times 1.2.3\ldots n-m$, hinc sors lusoris qui in illa demum charta, quæ est ordine m, vincere vult, est $= \frac{1}{n} - \frac{m-1}{1}\times\frac{1}{n.n-1} + \frac{m-1.m-2}{1.2}\times\frac{1}{n.n-1.n-2} - \frac{m-1.m-2.m-3}{1.2.3}\times\frac{1}{n.n-1.n-2.n-3} + \ldots$ usque ad $\pm\frac{m-1.m-2\ldots m-m+1}{1.2.3\ldots m-1}\times\frac{1}{n.n-1\ldots n-m+1}$, & sors lusoris qui ad minimùm in una m chartarum vincere vult $=$ summæ omnium possibilium valorum præcedentis seriei ponendo pro m successivè $1.2.3$ &c. $h.e. = \frac{m}{n} - \frac{m.m-1}{1.2}\times\frac{1}{n.n-1} + \frac{m.m-1.m-2}{1.2.3}\times\frac{1}{n.n-1.n-2} - \frac{m.m-1.m-2.m-3}{1.2.3.4}\times\frac{1}{n.n-1.n-2.n-3} + \ldots$ usque ad $\pm\frac{m.m-1.m-2\ldots m-m+1}{1.2.3\ldots m}\times\frac{1}{n.n-1\ldots n-m+1}$; ego posito $m = n$ sors lusoris est $= 1 - \frac{1}{1.2} + \frac{1}{1.2.3} - \frac{1}{1.2.3.4} + \ldots$ usque ad $\pm\frac{1}{1.2.3\ldots n}$.

Aliter. Vel a est primo loco, vel non est; si a sit primo

(a) Voyés page 134.

図 7.3　第 2 版 Montmort(1713) の p.301 にあるトレーゼゲームの解のニコラス・ベルヌーイによる証明

かの多くの問題を扱っているが，モンモールに対してかなり批判的であった (Hald(1984))．

まことに著名な貴殿の強い勧めもあって，サイコロに関した問題をいくらか解いてみて，それらの解答を求めるのに用いたであろう原理を見出しました．そして今，王立協会の求めに応じてそれらを出版しています．私が知る限り，この種の問題で解を求めるための方法を初めて明らかにしたのはホイヘンスですが，最近フランスの著者がいろいろな例を使ってうまく説明しています．しかし，これら名高い紳士方は，本質的に求められるその問題の単純性や一般性を利用していると

図 7.4　ヨハン・ベルヌーイ (1669-1748)

は思えません．さらに，賭博者の様々な条件を表そうとして多くの未知変量を扱うのですが，それは計算をあまりにも難しくしています．一方，賭博者たちの技量は常に同等であると仮定していますが，このゲームの理論を狭すぎる領域の中に制限することになります．

モンモールは第二版で意趣返しの返答を記している（Montmart(1713. p.xxvii))．

モアブルが自著 [de Moivre(1711)] の宣伝のために私に対してなした批判に答えるために，私がその著書を必要としたという点で，彼は正しい．彼自身の仕事を促し高めるためにとった賞賛すべき意図は，私の仕事を貶め，私の方法の新しさに疑義を挟むことにあった．私に説明させることも許さず攻撃することができると彼が考えたのなら，私に向かって弁明する理由など彼に許すことなく，私は彼に返答できる

問題 7　モンモールと一致の問題（1708）

図 7.5　アイザック・トドハンター (1820-1884)

と信じる…

しかしながら，ド・モアブルの著書『偶然の理論』の初版が出版された1718 年までに，2 人は不仲を解消したようである．その著書の前書き (p.ii) で次のように述べている．

> 私が見本版 [de Moivre(1711)] を印刷した後で，偶然のゲームの解析の著者であるド・モンモール氏はその第二版を出版した．そこにおいてとりわけ，特異な天分，並外れた能力の持ち主であることを証明した．私は，彼が真にその両者を備えていることを証言できる．彼が私に対して喜んで敬意を示してくれた友情，それと同じ友情をもってして．

トレーゼゲームに戻ると，モンモールはまずは 2, 3 の特殊な場合に解を与

えようと問題に取り組んだ．これらに対してと同様の推論で，p_n に対する再帰式を次のように求めた（Montmort(1708), p.58）．

$$p_0 = 0, \quad p_1 = 1, \quad p_n = \frac{(n-1)p_{n-1} + p_{n-2}}{n}, \; n \geq 2 \tag{7.2}$$

(7.2) 式がどのように導かれたか理解するために，$q_n = 1 - p_n$ とおくと，これは n 個の球の乱列が得られる確率である．乱列とは，どの i 番目の位置においても刻印 i をもつ球がない順列のことである（$i = 1, 2, ..., n$）．ある乱列について考えてみよう．i 番目に選ばれた球の刻印が j であったとする（$i \neq j$）．このとき，j 番目に選ばれた球の刻印が i であるか（そのとき，その確率は $\frac{1}{n}$ であり，残りの $n-2$ 個の球はまた「乱列」になっている）または，j 番目に選ばれた球の刻印が i 以外である（その確率は $1 - \frac{1}{n}$ であり，i 番目に選ばれた球を取り除くと残りの $n-1$ 個の球は「乱列」になっている）[6]．ゆえに，次が得られる．

$$q_n = \frac{1}{n} q_{n-2} + \left(1 - \frac{1}{n}\right) q_{n-1}$$

$q_n = 1 - p_n$ を代入して，(7.2) 式を得る．これにより，モンモールは次の計算値を得た．

$$p_{13} = \frac{109339663}{172972800} \approx 0.632120558$$

モンモールはまた，p_n の公式 (7.1) を導いている（Montmort(1708), p.59）．ライプニッツの結果[7]を用いて，次も示している．

$$\lim_{n \to \infty} p_n = 1 - e^{-1} (\approx 0.632120558)$$

David(1962, p.146) は，確率計算において指数極限を用いたたぶん初めてのものだろうと述べている．p_n に戻って，2 つのことを見ておこう．まず第一に，$n = 7$ で早くもその値は小数点以下 4 桁まで 0.6321 になる．これは

---

[6] （訳注）場合分けの後段では，$i = n$ と考えると分かりやすい．n 番目の球の刻印が j であり，j 番目の球の刻印が n でないとき，刻印 n をもつ球の刻印を j に書き換え，n 番目の球を取り除くと，$n-1$ 個の球の「乱列」であると解釈できる．

[7] つまり，任意の x に対して $e^x = 1 + x + \frac{x^2}{2!} + \frac{x^3}{3!} + \cdots$ であるというよく知られた公式．

$n = 10^6$ であっても同じである．この理由は式 (7.1) の項が急速に小さくなるような級数だからであると理解できる．第二に，$n \geq 7$ のとき，p_n の値自体がそれなりに大きいということについてである．$n = 7$ のとき，この壺から球を取り出すゲームを繰り返し行うとき，平均的に 3 回に 2 回の割合より少し少なめではあるが，少なくとも 1 つの球がその番号と同じ順番に選ばれる．これはかなり良い勝ち目である．

1751 年の論文 Euler(1751) において，偉大な数学者レオンハルト・オイラー (1707-1783) もニコラス・ベルヌーイとは独立に一致の問題を解いている．オイラーはジェノバの宝くじに関する 4 つの論文を遺してはいるが，オイラーの数学的解析での他の仕事に比較して，確率論での貢献は多くない．その他の確率論での仕事については Debnath(2010) の 12 章に記述がある．

問題 8

ヤコブ・ベルヌーイと黄金定理（1713）

▶問 題

正常な硬貨を $2m$ 回投げるとする．表と裏が同じ数だけ出る確率は，m が大きいとき漸近的に $\dfrac{1}{\sqrt{\pi m}}$ である．

▶解 答

正常な硬貨を独立に $2m$ 回投げるとき，表の数を X とおく．このとき，$X \sim B\left(2m, \dfrac{1}{2}\right)$ なので，$x = 0, 1, ..., 2m$ に対して

$$P(X = x) = \binom{2m}{x} \left(\frac{1}{2}\right)^x \left(\frac{1}{2}\right)^{2m-x}$$
$$= \frac{1}{2^{2m}} \binom{2m}{x}$$

表と裏の数が等しい確率は

$$P(X = m) = \frac{1}{2^{2m}} \binom{2m}{m}$$
$$= \frac{1}{2^{2m}} \frac{(2m)!}{(m!)^2}$$

スターリングの公式により，N が大きいとき $N! \sim \sqrt{2\pi} N^{N+1/2} e^{-N}$ なので，

問題 8　ヤコブ・ベルヌーイと黄金定理（1713）

表 8.1 正常な硬貨を $2m$ 回投げるとき，表と裏が同数になる確率

正常な硬貨を投げた回数（$2m$）	表と裏が同数になる確率
10	0.1262
20	0.0892
50	0.0564
100	0.0399
500	0.0178
1000	0.0126
10000	0.0040
100000	0.0013
1000000	0.0004

$$P(X=m) \approx \frac{1}{2^{2m}} \frac{\sqrt{2\pi}(2m)^{2m+1/2}e^{-2m}}{(\sqrt{2\pi}m^{m+1/2}e^{-m})^2}$$
$$= \frac{1}{2^{2m}} \frac{\sqrt{2\pi}(2m)^{2m+1/2}e^{-2m}}{2\pi m^{2m+1}e^{-2m}} \qquad (8.1)$$
$$= \frac{1}{\sqrt{\pi m}}$$

▶考 察

解答の最後の式によると，正常な硬貨において表と裏が同じ数である確率は $\sqrt{m}$ に逆比例する．一方，表 8.1 は，硬貨を投げ続けると表と裏が同じ数にはなりにくくなることを示している．

この事実は，ベルヌーイの大数の法則に真っ向から矛盾しているように見える．このあからさまな矛盾を扱う前に，大数の法則について簡単に述べておこう．ベルヌーイの法則は**大数の弱法則**（Weak Law of Large Number, **WLLN**）の最も単純な原型である．表が出る確率が p である硬貨を独立に n 回投げるとき[1]，表の総数を S_n とおく．ベルヌーイの法則は，n が大きくなるとき，表の割合 $\frac{S_n}{n}$ が確率 p に収束することを述べている．つまり，任意

---
[1] 一般に，2 つの値しかとらない独立同分布な確率変数列は，ベルヌーイにちなんで，**ベルヌーイ試行列**と呼ばれる．

表 8.2 投げた回数が増加するとき，表の割合は 0.5 に近づくが，表と裏の数の絶対差は増加する.

投げた回数（2m）	表の割合	表の数	表と裏の数の絶対差
1000	0.400	400	200
5000	0.450	2250	500
10000	0.530	5300	600
50000	0.520	26000	2000
100000	0.490	49000	2000
500000	0.495	247500	5000
1000000	0.497	497000	6000

に小さな $\varepsilon > 0$ に対して[2]

$$\lim_{n \to \infty} P\left(\left|\frac{S_n}{n} - p\right| < \varepsilon\right) = 1 \tag{8.2}$$

言い換えると，n 回の硬貨投げを行う実験を考えると表と裏からなる列が得られるが，その実験を数多く繰り返すと，表と裏からなる列が数多く得られる．どの列においても表の割合を考えるとき，ベルヌーイの法則は，**n が大きくなるとき，表の割合が p に任意に近くになるような列（実験）の割合が大きく，増加し続ける**ことを意味している．与えられた実験で硬貨を投げ続けるほど，その列での表の割合が真の p に非常に近くなる確率が大きくなるのである．この事実は実際上非常に有用である．例えば，確率の頻度論的解釈[3]を用いるときに，私たちに安心できる信頼というものを与えてくれる．

「あからさまな矛盾」の話に戻ろう．正常な硬貨の場合にベルヌーイの法則を適用すると，$2m$ 回投げたときの表の割合は，m が大きくなるとき，増加する確率で $\frac{1}{2}$ に非常に近くなるに違いない．これは，m が大きくなるとき，表と裏の数が同じである確率が増加することを意味しているのだろうか．答えは否である．事実，表と裏の数の差がかなり大きいときでさえ，表の割合が $\frac{1}{2}$

---

[2] 極限形式で述べているが，任意にどのように小さな $\varepsilon > 0, \delta > 0$ に対しても，すべての $n \geq N$ において，$P\left(\left|\frac{S_n}{n} - p\right| < \varepsilon\right) \geq 1 - \delta$ であるような十分に大きな N を見つけることができるということを意味している．
[3] 確率のいろいろな解釈については**問題 14** で議論する．

に非常に近いということは可能である．表 8.2 を見てみよう．投げる回数が増えるとき，表と裏の数の絶対差は増加しているにもかかわらず，表の割合は $\frac{1}{2}$ に近づいている．つまり，表 8.1 に矛盾はない．

さらに詳しく，正常な硬貨を投げる回数が増加するとき，表の割合が $\frac{1}{2}$ に収束するときでさえ，表と裏の数の絶対差がいくらでも大きくなりやすいことを証明できる．

正常な硬貨を独立に n 回投げたときの表の数を X とする．このとき，$X \sim B\left(n, \frac{1}{2}\right)$ であり，表と裏の数の絶対差は $|X - (n - X)| = |2X - n|$ である．任意の $\Delta > 0$ に対して，

$$P(|2X - n| > \Delta) = 1 - P(|2X - n| \leq \Delta)$$
$$= 1 - P(-\Delta \leq 2X - n \leq \Delta)$$
$$= 1 - P\left(\frac{n}{2} - \frac{\Delta}{2} \leq X \leq \frac{\Delta}{2} - \frac{n}{2}\right)$$

ここで，**正規近似**[4] $X \sim N\left(\frac{n}{2}, \frac{n}{4}\right)$ を用いると，

$$P(|2X - n| > \Delta) \approx 1 - P\left(-\frac{\Delta}{\sqrt{n}} \leq Z \leq \frac{\Delta}{\sqrt{n}}\right)$$

ただし，$Z \approx N(0, 1)$ である．$n \to \infty$ のとき，次を得る．

$$P(|2X - n| > \Delta) \longrightarrow 1 - P(Z = 0) = 1 - 0 = 1$$

このように，正常な硬貨を投げる回数が増加するとき，Δ がどのように大きな値であったとしても，表と裏の数の絶対差がその値 Δ を超える確率は増加する．投げた回数に対する表の総数の比が $\frac{1}{2}$ に非常に近くにあるという確率が増加していくという事実にもかかわらずである．投げる回数が増加するとき，絶対差はより大きく変動するようになるので，その絶対差は増加しやすくなる．

---

[4] 一般に，$X \sim B(n, p)$ のとき，n が大きければ，近似的に $X \sim N(np, npq)$，$q = 1 - p$ である．この近似の歴史は**問題 10** で扱われる．

$$E(|2X-n|^2) = V(2X-n)$$
$$= 4V(X)$$
$$= 4\frac{n}{4}$$
$$= n$$

これは，$n \to \infty$ のとき，無限大に発散する．

スイスの偉大な数学者ヤコブ・ベルヌーイ[5](1654-1705) には彼の WLLN の栄誉を受けるべきすべての権利がある．それは著書『推測法』[6]（Bernoulli (1713)）の第 4 部で初めて発表された（図 8.1-8.3）．ベルヌーイのよく知られた法則に深く分け入る前に，**2 項分布**をベルヌーイがどのように扱ったか見ておこう．彼はそれを初めて明確に利用したと考えられている[7]．その著書の第 1 部で，ベルヌーイは n 個の独立な試行からなるゲームを考えている．ただし，個々の試行で事象が起こる確率は，賭博者にとっていつも p である．そのような試行は現在，**ベルヌーイ試行**と名付けられている．さらにベルヌーイは，n 回中 m 回賭博者がその事象を起こす確率を考えている．

$$\frac{n(n-1)\cdots(n-m+1)}{1\cdot 2 \cdots m} p^n (1-p)^{n-m}$$
$$= \frac{n(n-1)\cdots(m+1)}{1\cdot 2 \cdots (n-m)} p^n (1-p)^{n-m}$$

現在の記法では，「成功」の確率が p である長さ n のベルヌーイ試行からなる実験において，成功数が X であるとき，X は $B(n,p)$ 分布をもつといわれ，$X = x$ である確率は次で与えられる．

---

[5] ジェームズ・ベルヌーイとしても知られる．
[6] 原著名は Ars Conjectandi．ベルヌーイはたぶん書名をアルノーとニコールの著名な『論理学あるいは考える技法』（Arnauld and Nicole(1662)）にちなんで名付けたと思われる．なぜなら，ラテン語ではその書名は Logica, sive Ars Cogitandi だからである．
[7] 以前にパスカルとモンモールは 2 項分布を暗に扱っていたわけだが，$p = \frac{1}{2}$ の対称的な場合だけであった．

問題 8　ヤコブ・ベルヌーイと黄金定理 (1713)

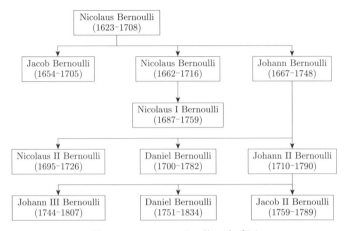

図 8.1　ベルヌーイ一族の家系図

図 8.2　ヤコブ・ベルヌーイ (1654-1705)

図 8.3 『推測法』の表紙

$$p_X(x) = P(X = x)$$
$$= \frac{n!}{x!(n-x)!} p^x (1-p)^{n-x}$$
$$= \binom{n}{x} p^x (1-p)^{n-x}, \quad x = 0, 1, ..., n$$

では，ベルヌーイの WLLN に戻ると，彼はそれを「黄金定理」[8]と名付けた．『推測法』の p.227 において，ベルヌーイは次のように述べている．

> それゆえに，これは 20 年間熟考を重ねてきて，いまここに公表したいと考えている問題である．容易ならない困難性を扱うことのできる高い有用性と新規性を有していて，この論文の残りのどの章におけるものよりも価値ある問題なのである．この「黄金定理」を扱う前に，

---

[8] 後に，大数の法則と初めて名付けたのはポアソン (1781-1840) である．

問題 8　ヤコブ・ベルヌーイと黄金定理（1713）

一部の学識ある人々が私の結果に対して抱くかもしれない幾つかの反論が正しくないことを示しておこう．

Gouraud(1848, p.19) は『推測法』について弁舌さわやかに次のように論じている．

> 運という言葉は人類の辞書から退場を迫られているが，しかしその運さながらに確率計算は彷徨ってきた．実際ここかしこで，その始まりのフランスにおいてはゲームの困難さに面して，その 20 年後のオランダにおいては公共経済問題について，最後にはさらに 20 年後の英国においても同様の問題を扱い，ある種の確率や運を非常に正確に評価するに至った．しかし，運とは何か，確率とは何か，定義しようとするものは誰もいなかった．さらには，どのような法則の下でも，どのような哲学を基にしても説明されることはなかった．そのような問題に数学を応用はしたが，定義による原理的なものを欠いていた．最終的に，フェルマーの天分によって我々は手段を手に入れたという言質が正しいのなら，その手段自体は，新しい解析を提供できるよう根本的にさらに深く研究されなければならなかった．確率計算に，それが受けるに足る関心が払われることを我々すべてが待っていたのであり，自ら明確な形に理論化しようとする動きが，この実験の状態からついに現れてきたことは驚くべきことではない．
>
> 18 世紀の初頭は，この偉大な発展の遂行がついに見られることを運命づけられていた．その後数年で，近代解析学の天才の一人による実りある徹夜のおかげで，欠けていた体系化が達成されたのであった．

歴史家アイバー・グラタン-ギネスが編集した書籍では，西洋数学における画期的著作物の 1 つとしてベルヌーイの『推測法』を含めている[9]．

ベルヌーイの推測法の関連した部分を詳しく検討することにより，ベルヌーイがその有名な定理をどのように導いたか理解することにしよう．まず，ベル

---

[9] この本には，Schneider(2005b) による『推測法』の全解説も含まれている．

ヌーイは確率の概念について述べる（Bernoulli(1713)[10]）．

> あることについての確かさは，**客観的**であり自立していて現在でも将来でも実際の存在以外の何物でもないものを意味するか，あるいは**主観的**であり我々自身に依存していて，その存在についての我々の知識の多寡のなかにあると考えられる…（p.210）

> 確率についていえば，それは確かさの程度である．それは確実そのものとは異なり，全体に対する部分としてある．つまり，完全で絶対的な確かさを文字 α または 1 で表し，例えばそれが 5 つの起こり得るもので構成されているならば，5 つの部分をもつと考えられるので，その中の 3 つがある事象の存在あるいは実現を支持し，他はそうでないとき，その事象は $\frac{3}{5}\alpha$ あるいは $\frac{3}{5}$ の確かさをもつと言うだろう（p.211）．

上の最初の段落で，ベルヌーイは論理的にあるいは主観的に決定されるような確かさについて述べている．主観的な解釈とは**認識論的概念**である[11]．つまり，我々の知識の程度に関与している．次の段落で，確率を「確かさの程度」として定義していて，それは「確実そのものとは異なり，全体に対する部分」としている．ベルヌーイはこのように，客観的か認識論的かのどちらかのものとして確率を捉えていた．さらに彼の著書において，ベルヌーイは**事前的**あるいは**事後的**な確率も導入している（p.224）．

> …事前的に得られていないものは，少なくとも事後的に手に入れられる．つまり，同じような例で得られる結果を繰り返し観測することにより，それを取り出すことができる．なぜなら，同じ状況であるならば，何回起こったか起こらなかったか以前に観測されている同じ場合の数で，どの現象も起こるか起こらないかであろうと想定できるに違いないからである．例えば，現在のティティウス氏と同じ年齢で同じ

---

[10] 以下 3 か所の翻訳は，オスカー・シェイニンによる『推測法』の英訳の 4 章からのものである（Sheynin(2005)）．
[11] **問題 14** を参照せよ．

外見をもつ男性 300 人が 10 年後に 200 人死亡し，残りはまだ生存していたと以前に知られているならば，十分な信頼度をもってティティウス氏もまたこの 10 年間での死亡しやすさは生存するよりも 2 倍であると結論できるだろう．

ここでベルヌーイが言及している事前的確率とは古典的な定義での確率を意味している．一方，事後的確率とは頻度的概念であり，それにより事前的確率の推定をベルヌーイは意図した．ベルヌーイの「意図」とは，次のように述べられている．

私の意図を明確に例示するために，あなたには知らされていないが，壺に 3000 個の白石と 2000 個の黒石が入れてあるとしよう．実験によりその数 [の比] を決めるために，石を次々に取り出して（ただし，取り出した石は毎回，次の石を取り出す前に壺に返しておき，壺の中の石の総数は変わらない），白石の個数と黒石の個数を記録する．取り出した白石と黒石の数が，他の別の比になるのではなく，小石の数と同じ 3 : 2 という比になることがより確かになるように（ついには事実上の確かさになるように），10 回，100 回，1000 回などと何回行えばよいのか知ることが求められる．(p.226)

肥沃な場合の数の不毛な場合の数に対する比が，正確にまたは近似的に，$r : s$ あるいは総数 $t = r + s$ に対する $r : t$ であるとし，この比が近似的に $\dfrac{r-1}{t}$ と $\dfrac{r+1}{t}$ という区間に含まれるようにしたいとする．肥沃である観測数がこの区間内で起こる，正確には観測総数に対する肥沃な観測数の比が $\dfrac{r-1}{t}$ と $\dfrac{r+1}{t}$ の間にあることが何回かの実験で（例えば c 回で）起こりやすくなるように，そのような回数の実験を行うことができることを示す必要がある (p.236)．

ベルヌーイの目的はこのように，**事象の真の確率が分かっているときに，事象の起こる相対頻度が真の確率に十分近くあることが「事実上確かに」なるまでには，何回の実験を行うべきなのか決定する**ことにあった．現代の記法では，独立試行の総数を n とおき，確率 $p = \dfrac{r}{t}$, $t = r + s$ をもつ事象の頻度

問題 8 ヤコブ・ベルヌーイと黄金定理（1713） 91

を h_n とおく．ベルヌーイの目的は，与えられた任意に小さな数 $\varepsilon = \frac{1}{t}$ と大きな自然数 c に対して，次のような n を見つけられることを示すことにあった[12]．

$$\frac{P(|h_n - p| \leq 1/t)}{P(|h_n - p| > 1/t)} > c \tag{8.3}$$

これは次に同値である．

$$P\left(|h_n - p| \leq \frac{1}{t}\right) > \frac{c}{c+1}$$

実際，許容誤差 $\frac{1}{t}$ で p のまわりに h_n が存在する確率が $\frac{c}{c+1}$ より大きくなるような n を見つけられるのである．ベルヌーイはまず，表現式 $(p+q)^n = (r+s)^n t^{-n}$, $q = 1 - p = \frac{s}{t}$ について考えた．

$$(r+s)^n = \sum_{x=0}^{n} \binom{n}{x} r^x s^{n-x} = \sum_{i=-kr}^{ks} f_i \tag{8.4}$$

ただし，

$$f_i = f_i(k, r, s) = \binom{kr+ks}{kr+i} r^{kr+i} s^{ks-i}, \quad i = -kr, -kr+1, ..., ks$$

簡単のために，上における $k = \frac{n}{t}$ は正の整数であるように選ぶ．(8.3) 式を証明するためにベルヌーイは，(8.4) 式の中心の項とその両側のそれぞれ k 項の和が，左裾の $k(r-1)$ 項と右裾の $k(s-1)$ 項の和の c 倍よりも大きいことを示した．$i = 0, 1, ..., kr$ に対して $f_{-i}(k, r, s) = f_i(k, s, r)$ なので，ベルヌーイには次を厳密に示しさえすれば十分であった．

$$\frac{\sum_{i=1}^{k} f_i}{\sum_{i=k+1}^{ks} f_i} \geq c$$

彼は次の条件の下で示すことができた．

---

[12] ベルヌーイ自身の証明については，Stiger(1986, pp.66-70), Uspensky(1937, 6 章), Henry(2004), Rény(2007, p.195), Schneider(2005b), Liagre(1879, pp.85-90), Montessus(1908, pp.50-57) 等にそのすべての詳細が述べてある．

$$n \geq \max\left\{m_1 t + \frac{st(m_1-1)}{r+1},\ m_2 t + \frac{rt(m_2-1)}{s+1}\right\}$$

ただし，

$$m_1 \geq \frac{\log(c(s-1))}{\log(1+r^{-1})},\ m_2 \geq \frac{\log(c(r-1))}{\log(1+s^{-1})}$$

ベルヌーイは次に，$r=30, s=20$，つまり $p=\frac{3}{5}$ のときの例を与えた．$\left|h_n - \frac{3}{5}\right| \leq \frac{1}{30+20}$ である，つまり $\frac{29}{50} \leq h_n \leq \frac{31}{50}$ であるような高度の正確さを望んだ．また，$c=1000$ を選んだが，これは $\frac{1000}{1001}$ の事実上の確かさに対応する．このような数値を用いるとき，

$$P\left(\left|h_n - \frac{3}{5}\right| \leq \frac{1}{50}\right) > \frac{1000}{1001}$$

であるためには，どの程度の大きさの標本数が必要だろうか．ベルヌーイは $m_1 = 301, m_1 t + \frac{st(m_1-1)}{r+1} = 24750, m_2 = 211, m_2 t + \frac{rt(m_2-1)}{s+1} = 25500$ を得ている．つまり，標本数 $n = 25500$ のとき，（事実上の確かさである）確率 $\frac{1000}{1001}$ であり，$\frac{29}{50} \leq h_n \leq \frac{31}{50}$ である．

ベルヌーイの計算した標本数 $n = 25500$ は気落ちさせるほどに大きい．これが，ベルヌーイが死ぬまでに推測法を完成できなかった大きな理由だったかもしれない[13]．Stigler(1986, p.77) は次のように述べている．

> …ベルヌーイの上界は始まりではあったが，ベルヌーイにとっても同時代人にとっても落胆させる結果であった．肥沃対不毛の割合を誤差 $\frac{1}{50}$ を許して知りたいときに 25550 回もの実験が必要であると分かったことは，適度な実験数では信頼できるものは得られないと分かることでもあった．ベーゼルの全母集団は 25550 よりも小さい．フ

---

[13] 『推測法』の出版は，ヤコブ・ベルヌーイの甥であるニコラス・ベルヌーイ (1687-1759) に託され，ヤコブの死の 8 年後 1713 年に実現された．ニコラス・ベルヌーイは後に，大数の法則におけるかなり大まかであったヤコブの上界を改善している（Montmort(1713, pp.388-394))．また，この問題はド・モアブルの興味を惹き，ド・モアブルの 2 項分布の正規近似の発見へと導くことになる（詳しくは，**問題 10** を参照せよ）．Meusnier(2006) には「彼の叔父や従弟に関して，歴史書編集に関して，ベルヌーイの意図を実現するためのいろいろな局面に関して，それらすべてに関してニコラスは傑出していた，そのすべての意味において」とある．

ラムスティードが 1725 個の分類で挙げている星は僅か 3000 である．25550 という数は天文学的なものよりも大きい．実際的な目的においては，それは無限に等しかった．ヤコブ・ベルヌーイがこの主題についての 20 年間の思索を公表するのを渋ったのは，実験データに基づいた推測について考慮した何か哲学的な躊躇によるというよりは，最初で唯一の計算で得られた数値の大きさによるせいではないかと私は疑っている．

推測論の唐突な終わり方は，彼が 25550 という数値を見たときにベルヌーイは文字通り気力を喪失したという説を支持しているように見える…

しかしながら，これはベルヌーイの偉大な業績をいささかも矮小化するものではない．彼の法則は，確率論における初めての極限定理である．それはまた，偶然のゲームの世界の外に確率計算を応用する初めての試みでもあった．偶然のゲームにおいて，古典的な（数学的な）理論による勝ち目の計算は実にうまくいった．出現値が同等に起こりやすいとされたからである．しかし，これはまた古典的な考え方の限界でもあった．ベルヌーイの法則は，出現値が同等に起こりやすいとは言えない場合でもそれらの確率を推定できるという実践的な枠組みを提供したのである．確率はもはや単なる数学的で抽象的な概念ではなくなった．むしろ，今となっては標本数を増やすと信頼度を増すような，推定できる量となった．この事実が全く知られていなかったという訳ではなかったが，以前の数学者の多くは暗黙に「自明なもの」として仮定していた．しかし，ベルヌーイが初めて，推定できるものであると厳密に示したのである．Tabak(2004, p.36) はさらに続ける．

> ヤコブ・ベルヌーイはその著作で，彼の独立な確率過程において頑健で矛盾のない構造が存在することを示した…ベルヌーイは，その時代まで予測できないと単純に記されていた事象に関連した深い構造の存在の証明へと歩を進めたのである．

今日，ベルヌーイ自身の証明を載せる書物は少ない．チェビシェフの不等

式を用いるとはるかに易しく示せるからである．それは 1853 年に発見された．平均 μ と分散 σ^2 をもつ任意の確率変数 X に対して，チェビシェフの不等式[14]は次のように記述される．

$$P(|X - \mu| \geq \varepsilon) \leq \frac{\sigma^2}{\varepsilon^2}$$

ただし，$\varepsilon > 0$ は任意の定数である．$X = \frac{S_n}{n}$ とおくと，$\mu = p$, $\sigma^2 = \frac{pq}{n}$ なので

$$P\left(\left|\frac{S_n}{n} - p\right| \geq \varepsilon\right) \leq \frac{pq}{n\varepsilon^2} \leq \frac{1}{4n\varepsilon^2} \to 0 \ (n \to \infty)$$

により[15]，ベルヌーイの WLLN は証明される．チェビシェフの不等式は非常に便利ではあるけれども，ベルヌーイの結果よりも大まかである．それを見るには上の不等式を次のように書き換える．

$$P\left(\left|\frac{S_n}{n} - p\right| < \varepsilon\right) \geq 1 - \frac{pq}{n\varepsilon^2}$$

ここで，$p = 1 - q = \frac{3}{5}$ と $\varepsilon = \frac{1}{50}$ のときに $1 - \frac{pq}{n\varepsilon^2} = \frac{1000}{1001}$ を解くと，$n = 600600$ を得る．これはベルヌーイの結果である標本数 $n = 25500$ よりもかなり大きい．**問題 10** では，**中心極限定理**（Central Limit Theorem, **CLT**）を用いて，その標本数を格段に減少できることを示す．

以前に，ベルヌーイの法則は弱法則と呼ばれるものであると述べたが，ボレルの**大数の強法則**（Strong Law of Large Number, **SLLN**）[16]として知られているベルヌーイの法則の強い変形が存在することも述べておこう．この法則もまた，n 回の独立な硬貨投げについて考える．表の出る確率を p とし，表の総数を S_n とおく．ボレルの SLLN は，表の割合が確率 1 で p に収束するというものである．つまり，

---

[14] この不等式は 1853 年にイレネ=ユーレス・ビヤナイメ (1796-1878) により初めて発見され，のちに 1867 年にパフヌーティー・リヴォーヴィッチ・チェビシェフ (1821-1894) によって再発見された．チェビシェフの不等式は，より適切にビヤナイメ-チェビシェフの不等式と呼ばれることも多い．

[15] $pq = p(1-p)$ の最大値は $\frac{1}{4}$ であることを利用している．

[16] フランスの著名な数学者であるエミール・ボレル (1871-1956) による．

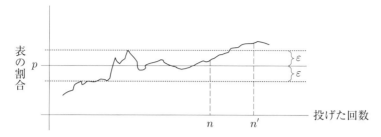

図 8.4 大きな n に対して，表の割合が p に非常に近くなるような 1 つの列．しかし，大きな n においても（例えば n' において）その列での表の割合は p から離れている．問題：弱法則と強法則はそのような揺らぎについてどのように述べるのか．弱法則は，そのような列は起こらないとは保証できないと述べるが，強法則はそのような列が起こる確率は 0 であると述べる．

$$P\left(\lim_{n\to\infty}\frac{S_n}{n}=p\right)=1 \tag{8.5}$$

読者によっては (8.2) 式と (8.5) 式との違いを理解するのに困惑を感じるかもしれない．そのため，説明のための時間を少し取ることにする．非常に長く（n 回）硬貨を投げ続けるという実験を考えると，表と裏からなる列が得られる．その実験を何回も繰り返すと，その結果，表と裏の列が大量に得られる．それぞれの列での表の割合に注目する．ベルヌーイの法則は，与えられた大きな n において，各列での表の割合が p に任意に近いような列の割合は大きく，n の関数として増加するというものである．つまり，n が大きいとき，任意に与えられた列の表の割合が p に近くなる確率が大きい．

今，次のシナリオを考えてみよう．与えられた大きな n に対して，ある特定の列が，その表の割合が非常に p に近いような列の集合に含まれていたとしよう．しかし，さらに大きな n（例えば n'）において，その列の表の割合が p から離れて彷徨うとする（図 8.4）．ベルヌーイの法則はそのようなことは起こり得ないと保証できるのだろうか．答えは否である．ベルヌーイの法則はただ単に，与えられた大きな n において，ほとんどの列が p の近くにあるだろうと述べるだけであって，n が大きくなってもそれらの列がすべて p の近くであり続けることを保証するわけではない．そこで強法則の出番である．上に述べたようなシナリオは起こりそうもなく，その確率は 0 であると明確に述べる．つまり，**強法則は，与えられた列において n がかなり大きいとき，**

ほとんどの確率で表の割合が p の近くにあるというだけでなく，ほとんどの確率で大きなすべての n において，その列の表の割合が p の近くにあり続けると述べている．ベルヌーイの WLLN に比較して，ボレルの SLLN は無限に続く表と裏の列そのものを扱い，n より大きなある j に対して $\left|\frac{S_j}{j}-p\right|>\varepsilon$ となるような事象の確率は，n が大きくなるとき，0 に近づくと主張する．それゆえに，(8.5) 式は次のように書ける[17]．

$$\lim_{n\to\infty} P\left(\left|\frac{S_j}{j}-p\right|>\varepsilon, \text{ある } j>n \text{ に対して}\right)=0$$

n が大きくなるとき，$\left\{\left|\frac{S_j}{j}-p\right|>\varepsilon, \text{ある } j>n \text{ に対して}\right\}$ という事象の確率が 0 になるほどに**希**であるからといって，その事象が**不可能**であるとは必ずしもならないこと[18]を読者は理解すべきである．むしろ，その事象に任意の正の確率 ε を指定しても，それがどれほどに小さくても，n を大きくするときに事象の確率はその指定された確率 ε よりも小さくなるという意味で**希**である．事実，ボレル・カンテリの第 1 補題[19]により，この確率が 0 であるということは，硬貨を投げる実験を無限に続けるとき，事象 $\left\{\left|\frac{S_j}{j}-p\right|>\varepsilon\right\}$ が**有限回しか起こらない**ことを意味している[20]．そのため，大数の強法則に言及するときは，「確実な収束」というよりは「ほとんど確実な収束」と呼ぶ．この点を明らかにするために，硬貨投げにおいて具体的な例を挙げよう．硬貨投げの実験では，i 番目の結果が表 (Head) のときは $X_i=1$（確率 p で），裏 (Tail) のと

---

[17] あるいは，より簡潔には，$\lim_{n\to\infty} P\left(\sup_{j>n}\left|\frac{S_j}{j}-p\right|>\varepsilon\right)=0$ と書ける．$\frac{S_n}{n}$ の確率 1 での 0 への収束が $\sup_{j>n}\left|\frac{S_j}{j}-p\right|$ の 0 への確率収束に同値であることを示している．

[18] これが正しいことを示す簡単な例を与えるために，$[0,1]$ 上の一様分布に従って選ばれた実数 X について考える．$\{X=x\}$ という形の事象はすべて確率 0 で，起こるとは言えない．しかし結局，ある $x=x_0$ が選ばれると，$X=x_0$ は不可能ではないことになる．さらに詳しくは，Székely(1986, p.198) を参照せよ．

[19] ボレル・カンテリの第 1 補題：$\sum_{i=1}^{\infty} P(A_i)<\infty$ であるような任意の事象列 $A_1, A_2,\ldots$ に対して $P(A_i \text{ が無限回起こる})=0$ が成り立つ．

[20] （訳注）ただし，ここではボレル・カンテリの第 1 補題を特に必要とはしない．「この確率が 0」であることと，問題の事象が確率 1 で「有限回しか起こらない」ことは（事象の上極限の定義の書き換えにより）同値である．

きは $X_i = 0$（確率 $1-p$ で）である．硬貨投げを長く続けると，表の割合は p であることが期待できる．つまり，次のように期待できると考えるかもしれない．

$$\lim_{n\to\infty}\left(\frac{X_1+X_2+\cdots+X_n}{n}\right)(\omega)=p,\ \text{すべての}\omega\in\Omega\text{に対して}^{21}$$

しかし，これは**すべての** $\omega\in\Omega$ に対しては正しくない．例えば，$\omega^*=(0,0,\ldots)$ であるとき，つまりすべて裏になるような列に対しては

$$\lim_{n\to\infty}\left(\frac{X_1+X_2+\cdots+X_n}{n}\right)(\omega^*)=0$$

である．にもかかわらず，強法則はそのような ω^* が確率 1 で起こらないことを教えてくれる．すべての $\omega\in\Omega$ に対する収束ではなく，

$$\lim_{n\to\infty}\left(\frac{X_1+X_2+\cdots+X_n}{n}\right)(\omega)=p$$

でないような ω の集合の確率は 0 であるので，**ほとんど確実な**収束と呼ぶのである．

ボレルの SLLN に関して明らかにしておかなければならない 1 つの疑問は，表と裏の無限列をどのように構成すべきかという点についてである．ベルヌーイの WLLN では，硬貨を n 回（大きいが有限）投げるという実験を何回か繰り返して，n が大きくなるとき確率的に収束することを示したが，n は有限であった．一方，ボレルの SLLN では，無限列全体の中で，列の表の割合がほとんど確実に p である．表と裏の無限列というものを概念化する 1 つの方法は，閉区間 $[0,1]$ の実数の 2 進展開を，裏 (0) と表 (1) の列と同一視することである．つまり，表と裏の列 $X_1,X_2,X_3,\ldots$ を次のように実数 $U\in[0,1]$ に対応させる．

---

[21]（訳注）$\Omega=\{0,1\}^\infty$ は，すべての成分が 0 または 1 であるような無限列の集合．後で説明されるように，無限に硬貨を投げ続けたときのあり得るすべての結果と解釈できる．厳密な記述としては奇妙に思えるだろうが，$\omega=(X_1(\omega),X_2(\omega),\ldots)$ であると考えておいてよいだろう．ゆえに，$\omega^*=(0,0,\ldots)$ の場合は，
$$\left(\frac{X_1+X_2+\cdots+X_n}{n}\right)(\omega^*)=\frac{X_1(\omega^*)+X_2(\omega^*)+\cdots+X_n(\omega^*)}{n}=0$$

98　問題 8　ヤコブ・ベルヌーイと黄金定理（1713）

$$U = \frac{X_1}{2} + \frac{X_2}{2^2} + \frac{X_3}{2^3} + \cdots$$

例えば，列 $HHTH$（つまり，1, 1, 0, 1）は $\frac{1}{2} + \frac{1}{4} + \frac{1}{16} = \frac{13}{16}$ に対応する[22]．逆に，0.23 は 2 進数 0.001111101... であり，$TTHHHHHTH...$ に対応する[23]．

要約しておくと，ベルヌーイの WLLN は**弱収束（確率収束）**に関するものである：**硬貨を投げる回数が大きいとき，列の大部分において表の割合が p の近くにあるだろう，そして n が大きくなるとき，そのような列の確率は 1 に近づく**と述べている．しかし，n が大きくとも，特定の列における表の割合が p から離れて彷徨うという可能性は許容する．一方，ボレルの SLLN は**強収束（ほとんど確実な収束）**に関するものである：**n がかなり大きくなるとき，列の表の割合は p に近づき，そのまますべての n において p の近くに留まり続ける確率が 1 である**と述べている．ボレルの SLLN は列の振る舞いについてさらに詳しいこと教えてくれているのであって，ベルヌーイの法則をも含意している．

もちろん，ベルヌーイとボレルの先駆的な仕事の後，いくつかの重要な発展や拡張が多くの人により為されてきている．それらの探求は，割合の（一般的には平均の）安定性のさらなる発見というよりはむしろ，そのような安定性が得られるための**条件**へと向けられた．これを述べておくことは重要である．

まず，ベルヌーイの法則の拡張の概略を述べよう．大きな発展はシメオン・デニス・ポアソン[24]（1781-1840）（図 8.5）によってなされた．表の出る確率

---

[22]（訳注）表は H，裏は T で表してある．
[23] 読者はまた，ほとんど確実に p に収束しないような列とは，それに対応する [0, 1] の数とはどのようなものになるのか疑問に思うだろう．**p.249** においてボレルの正規数についての議論するときにこの問題を扱う．
[24] ポアソンの他の重要な貢献としては，確率変数，その（累積）分布関数，その分布関数の微分としての確率密度関数の概念の導入などがある（Sheynin(1978)）．さらに，いわゆるポアソン分布を導いた（Poisson(1873, pp.205-206)）．ポアソンの証明は 2 項分布 $B(n, p)$ において，$np = \lambda$ が一定であるという条件の下で p を 0 に，n を ∞ にするときの近似に基づいている．ポアソンは，$X \sim B(n, p)$ であるとき，今述べた条件の下で，$P(X \leq m) \approx \sum_{x=0}^{m} \frac{e^{-\lambda}\lambda^x}{x!}$ であることを示した．つまり，ポアソン分布の確率関数は，$\lambda > 0$ に対して $P(X = x) = \frac{e^{-\lambda}\lambda^x}{x!}$, $x = 0, 1, 2, ...$ である．しかし，このポアソン分布の関数形はすでにド・モアブルの 1711 年の『くじの測定』に現れている（Hald(1984,

問題 8 ヤコブ・ベルヌーイと黄金定理 (1713) 99

図 8.5 シモン・デニス・ポアソン (1781-1840)

が各試行において一定でなくともベルヌーイの大数の法則は成り立つことを示した（Poisson(1837)）．その後，1867 年にパフヌーティー・リヴォーヴィッチ・チェビシェフ (1821-1894) が，大数の法則が成り立つためには，S_n は必ずしもベルヌーイ試行列の和でなくてもよいことを示した（Chebyshev (1867)）（図 8.6）．$X_1, X_2, ..., X_n$ は

$$E(X_i) = \mu_i, \quad V(X_i) = \sigma_i^2 \leq K < \infty$$

を満足する任意の独立な確率変数列であるとする．ただし，K はすべての σ_i^2 に対する一様な上界である．このとき，

---

p.231)).

問題 8 ヤコブ・ベルヌーイと黄金定理 (1713)

図 8.6 パフヌーティー・リヴォーヴィッチ・チェビシェフ (1821-1894)

$$\lim_{n\to\infty} P\left(\left|\frac{1}{n}\sum_{i=1}^{n} X_i - \frac{1}{n}\sum_{i=1}^{n} \mu_i\right| < \varepsilon\right) = 1$$

この結果を示すために，チェビシェフは彼の有名な不等式を用いた．チェビシェフの不等式を使って，

$$P\left(\left|\frac{1}{n}\sum_{i=1}^{n} X_i - \frac{1}{n}\sum_{i=1}^{n} \mu_i\right| \geq \varepsilon\right) \leq \frac{V((1/n)\sum_{i=1}^{n} X_i)}{\varepsilon^2}$$
$$= \frac{V(\sum_{i=1}^{n} X_i)}{n^2\varepsilon^2}$$
$$= \frac{\sum_{i=1}^{n} \sigma_i^2}{n^2\varepsilon^2}$$

このとき，$\sigma_i^2 \leq K < \infty$ なので

図 8.7　アンドレイ・アンドレエヴィチ・マルコフ (1856-1922)

$$P\left(\left|\frac{1}{n}\sum_{i=1}^{n}X_i - \frac{1}{n}\sum_{i=1}^{n}\mu_i\right| \geq \varepsilon\right) \leq \frac{\sum_{i=1}^{n}\sigma_i^2}{n^2\varepsilon^2}$$
$$\leq \frac{nK}{n^2\varepsilon^2}$$
$$= \frac{K}{n\varepsilon^2}$$
$$\to 0$$

1906 年，チェビシェフの弟子であるアンドレイ・アンドレエヴィチ・マルコフ (1856-1922)（図 8.7）は，$n \to \infty$ のとき $\dfrac{V(\sum_{i=1}^{n}X_i)}{n^2} \to 0$ でありさえすれば，最後の式が成り立つために X_i の独立性は必要ないことを示した．1926 年，アレクサンドル・ヤコヴレヴィチ・ヒンチン (1894-1959)（図 8.9）は，X_i が独立同分布（IID）であるとき，WLLN が成り立つための十分条件は単純に $E|X_1| < \infty$ でよいことを示した（Khintchine(1929)）．しかし，任

図 8.8 アンドレイ・ニコラエヴィッチ・コルモゴロフ (1903-1987)

意の確率変数列において，WLLN が成り立つための必要十分条件は，1927 年にアンドレイ・ニコライビッチ・コルモゴロフ (1903-1987)（図 8.8）によって次のように与えられた（Kolmogorov(1927)）．

$$\lim_{n\to\infty} E\left(\frac{\Lambda_n^2}{1+\Lambda_n^2}\right) = 0$$

ただし，$\Lambda_n = \dfrac{S_n - E(S_n)}{n}$ であり，$S_n = \sum_{i=1}^{n} X_i$ である．

次に，ボレルの SLLN に関しては，最初の重要な一般化はフランチェスコ・パオロ・カンテリ (1875-1966) により 1917 年に与えられた（Cantelli(1917)）（図 8.10）．彼は，$X, X_2, ..., X_n$ が有限な 4 次のモーメントが存在して $E(|X_i - EX_i|^4) \leq C < \infty$ であるとき，次が成り立つことを示した．

$$P\left(\lim_{n\to\infty} \frac{S_n - E(S_n)}{n} = 0\right) = 1$$

1930 年，コルモゴロフは，有限な分散をもつ独立な確率変数列 $X_1, X_2, ...,$

図 8.9 アレクサンドル・ヤコヴレヴィチ・ヒンチン (1894-1959)

X_n がほとんど確実に収束するための別の十分条件を与えた[25]（Kolmogorov (1930)）．

$$\sum_{k=1}^{\infty} \frac{V(X_k)}{k^2} < \infty$$

最終的には，コルモゴロフの記念碑的著作において，独立同分布な確率変数列がほとんど確実に μ に収束するための必要十分条件は $E(|X_1|) < \infty$ であることを示した（Kolmogorov(1933)）．

ここまで来たら，さらに別の重要な極限定理について述べておかないわけにはいかないだろう．それは，**重複対数の法則**（Law of the Iterated Loga-

---

[25] コルモゴロフは強法則の変形を得るために，チェビシェフの不等式と同様の不等式を用いた．コルモゴロフの不等式は次のように述べられる．独立な確率変数列 $X_1, X_2, ..., X_n$ に対して，$V(X_k) = \sigma_k^2 < \infty$ であるとき，$P\left(\max_{1 \leq k \leq n} |S_k - ES_k| \geq \varepsilon\right) \leq \frac{\sum_{k=1}^{n} \sigma_k^2}{\varepsilon^2}$.

104　問題 8　ヤコブ・ベルヌーイと黄金定理 (1713)

図 8.10　フランチェスコ・パウロ・カンテリ (1875-1966)

rithm, **LIL**) についてである．独立同分布な確率変数列の和 $S_n = X_1 + X_2 + \cdots + X_n$ について考えるが，一般性を失うことなく X_i は平均 0 と分散 1 をもつと仮定してよい．n が大きくなるとき，$\frac{S_n}{n}$ は 0 に近づき，その近辺に留まるというのが SLLN の述べるところである．中心極限定理[26]は，n が大きくなるとき，$\frac{S_n}{\sqrt{n}}$ は近似的に標準正規分布 $N(0,1)$ に従うようになるというものなので，$\frac{S_n}{\sqrt{n}}$ がある与えられた定数よりも大きくなる確率を推定できる．しかし，どちらも $\frac{S_n}{\sqrt{n}}$ の 0 の周りでの揺らぎを評価しているわけではない．ここからが LIL の出番であり，その揺らぎの限界を与えた．初めて独立同分布であるベルヌーイ確率変数列に対してそれを示したのは Khintchine(1924) である．後に，Kolmogorov(1929) により拡張された．上の記号を用いると，

---

[26] 問題 10 でさらに扱う．

ヒンチンの LIL は次のように述べることができる.
$$\lim_{n\to\infty} \sup \frac{S_n}{\sqrt{2n\log\log n}} = 1$$
$\frac{S_n}{\sqrt{n}}$ の揺らぎの大きさは $\sqrt{2\log\log n}$ の次数である.さらには,$c_1 > 1 > c_2$ となる定数 c_1 と c_2 をとってくると,LIL によると,$\frac{S_n}{\sqrt{n}}$ は確率 1 で $\pm c_2\sqrt{2\log\log n}$ を上下に無限回超え,$\pm c_1\sqrt{2\log\log n}$ を超えるのは有限回である.

問題 9

ド・モアブルの問題（1730）

▶問 題

正常なサイコロを独立に n 回投げる．t を自然数とするとき，目の和が t になる確率を求めよ．

▶解 答

j 回目に投げたサイコロの目を X_j $(1 \leq j \leq n)$ とおき，目の和を T_n とおく．

$$T_n = X_1 + X_2 + \cdots + X_n$$

ただし，すべての $j = 1, 2, ..., n$ に対して，

$$P(X_j = x) = \frac{1}{6}, \quad x = 1, 2, ..., 6$$

このとき，T_n の**確率母関数**を考える．X_j は互いに独立で，同じ分布をもつので，

$$\begin{aligned}
E(s^{T_n}) &= E(s^{X_1 + X_2 + \cdots + X_n}) \\
&= E(s^{X_1})E(s^{X_2}) \cdots E(s^{X_n}) \\
&= (E(s^{X_1}))^n
\end{aligned}$$

このとき，$|s| < 1$ に対して，

$$E(s^{X_1}) = \sum_{x=1}^{6} s^x P(X_1 = x)$$
$$= \frac{1}{6}(s + s^2 + \cdots + s^6)$$
$$= \frac{1}{6} \cdot \frac{s(1-s^6)}{1-s}, \quad |s| < 1$$

ゆえに，次を得る[1].

$$E(s^{T_n}) = \left(\frac{1}{6} \frac{s(1-s^6)}{1-s} \right)^n$$
$$= \frac{1}{6^n} s^n \sum_{i=0}^{n} \binom{n}{i}(-s^6)^i \sum_{k=0}^{\infty} \binom{-n}{k}(-s)^k$$
$$= \frac{1}{6^n} \sum_{i=0}^{n} \binom{n}{i}(-1)^i s^{6i+n} \sum_{k=0}^{\infty} \binom{n+k-1}{k} s^k$$

ただし，次の等式を用いている．

$$\binom{-n}{k} = (-1)^k \binom{n+k-1}{k}$$

ところで，$P(T_n = t)$ は $E(s^{T_n})$ の展開式での s^t の係数である．まず2番目の和における $s^{t-(6i+n)}$ の係数と1番目の和における s^{6i+n} の係数を掛ける．次に，すべての i についてその積の和をとり，6^n で割ることにより s^t の係数は得られる．すなわち

$$P(T_n = t) = \frac{1}{6^n} \sum_{i=0}^{\lfloor (t-n)/6 \rfloor} \binom{n}{i}(-1)^i \binom{n+(t-6i-n)-1}{t-6i-n}$$
$$= \frac{1}{6^n} \sum_{i=0}^{\lfloor (t-n)/6 \rfloor} (-1)^i \binom{n}{i} \binom{t-6i-1}{n-1} \tag{9.1}$$

ただし，$\left\lfloor \dfrac{t-n}{6} \right\rfloor$ は $\dfrac{t-n}{6}$ 以下で最大の整数であり，条件 $n-1 \leq t-6i-1$ を満足しなければならないことから求められる．

---

[1] （訳注）以下の変形において，分子は通常の2項展開，分母は負の2項展開を用いている．問題4の脚注14を参照せよ．

▶ 考 察

　この古典的な問題はヤコブ・ベルヌーイの『推測法』（Bernoulli(1713, p.30)）によってかなり詳しく調べられたが，一般的な公式は与えられなかった．ベルヌーイが初めて，3個のサイコロの目の和についてのすべての結果を与えた．3個よりも多い場合の目の和についても計算のための基本的な考え方の概略を与えようと試みている．

　最初の明確な公式は有名なフランスの数学者アブラハム・ド・モアブル[2] (1667-1754) の『くじの測定』(de Moivre(1711), Hald(1984)) において与えられた．**問題 5** を解く過程で，ド・モアブルは**与えられた数のサイコロを投げたときに，与えられた得点が得られる場合の数を見つける問題**として捉えた．ド・モアブルは f 個の面をもつ n 個のサイコロの目の和が $p+1$ である問題を考えた．目の和が $p+1$ である場合の数に対する次の公式を証明を付けずに示したのである．

$$\left(\frac{p}{1}\frac{p-1}{2}\frac{p-2}{3}\cdots\right) - \left(\frac{q}{1}\frac{q-1}{2}\frac{q-2}{3}\cdots\frac{n}{1}\right)$$
$$+ \left(\frac{r}{1}\frac{r-1}{2}\frac{r-2}{3}\cdots\frac{n}{1}\frac{n-1}{2}\right)$$
$$- \left(\frac{s}{1}\frac{s-1}{2}\frac{s-2}{3}\cdots\frac{n}{1}\frac{n-1}{2}\frac{n-2}{3}\right) + \cdots \tag{9.2}$$

ただし，$q = p - f$, $r = q - f$, $s = r - f$ などである．この公式は，0 の因数が現れる直前まで続く．f 個の面をもつサイコロの場合へと (9.1) の公式を一般化すると，

$$P(T_n = t+1 | f \text{ 個の面}) = \frac{1}{f^n}\sum_{i=0}^{\infty}(-1)^i \binom{n}{i}\binom{t-fi}{n-1}$$

これを展開すると，公式 (9.2) と同じ公式が得られる．『くじの測定』ではこの結果の証明をド・モアブルは明らかにしなかったが，後に『解析雑録』(de

---

[2] ド・モアブルはフランス生まれではあるけれども，宗教上の迫害により非常に若くしてイギリスへ逃れ，その後の生涯をその地でまっとうした．さらに詳しい伝記については Hacking(1980b) を参照せよ．

Moivre(1730)) で与えている．このように，ド・モアブルが確率母関数を初めて用いたのである．その後，この手法は『確率の解析理論』（Laplace(1812, 1814b, 1820)）によって現在の名前が付けられ，深く研究された．ところで，次のことは興味深い．モンモールはド・モアブルの上に挙げた2つの論文の間で，つまり『偶然のゲームについての解析的試論』（Montmort(1713, p.364)）において，この本の1708年版のp.141で上の公式をすでに導いていると主張したのである．これは実際のところ正しくはなかったが，ド・モアブルの『くじの測定』でその公式が公表される前にモンモールはその公式に気づいていたようではある（Todhunter(1865, pp.84-85)）．

『くじの測定』はまた，そこにおいて初めて古典的な確率の定義がド・モアブルにより明確に与えられたという点で取り上げる価値がある（de Moivre(1711), Hald(1984))．

> ある事象が起こる p 個の運があり，起こらない q 個の運があるならば，起こることも起こらないこともそれぞれある大きさの確率をもっている．しかし，その事象の起こるか起こらないかを決める運のすべてが等しく起こりやすいとすると，事象の起こる確率と起こらない確率の比は p 対 q である．

ド・モアブルはまた，**独立性**（de Moivre(1718)）と**条件付き確率**（de Moivre(1738)）を初めて明確に定義した．『偶然の理論』の初版（de Moivre(1718)）のp.4において，ド・モアブルは次のように述べている．

> …ある事象の確率をある分数が表していて，別の事象の確率を別の分数が表してるとき，その2つの事象が独立ならば，その2つの事象がともに起こる確率はその2つの分数の積である．

『偶然の理論』の第2版[3]（de Moivre(1738)）のp.7で，ド・モアブルは次のように述べている．

---

[3] ド・モアブルはまた，この本の初版のpp.6-7で条件付き確率を扱っていたが，その定義を明示的に与えてはいなかった．

…関連しあう2つの事象が起こる確率は，それらの1つの事象が起こる確率と，その事象が起こったと考えたときにもう1つの事象が起こる確率との積である．この同じ規則は，多くの事象が与えられたとしても，そのすべてが起こることに対して拡張できる．

現代の記法では，事象 B がすでに与えられているときの事象 A の条件付き確率は次で与えられる．

$$P(A|B) = \frac{P(A \cap B)}{P(B)}$$

ただし，$P(B) > 0$ である．A と B が独立のとき，$P(A|B) = P(A)$ なので，$P(A \cap B) = P(A)P(B)$ である．

確率母関数を利用する方法について，いくつか注釈を追加しておこう．この手法は，よく遭遇する少なくとも3つの状況で有用である．第1の状況とは，**問題9**のように，独立な離散型確率変数[4]の和を扱うような場合である．第2の状況は，単純な2項分布や負の2項分布や超幾何分布などよりも少々複雑な確率を計算したいときである．そのようなものとしては次の古典的な問題がある．ここでは，ド・モアブルが『偶然の理論』の第2版（de Moivre(1738)）で扱ったものを，少し修正している．

表の出る確率が p である硬貨を n 回投げたときに，長さ3の表の連
（3連続で表が出ること）が初めて起こる確率を求めよ．

h_n を上記の確率とする．問題を解く標準的な方法は，初めの方で起こる硬貨投げの結果で条件を付けることである．n 個の硬貨投げでの長さ3の表の連を得るには，この「過去に遡る」やり方なら3通りの排反な場合があるだけである．最初の硬貨が裏の場合は，残りの $n-1$ 回で長さ3の表の連を得る必要がある．最初の2回の硬貨投げの結果が表裏の場合は，残りの $n-2$ 回で長さ3の表の連を得る必要がある．最初の3回の硬貨投げの結果が表表裏の場合は，残りの $n-3$ 回で長さ3の表の連を得る必要がある．つまり，次を得る．

---

[4] 連続型確率変数の場合は，確率母関数をもたない．なぜなら，X が連続型のとき，すべての $x \in R$ に対して $P(X = x) = 0$ だからである．

$$h_n = qh_{n-1} + pqh_{n-2} + p^2qh_{n-3}, \quad n \geq 4 \tag{9.3}$$

ただし，$q = 1 - p$, $h_1 = h_2 = 0$, $h_3 = p^3$ である．方程式 (9.3) を再帰的に解けば h_n が求められる．しかし，確率母関数

$$H_3(s) = \sum_{n=1}^{\infty} h_n s^n$$

を用いた別のうまいやり方がある．方程式 (9.3) により次を得る．

$$\sum_{n=1}^{\infty} h_{n+3} s^n = q \sum_{n=1}^{\infty} h_{n+2} s^n + pq \sum_{n=1}^{\infty} h_{n+1} s^n + p^2 q \sum_{n=1}^{\infty} h_n s^n$$

$$\frac{1}{s^3} \sum_{n=4}^{\infty} h_n s^n = \frac{q}{s^2} \sum_{n=3}^{\infty} h_n s^n + \frac{pq}{s} \sum_{n=2}^{\infty} h_n s^n + p^2 q \sum_{n=1}^{\infty} h_n s^n$$

$$\frac{1}{s^3} \left(H_3(s) - p^3 s^3 \right) = \frac{q}{s^2} H_3(s) + \frac{pq}{s} H_3(s) + p^2 q H_3(s)$$

$$H_3(s) = \frac{p^3 s^3}{1 - qs - qps^2 - qp^2 s^3} \tag{9.4}$$

h_n の正確な表現を得るには，上の式の分母を因数分解して，$H_3(s)$ を部分分数へと分解し，さらにべき乗展開して s^n の係数を導くとよい．あるいは，$H_3(s)$ を s の任意のべき乗まで展開するような数学的計算ソフトを用いるとよい．例えば，$H_3(s)$ の最初の $n = 10$ までは表 9.1 に与えてある．

同様にして，長さ r の表の連が初めて現れるまでの投げる回数 N_r の確率母関数 $H_r(s)$ を求めることもできる．それは次のように与えられる（例えば，DasGupta(2011, p.27)）．

$$H_r(x) = \frac{p^r s^r}{1 - qs(1 + ps + \cdots + (ps)^{r-1})} = \frac{p^r s^r (1 - ps)}{1 - s + qp^r s^{r+1}}$$

$H'_r(1) = E(N_r)$, $H''_r(1) = E(N_r(N_r - 1))$ なので，

$$E(N_r) = \sum_{i=1}^{r} \frac{1}{p^i}$$

$$V(N_r) = \frac{1 - p^{1+2r} - qp^r(1 + 2r)}{q^2 p^{2r}}$$

表 9.1 表が出る確率が p の硬貨を n 回投げて初めて 3 回連続で表が出る確率 h_n

n	s^n の係数 h_n
3	p^3
4	$p^3 - p^4$
5	$p^3 - p^4$
6	$p^3 - p^4$
7	$p^7 - p^6 - p^4 + p^3$
8	$-p^8 + 3p^7 - 2p^6 - p^4 + p^3$
9	$-2p^8 + 5p^7 - 3p^6 - p^4 + p^3$
10	$-3p^8 + 7p^7 - 4p^6 - p^4 + p^3$

この表は (9.4) 式の $H_3(s)$ を s のべき乗展開して得られる. s^n の係数が h_n である.

確率母関数が有用である 3 番目の例は,確率変数の有理関数の期待値の計算である. 典型的な例は次の通りである[5].

$X \sim B(n,p)$ であるとき, $E\left(\dfrac{1}{1+X}\right)$ を求めよ.

まず,X の確率母関数は次のように求められる.

$$\begin{aligned}
E(s^X) &= \sum_{x=0}^{n} s^x P(X=x) \\
&= \sum_{x=0}^{n} s^x \binom{n}{x} p^x (1-p)^{n-x} \\
&= \sum_{x=0}^{n} \binom{n}{x} (ps)^x (1-p)^{n-x} \\
&= (ps + 1 - p)^n
\end{aligned}$$

上の式の両辺を s について積分して

$$\int_0^t E(s^X) ds = \int_0^t (ps + 1 - p)^n ds$$

次を得る.

---

[5] Grimmet and Stirzaker(2001, p.162) を参照せよ.

$$E\left(\frac{t^{X+1}}{X+1}\right) = \int_0^t (ps+1-p)^n ds$$

$t=1$ とおけば,

$$\begin{aligned}E\left(\frac{1}{1+X}\right) &= \int_0^1 (ps+1-p)^n ds \\ &= \left[\frac{(ps+1-p)^{n+1}}{(n+1)p}\right]_{s=0}^1 \\ &= \frac{1-(1-p)^{n+1}}{(n+1)p}\end{aligned}$$

確率母関数が有用であることの最後の例として，**一般化配分問題**[6]を解いてみよう．

賭博者 $A_1, A_2, ..., A_n$ が 1 回の勝負で勝つ確率はそれぞれ $p_1, p_2, ..., p_n$ であるようなゲームが行われた．ただし，$\sum_{i=1}^n p_i = 1$ である．ゲームの途中で，各賭博者がゲームに勝利するためにこのあと必要な勝利数はそれぞれ $a_1, a_2, ..., a_n$ であるとする．賭博者 A_i がそのゲームに最終的に勝利する確率はいくらか．

この問題はピエール-シモン・ラプラス (1749-1827) により『確率の解析理論』(Laplace(1812, p.207)) において初めて確率母関数を用いて解かれた．$u_{a_1,a_2,...,a_n}$ を問題の確率とする．次の勝負で誰が勝つかについて条件付けることにより，次の差分方程式を得る．

$$u_{a_1,a_2,...,a_n} = p_1 u_{a_1-1,a_2,...,a_n} + p_2 u_{a_1,a_2-1,...,a_n} + \cdots + p_n u_{a_1,a_2,...,a_n-1}$$

ただし，境界条件は次の通りである．

---

[6] 2 人の賭博者に関する配分問題の詳細な解説と，3 人の場合の簡単な議論については**問題 4** を参照せよ．

114 問題 9 ド・モアブルの問題 (1730)

$$u_{0,a_2,...,a_n} = 1, \quad a_2,...,a_n > 0$$
$$u_{a_1,0,...,a_n} = 0, \quad a_1,a_3,...,a_n > 0$$
$$\vdots \qquad\qquad \vdots$$
$$u_{a_1,a_2,...,0} = 0, \quad a_1,a_2,...,a_{n-1} > 0$$

多変数確率母関数 $G = G(s_1,...,s_n)$ は次で与えられる.

$$\begin{aligned}
G &= \sum_{a_1=1}^{\infty} \cdots \sum_{a_n=1}^{\infty} u_{a_1,...,a_n} s_1^{a_1} \cdots s_n^{a_n} \\
&= \sum_{a_1=1}^{\infty} \cdots \sum_{a_n=1}^{\infty} (p_1 u_{a_1-1,a_2,...,a_n} + \cdots + p_n u_{a_1,a_2,...,a_n-1}) s_1^{a_1} \cdots s_n^{a_n} \\
&= p_1 \sum_{a_1=1}^{\infty} \cdots \sum_{a_n=1}^{\infty} u_{a_1-1,...,a_n} s_1^{a_1} \cdots s_n^{a_n} \\
&\quad + \cdots + p_n \sum_{a_1=1}^{\infty} \cdots \sum_{a_n=1}^{\infty} u_{a_1,...,a_n-1} s_1^{a_1} \cdots s_n^{a_n} \\
&= p_1 \left(s_1 G + s_1 \sum_{a_2=1}^{\infty} \cdots \sum_{a_n=1}^{\infty} u_{0,a_2,...,a_n} s_2^{a_2} \cdots s_n^{a_n} \right) \\
&\quad + p_2 \left(s_2 G + s_2 \sum_{a_1=1}^{\infty} \sum_{a_3=1}^{\infty} \cdots \sum_{a_n=1}^{\infty} u_{a_1,0,a_3,...,a_n} s_1^{a_1} s_3^{a_3} \cdots s_n^{a_n} \right) \\
&\quad + \cdots + p_n \left(s_n G + s_n \sum_{a_1=1}^{\infty} \cdots \sum_{a_{n-1}=1}^{\infty} u_{a_1,a_2,...,0} s_1^{a_1} \cdots s_{n-1}^{a_{n-1}} \right) \\
&= p_1 \left(s_1 G + s_1 \sum_{a_2=1}^{\infty} \cdots \sum_{a_n=1}^{\infty} 1 \cdot s_2^{a_2} \cdots s_n^{a_n} \right) \\
&\quad + p_2 \left(s_2 G + s_2 \sum_{a_1=1}^{\infty} \sum_{a_3=1}^{\infty} \cdots \sum_{a_n=1}^{\infty} 0 \cdot s_1^{a_1} s_3^{a_3} \cdots s_n^{a_n} \right) \\
&\quad + \cdots + p_n \left(s_n G + s_n \sum_{a_1=1}^{\infty} \cdots \sum_{a_{n-1}=1}^{\infty} 0 \cdot s_1^{a_1} \cdots s_{n-1}^{a_{n-1}} \right) \\
&= (p_1 s_1 + p_2 s_2 + \cdots + p_n s_n) G + p_1 s_1 \sum_{a_2=1}^{\infty} \cdots \sum_{a_n=1}^{\infty} s_2^{a_2} \cdots s_n^{a_n}
\end{aligned}$$

ゆえに,

$$G = \frac{p_1 s_1 \sum_{a_2=1}^{\infty} \cdots \sum_{a_n=1}^{\infty} s_2^{a_2} \cdots s_n^{a_n}}{1 - p_1 s_1 - p_2 s_2 - \cdots - p_n s_n}$$

$$= \frac{p_1 s_1 \sum_{a_2=1}^{\infty} s_2^{a_2} \cdots \sum_{a_n=1}^{\infty} s_n^{a_n}}{1 - p_1 s_1 - p_2 s_2 - \cdots - p_n s_n}$$

$$= \frac{p_1 s_1 \cdots s_n}{(1-s_2)(1-s_3)\cdots(1-s_n)(1 - p_1 s_1 - p_2 s_2 - \cdots - p_n s_n)}$$

これにより,A_1 がゲームに勝つ確率 $u_{a_1,a_2,\ldots,a_n}$ は

$$\frac{p_1 s_1 \cdots s_n}{(1-s_2)\cdots(1-s_n)(1 - p_1 s_1 - p_2 s_2 - \cdots - p_n s_n)}$$

を展開したときの $s_1^{a_1} \cdots s_n^{a_n}$ の係数で与えられる.一般に,A_i がゲームに勝つ確率は

$$\frac{p_i s_1 \cdots s_n}{(1-s_1)\cdots(1-s_{i-1})(1-s_{i+1})\cdots(1-s_n)(1 - p_1 s_1 - p_2 s_2 - \cdots - p_n s_n)}$$

を展開したときの $s_1^{a_1} \cdots s_n^{a_n}$ の係数で与えられる.

問題 4 において 2 人の賭博者の場合は,$p_1 = p_2 = \frac{1}{2}$, $a_1 = 1$, $a_2 = 3$ なので,A がゲームに勝つ確率は

$$\frac{s_1 s_2/2}{(1-s_2)(1-s_1/2-s_2/2)} \text{ の } s_1 s_2^3 \text{の係数} = \frac{7}{8}$$

である[7].これは A と B との間の配分を $7:1$ にすることを意味し,**問題 4** で与えた解に等しい.3 人の賭博者の例では,$p_1 = p_2 = p_3 = \frac{1}{3}$, $a_1 = 1$, $a_2 = 2$, $a_3 = 2$ だったので,A がゲームに勝つ確率は

$$\frac{s_1 s_2 s_3/3}{(1-s_2)(1-s_3)(1-s_1/3-s_2/3-s_3/3)} \text{ の } s_1 s_2^2 s_3^2 \text{ の係数} = \frac{17}{27}$$

また,B がゲームに勝つ確率は

$$\frac{s_1 s_2 s_3/3}{(1-s_1)(1-s_3)(1-s_1/3-s_2/3-s_3/3)} \text{ の } s_1 s_2^2 s_3^2 \text{ の係数} = \frac{5}{27}$$

である.これにより A, B, C の間の配分は $\frac{17}{27} : \frac{5}{27} : \frac{5}{27} = 17:5:5$ となり,これも**問題 4** で与えた解に等しい.

---

[7] 数学計算ソフト Scientific Workplace 5.50 Build 2890 による 2 変数級数展開を用いて係数は求められた.

問題 10

ド・モアブル，ガウス，正規曲線（1730, 1809）

▶ 問 題

$(1+1)^n$ の 2 項展開を考える．ただし，n は偶数で十分大きいとする．M を中央項，Q を M から d だけ離れた項とする．このとき，次を示せ．

$$Q \approx M e^{-2d^2/n} \tag{10.1}$$

▶ 解 答

$n = 2m$ とおくと，m は正の整数である．このとき，

$$\frac{Q}{M} = \frac{\binom{2m}{m+d}}{\binom{2m}{m}} = \frac{\binom{2m}{m-d}}{\binom{2m}{m}}$$
$$= \frac{(2m)!/((m+d)!(m-d)!)}{(2m)!/(m!)^2}$$
$$= \frac{(m!)^2}{(m+d)!(m-d)!}$$

スターリングの公式 $N! \sim \sqrt{2\pi} N^{N+1/2} e^{-N}$ を用いると，

$$\frac{Q}{M} \approx \frac{m^{2m+1} e^{-2m}}{(m+d)^{m+d+1/2} e^{-m-d} \cdot (m-d)^{m-d+1/2} e^{-m+d}}$$
$$= \frac{m^{2m+1}}{(m+d)^{m+d+1/2}(m-d)^{m-d+1/2}}$$
$$\approx \left(\frac{m^2}{m^2-d^2}\right)^m \left(\frac{m-d}{m+d}\right)^d$$

両辺の対数をとり，$\frac{d}{m}$ が小さいとすると[1]，
$$\log \frac{Q}{M} \approx -m \log\left(1 - \frac{d^2}{m^2}\right) + d \log\left(\frac{1-d/m}{1+d/m}\right)$$
$$\approx -m\left(-\frac{d^2}{m^2}\right) + d\left(-\frac{2d}{m}\right)$$
$$= -\frac{d^2}{m}$$

これを n で表すと，求める $Q \approx Me^{-2d^2/n}$ が得られる．

▶ 考 察

この結果を最初に得たのはアブラハム・ド・モアブル (1667-1754)（図 10.3）である．対称な 2 項分布を近似しようとしてであった．ド・モアブルは『解析雑録』(de Moivre(1730)) において考察を始め，1733 年 11 月 13 日の論文『2 項級数展開の項の和の近似』(de Moivre(1733)) において完成させた．ド・モアブルは後に，この論文を自分自身で英訳し，『偶然の理論』[2] (de Moivre(1738))（図 10.1，図 10.2）の第 2 版に含めた．ド・モアブルの導出は**解答**で与えたものと少々異なっているので，紹介する価値はある．$\frac{Q}{M} = \frac{(m!)^2}{(m+d)!(m-d)!}$ により，次を得る．

---

[1] （訳注）x が小さいとき，$\log(1+x) \approx x$ であることを利用する．
[2] 『偶然の理論』はグラッタン・ギネスの『西洋数学における画期的著作』の 1 つに挙げられ，その全解析は Schneider(2005a) が著した．Stigler(1986, pp.70-88) も参照せよ．

118   問題 10 ド・モアブル,ガウス,正規曲線 (1730, 1809)

図 10.1 『偶然の理論』の初版の表紙

$$\frac{Q}{M} = \frac{m!}{(m+d)(m+d-1)\cdots(m+1)m!}$$
$$\times \frac{m(m-1)\cdots(m-d+1)(m-d)!}{(m-d)!}$$
$$= \frac{m(m-1)\cdots(m-d+1)}{(m+d)(m+d-1)\cdots(m+1)}$$
$$= \frac{m}{m+d} \cdot \frac{(m-1)(m-2)\cdots(m-d+1)}{(m+1)(m+2)\cdots(m+d-1)}$$

両辺の対数をとることにより,

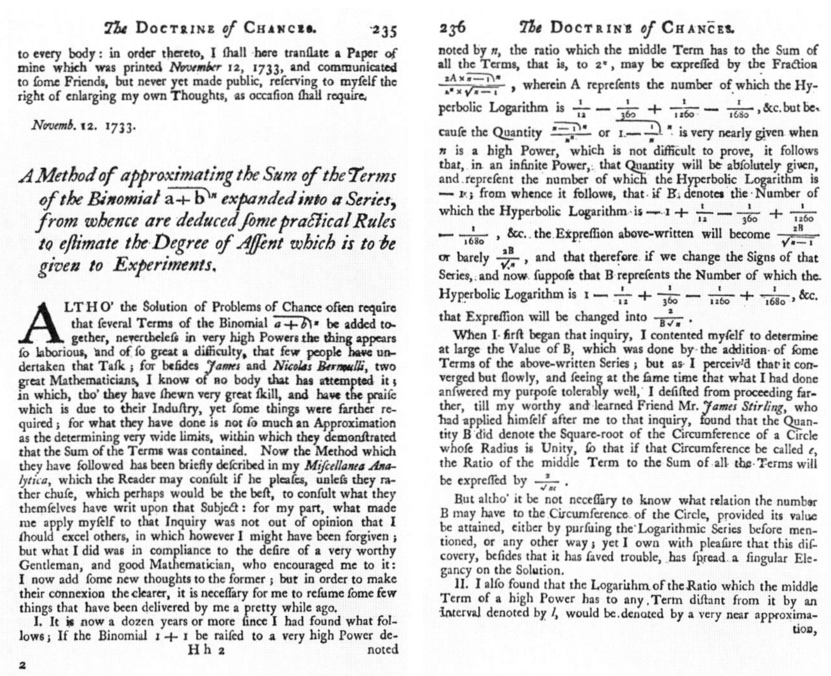

The DOCTRINE of CHANCES. 235

to every body: in order thereto, I ſhall here tranſlate a Paper of mine which was printed *November* 12, 1733, and communicated to ſome Friends, but never yet made public, reſerving to myſelf the right of enlarging my own Thoughts, as occaſion ſhall require.

Novemb. 12. 1733.

A Method of approximating the Sum of the Terms of the Binomial $\overline{a+b}\vert^n$ *expanded into a Series, from whence are deduced ſome practical Rules to eſtimate the Degree of Aſſent which is to be given to Experiments.*

ALTHO' the Solution of Problems of Chance often require that ſeveral Terms of the Binomial $\overline{a+b}\vert^n$ be added together, nevertheleſs in very high Powers the thing appears ſo laborious, and of ſo great a difficulty, that few people have undertaken that Taſk; for beſides *James* and *Nicolas Bernoulli*, two great Mathematicians, I know of no body that has attempted it; in which, tho' they have ſhewn very great ſkill, and have the praiſe which is due to their Induſtry, yet ſome things were farther required; for what they have done is not ſo much an Approximation as the determining very wide limits, within which they demonſtrated that the Sum of the Terms was contained. Now the Method which they have followed has been briefly deſcribed in my *Miſcellanea Analytica*, which the Reader may conſult if he pleaſes, unleſs they rather chuſe, which perhaps would be the beſt, to conſult what they themſelves have writ upon that Subject: for my part, what made me apply myſelf to that Inquiry was not out of opinion that I ſhould excel others, in which however I might have been forgiven; but what I did was in compliance to the deſire of a very worthy Gentleman, and good Mathematician, who encouraged me to it: I now add ſome new thoughts to the former; but in order to make their connexion the clearer, it is neceſſary for me to reſume ſome few things that have been delivered by me a pretty while ago.

I. It is now a dozen years or more ſince I had found what follows; If the Binomial 1 + 1 be raiſed to a very high Power de-

Hh 2 noted

2

236 The DOCTRINE of CHANCES.

noted by *n*, the ratio which the middle Term has to the Sum of all the Terms, that is, to 2^n, may be expreſſed by the Fraction $\frac{2A \times \overline{n-1}\vert^n}{n^n \times \sqrt{n-1}}$, wherein A repreſents the number of which the Hyperbolic Logarithm is $\frac{1}{12} - \frac{1}{360} + \frac{1}{1260} - \frac{1}{1680}$, &c. but becauſe the Quantity $\frac{\overline{n-1}\vert^n}{n^n}$ or $\overline{1-\frac{1}{n}}\vert^n$ is very nearly given when *n* is a high Power, which is not difficult to prove, it follows that, in an infinite Power, that Quantity will be abſolutely given, and repreſent the number of which the Hyperbolic Logarithm is -1; from whence it follows, that if B denotes the Number of which the Hyperbolic Logarithm is $-1 + \frac{1}{12} - \frac{1}{360} + \frac{1}{1260} - \frac{1}{1680}$, &c. the Expreſſion above-written will become $\frac{2B}{\sqrt{n-1}}$ or barely $\frac{2B}{\sqrt{n}}$, and that therefore if we change the Signs of that Series, and now ſuppoſe that B repreſents the Number of which the Hyperbolic Logarithm is $1 - \frac{1}{12} + \frac{1}{360} - \frac{1}{1260} + \frac{1}{1680}$, &c. that Expreſſion will be changed into $\frac{2}{B\sqrt{n}}$.

When I firſt began that inquiry, I contented myſelf to determine at large the Value of B, which was done by the addition of ſome Terms of the above-written Series; but as I perceiv'd that it converged but ſlowly, and ſeeing at the ſame time that what I had done anſwered my purpoſe tolerably well, I deſiſted from proceeding farther, till my worthy and learned Friend Mr. *James Stirling*, who had applied himſelf after me to that inquiry, found that the Quantity B did denote the Square-root of the Circumference of a Circle whoſe Radius is Unity, ſo that if that Circumference be called *c*, the Ratio of the middle Term to the Sum of all the Terms will be expreſſed by $\frac{2}{\sqrt{nc}}$.

But altho' it be not neceſſary to know what relation the number B may have to the Circumference of the Circle, provided its value be attained, either by purſuing the Logarithmic Series before mentioned, or any other way; yet I own with pleaſure that this diſcovery, beſides that it has ſaved trouble, has ſpread a ſingular Elegancy on the Solution.

II. I alſo found that the Logarithm of the Ratio which the middle Term of a high Power has to any Term diſtant from it by an Interval denoted by *l*, would be denoted by a very near approxima-

tion,

図 **10.2**　ド・モアブルによる2項分布の近似の抜粋（『偶然の理論』(de Moivre(1738)）第2版より）

$$
\begin{aligned}
\log \frac{Q}{M} &= \log \left(\frac{m}{m+d} \cdot \frac{(m-1)(m-2)\cdots(m-d+1)}{(m+1)(m+2)\cdots(m+d-1)} \right) \\
&= \log \frac{1}{1+d/m} + \sum_{i=1}^{d-1} \log \frac{m-i}{m+i} \\
&= -\log(1+d/m) + \sum_{i=1}^{d-1} \log \frac{1-i/m}{1+i/m}
\end{aligned}
$$

ここで，$\dfrac{d}{m}$ と $\dfrac{i}{m}$ が小さいとき，$\log\left(1+\dfrac{d}{m}\right) \approx \dfrac{d}{m}$ と $\log \dfrac{1-i/m}{1+i/m} \approx -\dfrac{2i}{m}$ が成り立つので，次を得る．

120　問題 10　ド・モアブル，ガウス，正規曲線 (1730, 1809)

$$\log \frac{Q}{M} \approx -\frac{d}{m} - \sum_{i=1}^{d-1} \frac{2i}{m}$$
$$= -\frac{d}{m} - \frac{2}{m} \cdot \frac{(d-1)d}{2}$$
$$= -\frac{d^2}{m}$$

$m = \frac{n}{2}$ なので，ド・モアブルは $Q \approx M e^{-2d^2/n}$ を得ている．これがド・モアブルによる**問題 10** の解である．

さらに，ド・モアブルの結果の両辺を 2^n で割ると，$X \sim B\left(n, \frac{1}{2}\right)$ に対する次の近似を得る．

$$P\left(X = \frac{n}{2} + d\right) \approx P\left(X = \frac{n}{2}\right) e^{-2d^2/n} \tag{10.2}$$

対称な 2 項分布を近似するために，n が偶数で大きいときに，ド・モアブルは $(1+1)^n$ の展開でのすべての項の和 2^n に対する中央項 M の比をまず求めなければならなかった．**問題 8** で導かれたように，その比は次の確率と同じである．

$$P\left(X = \frac{n}{2}\right) \approx \frac{2}{\sqrt{2\pi n}} \tag{10.3}$$

ここでもド・モアブルの方法は，**問題 8** で用いたものと異なるので，紹介しよう．$n = 2m$ により，

$$M = \binom{n}{n/2} = \binom{2m}{m}$$
$$= \frac{(2m)(2m-1)\cdots(m+2)(m+1)}{m(m-1)\cdots 2 \cdot 1}$$
$$= 2 \cdot \frac{m+1}{m-1} \cdot \frac{m+2}{m-2} \cdots \frac{m+(m-1)}{m-(m-1)}$$

両辺の対数をとると，

$$\log M = \log 2 + \log \frac{1+1/m}{1-1/m} + \log \frac{1+2/m}{1-2/m} + \cdots + \log \frac{1+(m-1)/m}{1-(m-1)/m}$$

このとき，

問題 10　ド・モアブル，ガウス，正規曲線 (1730, 1809)　　121

図 **10.3**　アブラハム・ド・モアブル (1667-1754)

$$\log \frac{1+1/m}{1-1/m} = 2\left(\frac{1}{m} + \frac{1}{3m^3} + \frac{1}{5m^5} + \cdots\right)$$

$$\log \frac{1+2/m}{1-2/m} = 2\left(\frac{2}{m} + \frac{2^3}{3m^3} + \frac{2^5}{5m^5} + \cdots\right)$$

$$\vdots$$

$$\log \frac{1+(m-1)/m}{1-(m-1)/m} = 2\left(\frac{m-1}{m} + \frac{(m-1)^3}{3m^3} + \frac{(m-1)^5}{5m^5} + \cdots\right)$$

上の等式を上下に加えて（つまり，右辺の第 1 項を互いに加えて，次に第 2 項を互いに加えて，…）次を得る．

$$\log M = \log 2 + \frac{2}{m}(1 + 2 + \cdots + (m-1))$$
$$+ \frac{2}{3m^3}(1^3 + 2^3 + \cdots + (m-1)^3)$$
$$+ \frac{2}{5m^5}(1^5 + 2^5 + \cdots + (m-1)^5) + \cdots$$

各括弧内の和は m についての多項式で表現できる（いわゆるベルヌーイ数に関係している）．ド・モアブルはそれら多項式の最大次数の項のみの和を考えることにより，$(2m-1)\log(2m-1) - 2m\log(2m)$ を得た．次の次数の項の和として，$\frac{1}{2}\log(2m-1)$ を得る．他の次数の和を求めるのはさらに難しい．しかし，$m \to \infty$ のときド・モアブルは，それらが $\frac{1}{12}, -\frac{1}{360}, \frac{1}{1260}, -\frac{1}{1680}$,
… となることを示し，次を得ることができた．

$$\log M \approx \log 2 + ((2m-1)\log(2m-1) - 2m\log m) + \frac{1}{2}\log(2m-1)$$
$$+ \log T$$

ただし，$\log T = \frac{1}{12} - \frac{1}{360} + \frac{1}{1260} - \frac{1}{1680} + \cdots$ である．ゆえに，

$$\frac{M}{2^n} \approx \frac{2T(n-1)^{n-1}(n/2)^{-n}(n-1)^{1/2}}{2^n} = \frac{2T(n-1)^n}{n^n\sqrt{n-1}}$$

$n \to \infty$ のとき $\frac{(n-1)^n}{n^n} \to e^{-1}$ なので，ド・モアブルは $\frac{T}{e} = \frac{1}{B}$ とおき，上の近似式を次のように導いた．

$$\frac{\binom{n}{n/2}}{2^n} \approx \frac{2}{B\sqrt{n}}$$

ただし，$\log B = 1 - \frac{1}{12} + \frac{1}{360} - \frac{1}{1260} + \frac{1}{1680} - \cdots$ である．定数 B に関して，de Moivre(1738, p.236) で次のように述べている（図10.2）．

> その研究を始めたとき，初めは B の値の大きさを決定することを自分に課していたが，それは上に述べた数列にさらに項を追加することにより求められるものである．それは収束するけれども収束は遅いと分かってはいたが，それまでの結果が私の目的にそれなりに適っていたので，さらに研究を進めるのを止めてしまった．その後，尊敬できる博学な友人ジェイムズ・スターリング氏が私に続いてその研究を進

めてくれて，B の大きさは半径 1 の円周の 2 乗根であることを発見した．つまり，その円周を c とおくと，すべての項の和に対する中央項の比は $\frac{2}{\sqrt{nc}}$ で表されるのである．

上記において，ド・モアブルは友人であるジェイムズ・スターリングが $B = \sqrt{2\pi}$ を発見したと述べている[3]．それと $P\left(X = \frac{n}{2}\right) = \binom{n}{n/2} 2^{-n}$ により，ド・モアブルは (10.3) 式を導くことができた．(10.2) 式と (10.3) 式を組み合わせることにより，ド・モアブルは最終的に 1733 年の論文において次に到った．

$$P\left(X = \frac{n}{2} + d\right) \approx \frac{2}{\sqrt{2\pi n}} e^{-2d^2/n} \tag{10.4}$$

ただし，$X \sim B\left(n, \frac{1}{2}\right)$ である．これが $p = \frac{1}{2}$ のときの 2 項分布の正規近似である．この結果に関して，de Moivre(1738, p.234) は次のように述べている．

> 私には次のように述べる自由があるだろう．これは偶然を主題として提案された中で最も難しい問題であり，その理由で最後まで取っておいたのである．しかし，私の解答がすべての読者の理解の範囲を超えることがあるようなら，許しを請いたい．ではあるけれども，すべての人に有用であるかもしれない結果を，私はそこから導けるだろう．

「すべての人に有用であるかもしれない」とは控えめな言い方である．とい

---

[3] スターリングは，『微分法』(Starling(1730)) の命題 28 の例 2 で $n! \sim \sqrt{2\pi} n^{n+1/2} e^{-n}$ であることを実際に示している．ド・モアブルが『解析雑録』(de Moivre(1730)) を出版したのも同じ年である．ド・モアブルが最初に，n が大きいとき $n! \propto n^{n+1/2} e^{-n}$ であることを発見したのだが，この公式には後にスターリングの名前のみが冠せられた．Pearson(1924) は「ド・モアブルの定数が $\sqrt{2\pi}$ であることを示したのはスターリングであるという事実のみでその定理の権利を彼に与えることはできないと考える．それをスターリングの定理と呼ぶのは間違いである」と述べている．一方，Bressoud(2007, p.293) には次のようにある．「それは両者の努力の故ではあるけれども，見出された公式はスターリングの公式と呼ばれている．これは基本的にはド・モアブル自身による失態のせいである．ド・モアブルがその結果を公表したとき，その定数を発見したことに対する名誉をスターリングに与えた．しかし，彼の語学はかなりに完璧とは言いがたかったので，スターリングの定数への貢献が全公式に対する名誉と容易に読み違えられたのである．」

うのも，ド・モアブルの結果は初めての**中心極限定理**[4]（Central Limit Theorem, **CLT**）だからである．このことは，正規曲線を最初に発見したのは実はド・モアブルであることを示しているけれども，その名誉は通常カール・フリードリッヒ・ガウス（1777-1855）に帰せられている[5]．公正を期すならば，ド・モアブルがその発見した正規曲線の広汎性も重要性も認識していなかったことを記しておくべきだろう．特に，分布 $B(n,p)$ の近似として $N\left(\frac{n}{2}, \frac{n}{4}\right)$ を導いたとは考えていなかった．しかし，$\sqrt{n}$ の重要性についてはまさに理解していた．推定された比率の精度は $\sqrt{n}$ に逆比例すると述べている[6]．おおよそ 50 年後に，ピエール・シモン・ラプラス (1749-1827) はド・モアブルの結果を一般の p に対して拡張した．つまり，『確率の解析理論』(Laplace(1812, 3 章, pp.275-282)) において，$X \sim B(n,p)$ に対して次を示した．

$$\lim_{n\to\infty} P\left(\frac{X/n - p}{\sqrt{p(1-p)/n}} \leq z\right) = \int_{-\infty}^{z} \frac{1}{\sqrt{2\pi}} \exp\left(-\frac{u^2}{2}\right) du$$

これが有名な**ド・モアブル–ラプラスの定理**である．分布収束の一例であり，確率収束よりも幾分弱い収束形式である．

ド・モアブルの結果 (10.4) は，対称な場合 $\left(p = \frac{1}{2}\right)$ におけるベルヌーイの大数の法則を洗練化したものでもある．それを見るために，任意の自然数 c に対して，ベルヌーイの法則が次のような大きさ n の標本を見つけられるということを思い出しておこう[7]．

$$P\left(\left|\frac{X}{n} - p\right| \leq \frac{1}{t}\right) > \frac{c}{1+c}$$

ただし，

---

[4] 中心極限定理という呼び名は Pólya(1920) が与えた．この CLT に関する歴史については Adams(2009) と Fischer(2010) に詳しい．

[5] 正規曲線あるいはガウス曲線は，命名に関するスティグラーの法則の例だと考える読者もいるかもしれない．それは，どの科学的発見もその第一発見者にちなんで命名されてはいないという法則である (Stigler(1980))．そもそも，スティグラーの法則そのものもその例であり，社会学者ロバート・キング・マートン（1910-2003）に由来する．ド・モアブルの業績に関して言うなら，スターリングの公式（脚注 2 を参照）においてもド・モアブルは本質的な役割を果たしたのだから，2 重の不利益を被ったことになる．

[6] 今日の用語なら，推定された比率の**標準偏差**は $\sqrt{n}$ に逆比例するということになる．

[7] **問題 8** の p.91 を参照せよ．

$$n \geq \max\left\{m_1 t + \frac{st(m_1-1)}{r+1}, m_2 t + \frac{rt(m_2-1)}{s+1}\right\}$$

$$m_1 \geq \frac{\log(c(s-1))}{\log(1+r^{-1})}, \quad m_2 \geq \frac{\log(c(r-1))}{\log(1+s^{-1})}$$

$$p = \frac{r}{t}, \quad t = r+s$$

例えば，$r = 30$, $s = 30$, $c = 1000$ とおいてみよう．このとき，$t = r + s = 60$, $p = \frac{r}{t} = \frac{1}{2}$ であり，

$$P\left(\left|\frac{X}{n} - \frac{1}{2}\right| \leq \frac{1}{60}\right) > \frac{1000}{1001}$$

となるためには標本にどれぐらいの大きさが必要なのか知りたいことになる．

この r, s, c の値を用いると，$m_1 = m_2 = 336$ を得る．このとき，ベルヌーイの結果に従うと，必要な標本数は $n = 39612$ となる．では，ド・モアブルの結果 (10.4) を用いて必要な標本数を再度求めてみよう．

$$P\left(\left|\frac{X}{n} - \frac{1}{2}\right| \leq \frac{d}{n}\right) = P\left(\frac{1}{2} - \frac{d}{n} \leq \frac{X}{n} \leq \frac{1}{2} + \frac{d}{n}\right)$$
$$= P\left(\frac{n}{2} - d \leq X \leq \frac{n}{2} + d\right) \quad (10.5)$$

ド・モアブルの結果 (10.4) を用いると，(10.5) 式は次のように書ける．

$$P\left(\left|\frac{X}{n} - \frac{1}{2}\right| \leq \frac{d}{n}\right) \approx \int_{-d}^{d} \frac{2}{\sqrt{2\pi n}} \exp\left(-\frac{2u^2}{n}\right) du = 1 - 2\Phi\left(-\frac{2d}{\sqrt{n}}\right)$$
$$(10.6)$$

ただし，$\Phi(\cdot)$ は標準正規分布の分布関数である．$\varepsilon = \frac{d}{n}$ とおくと，(10.6) 式は次のように書ける．

$$P\left(\left|\frac{X}{n} - \frac{1}{2}\right| \leq \varepsilon\right) \approx 1 - 2\Phi(-2\varepsilon\sqrt{n})$$

ここで $\varepsilon = \frac{1}{60}$ とおき，上の確率を $\frac{1000}{1001}$ と設定する．$1 - 2\Phi\left(-\frac{\sqrt{n}}{30}\right) = \frac{1000}{1001}$ を正規分布表により解くと，$n = 9747$ を得る．これがド・モアブルの結果に従って求めた標本数である．これはベルヌーイの標本数 $n = 39612$ よりもかなり小さい．

ド・モアブルはまた 2 項分布の非対称な場合 $\left(p \neq \frac{1}{2}\right)$ についても考えた．

彼の手法を一般化するようなおおまかな粗筋を描き，一般的な 2 項式 $(a + b)^n, a \neq b$ の項を近似するやり方を示した．しかし，この点で彼の研究があまり深まることはなかった．

次に，ガウス自身による正規分布の導出に導くことになる研究について幾つか紹介してみよう．これは，**最小 2 乗法**を理論的に基礎づけるという文脈で起きた．最小 2 乗法はアドリエン-マリー・ルジャンドル (1752-1833) により初めて公表された (Legendre(1805), pp.72-80)[8]．

ルジャンドルは，m 個の方程式

$$a_{11}x_1 + a_{12}x_2 + \cdots + a_{1n}x_n = y_1$$
$$a_{21}x_1 + a_{22}x_2 + \cdots + a_{2n}x_n = y_2$$
$$\vdots$$
$$a_{m1}x_1 + a_{m2}x_2 + \cdots + a_{mn}x_n = y_m$$

を可能な限り「近くで」満足するような n 個の未知変数 $x_1, x_2, ..., x_n$ を，純粋に代数的に見つける方法を与えた (図 10.4)．ルジャンドルは，$m = n$ のとき未知数を確定するのは難しくないと説明している[9]．しかし，多くの物理学的なあるいは天文学的な問題においては $m > n$ である．このような場合，

$$\varepsilon_1 = a_{11}x_1 + a_{12}x_2 + \cdots + a_{1n}x_n - y_1$$
$$\varepsilon_2 = a_{21}x_1 + a_{22}x_2 + \cdots + a_{2n}x_n - y_2$$
$$\vdots$$
$$\varepsilon_m = a_{m1}x_1 + a_{m2}x_2 + \cdots + a_{mn}x_n - y_m$$

と定義された誤差 $\varepsilon_1, \varepsilon_2, ..., \varepsilon_m$ を最小化したくなる．上記においては，a_{ij} は既知の定数である．このとき，ルジャンドルは**最小 2 乗の原理**を次のように

---

[8] 最小 2 乗法の初期の歴史についての包括的な調査については Merriman(1877) を参照せよ．
[9] 係数行列が正則であるならば．

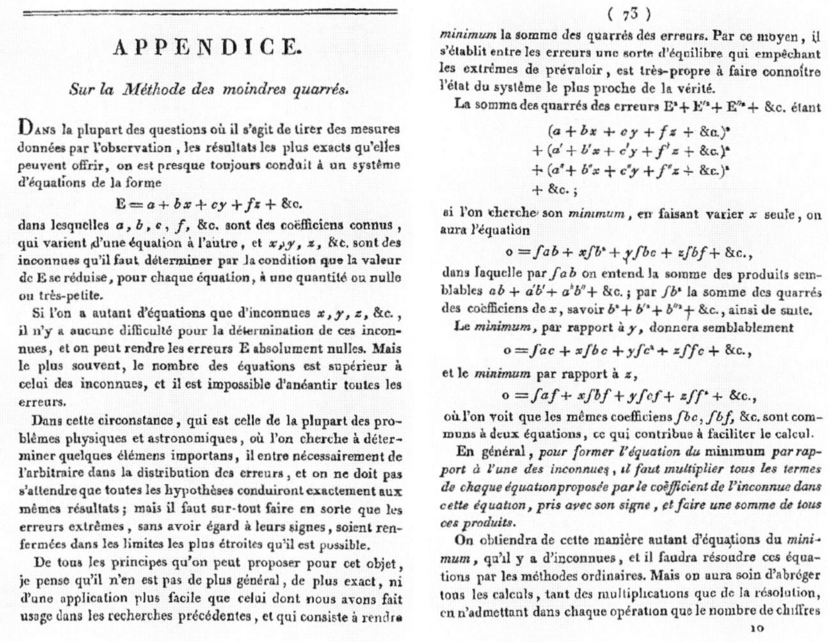

APPENDICE.

Sur la Méthode des moindres quarrés.

DANS la plupart des questions où il s'agit de tirer des mesures données par l'observation, les résultats les plus exacts qu'elles peuvent offrir, on est presque toujours conduit à un système d'équations de la forme

$$E = a + bx + cy + fz + \&c.$$

dans lesquelles a, b, c, f, &c. sont des coëfficiens connus, qui varient d'une équation à l'autre, et x, y, z, &c. sont des inconnues qu'il faut déterminer par la condition que la valeur de E se réduise, pour chaque équation, à une quantité ou nulle ou très-petite.

Si l'on a autant d'équations que d'inconnues x, y, z, &c., il n'y a aucune difficulté pour la détermination de ces inconnues, et on peut rendre les erreurs E absolument nulles. Mais le plus souvent, le nombre des équations est supérieur à celui des inconnues, et il est impossible d'anéantir toutes les erreurs.

Dans cette circonstance, qui est celle de la plupart des problêmes physiques et astronomiques, où l'on cherche à déterminer quelques élémens importans, il entre nécessairement de l'arbitraire dans la distribution des erreurs, et on ne doit pas s'attendre que toutes les hypothèses conduiront exactement aux mêmes résultats ; mais il faut sur-tout faire en sorte que les erreurs extrêmes, sans avoir égard à leurs signes, soient renfermées dans les limites les plus étroites qu'il est possible.

De tous les principes qu'on peut proposer pour cet objet, je pense qu'il n'en est pas de plus général, de plus exact, ni d'une application plus facile que celui dont nous avons fait usage dans les recherches précédentes, et qui consiste à rendre

(73)

minimum la somme des quarrés des erreurs. Par ce moyen, il s'établit entre les erreurs une sorte d'équilibre qui empêchant les extrêmes de prévaloir, est très-propre à faire connoître l'état du système le plus proche de la vérité.

La somme des quarrés des erreurs $E^2 + E'^2 + E''^2 + \&c.$ étant

$$\begin{aligned} &(a + bx + cy + fz + \&c.)^2 \\ &+ (a' + b'x + c'y + f'z + \&c.)^2 \\ &+ (a'' + b''x + c''y + f''z + \&c.)^2 \\ &+ \&c. ; \end{aligned}$$

si l'on cherche son *minimum*, en faisant varier x seule, on aura l'équation

$$0 = \int ab + x\int b^2 + y\int bc + z\int bf + \&c.,$$

dans laquelle par $\int ab$ on entend la somme des produits semblables $ab + a'b' + a''b'' + \&c.$; par $\int b^2$ la somme des quarrés des coëfficiens de x, savoir $b^2 + b'^2 + b''^2 + \&c.$, ainsi de suite.

Le *minimum*, par rapport à y, donnera semblablement

$$0 = \int ac + x\int bc + y\int c^2 + z\int fc + \&c.,$$

et le *minimum* par rapport à z,

$$0 = \int af + x\int bf + y\int cf + z\int f^2 + \&c.,$$

où l'on voit que les mêmes coefficiens $\int bc$, $\int bf$, &c. sont communs à deux équations, ce qui contribue à faciliter le calcul.

En général, *pour former l'équation du* minimum *par rapport à l'une des inconnues, il faut multiplier tous les termes de chaque équation proposée par le coëfficient de l'inconnue dans cette équation, pris avec son signe, et faire une somme de tous ces produits.*

On obtiendra de cette manière autant d'équations du *minimum*, qu'il y a d'inconnues, et il faudra résoudre ces équations par les méthodes ordinaires. Mais on aura soin d'abréger tous les calculs, tant des multiplications que de la résolution, en n'admettant dans chaque opération que le nombre de chiffres

10

図 10.4　ルジャンドルの最小 2 乗法（Legendre(1805) による）

述べている（Legendre(1805, p.72)，Smith(1929, p.577)）（図 10.4 参照）.

> これまでの研究で利用してきた原理は，その目的に対して考えられるすべての原理の中で，より一般的で，より実用的で，より応用しやすいものであると思っている．それは，誤差の 2 乗和を最小にするというものである．このやり方により，外れた値が過度の影響を与えるのを防ぐことができ，真実に限りなく近い状態の体系を明らかにできるような非常に適合したある種の平衡状態を，誤差があるなかで導き出すのである．

したがって，次を最小化することになる．

$$\sum_{i=1}^{m}\varepsilon_i^2 = \sum_{i=1}^{m}(a_{i1}x_1 + a_{i2}x_2 + \cdots + a_{in}x_n - y_i)^2 \tag{10.7}$$

この (10.7) 式を $x_1, x_2, ..., x_n$ それぞれについて偏微分し，それらを 0 に等しいとおくことにより，次の**正規方程式**を得る．

$$\left(\sum_{i=1}^{m}a_{i1}^2\right)x_1 + \left(\sum_{i=1}^{m}a_{i1}a_{i2}\right)x_2 + \cdots + \left(\sum_{i=1}^{m}a_{i1}a_{in}\right)x_n = \sum_{i=1}^{m}a_{i1}y_i$$

$$\left(\sum_{i=1}^{m}a_{i2}a_{i1}\right)x_1 + \left(\sum_{i=1}^{m}a_{i2}^2\right)x_2 + \cdots + \left(\sum_{i=1}^{m}a_{i2}a_{in}\right)x_n = \sum_{i=1}^{m}a_{i2}y_i$$

$$\vdots$$

$$\left(\sum_{i=1}^{m}a_{in}a_{i1}\right)x_1 + \left(\sum_{i=1}^{m}a_{in}a_{i2}\right)x_2 + \cdots + \left(\sum_{i=1}^{m}a_{in}^2\right)x_n = \sum_{i=1}^{m}a_{in}y_i$$

この n 個の方程式は n 個の未知変数 $x_1, x_2, ..., x_n$ に対して解くことができる．ルジャンドルは，この方法の特別な例として，1 個の未知母数 x について独立な観測値 $a_1, a_2, ..., a_n$ が得られた場合を考えた．このとき，最小 2 乗法では $(x-a_1)^2 + (x-a_2)^2 + \cdots + (x-a_n)^2$ を最小化することになり，x について微分して 0 とおくと，

$$(x-a_1) + (x-a_2) + \cdots + (x-a_n) = 0$$

これにより，a_i の標本平均を得る[10]．

$$x = \frac{1}{n}\sum_{i=1}^{n}a_i = \bar{a}$$

ルジャンドルの導出の明晰性と最小 2 乗法の有用性が相俟って，この方法は急速に広く受け入れられるようになった．しかし，ルジャンドルのこの手法に対する優先権の主張は間もなくガウス（1777-1855）による抗議を被るこ

---

[10] 平方和が $x=\bar{a}$ で実際に最小化されることを確かめるには，その 2 階微分が $x=\bar{a}$ で正値をとることを示せばよい．

問題 10　ド・モアブル，ガウス，正規曲線 (1730, 1809)　129

図 10.5　カール・フリードリッヒ・ガウス (1777-1855)

ととなった．ルジャンドルとガウスは共に当時の偉大な数学者である．ガウス（図 10.5）は『天体の運動論』(Gauss(1809)) において次のように述べている（英語版 p.270）．

> 私たちの原理，私たちが 1795 年以降利用してきたものは，ルジャンドルにより『彗星の軌道を決定するための新手法』(1806, パリ) において公表された．そこでは，この原理の幾つかの性質が説明されているけれども，簡単のためにここでは省いている．

ルジャンドルはガウスの主張に不快感を示した．特に「私たちの原理」と述べたことに対して．ガウスへの 1809 年の手紙では，ルジャンドルは次のように述べている[11]．

---
[11] Plackett(1972) の英翻訳による．

それゆえに，隠し立てすることなく貴君には次のようにお伝えします．私の覚書の p.221 を引用する際，あなたが「私たちの原理，私たちが 1795 年以降利用してきたもの…」と述べているのを拝見して，幾ばくかの遺憾の意を覚えました．同じものを以前のある年に発見したと述べることでは自らの栄誉を主張できないなどという，そのような発見というものは存在しません．しかし，そのことをどこで公表しているのか引用してその証拠を提出できないのでしたら，その主張は無意味なのであって，真の発見者を貶める行為に他なりません．数学では，他の人によって発見されてよく知られているものと同じ結果を再発見するということはよくあることです．そういったことは私にも幾度もありました．しかし，私は一度たりともそれを主張したことはありませんし，私より以前に誰かにより公表された原理を「私たちの原理」と決して呼んだりすることはありませんでした．

ガウスがルジャンドルの出版以前に最小 2 乗法を用いていたのは確かなようである[12]．しかし，1805 年以前にその仕事が公表されることはなかった．同様に，アイルランド生まれの数学者ロバート・アダムス（1775-1843）も 1806 年ごろ独立に最小 2 乗法を開発し利用していた．そうではあるけれども，発見の優先権はその手法を初めて出版したルジャンドルに属している．

ガウスは『天体運動論』（Gauss(1809)）において最小 2 乗法の原理を確率論的に正当化しようと論証した（英語版，pp.257-260）（図 10.6）．思い出しておくと，未知数 x に対する n 個の観測値 $a_1, a_2, ..., a_n$ が得られたとき，ルジャンドルの最小 2 乗法の原理によると誤差の平方和 $(x-a_1)^2 + (x-a_2)^2 + \cdots + (x-a_n)^2$ は $x = \bar{a}$ において最小化される．しかし，誤差の平方和がなぜ最小化されるべきなのか，ルジャンドルは理論的な基礎を何も与えなかった．ガウスの目的は，未知数 x に対して独立な測定値 $a_1, a_2, ..., a_n$ が与えられたとき，x の最もありそうな値として標本平均を導くような分布形を見つけることであった．それにより，ガウスは正式に正規分布を導いた．この業

---

[12] 例えば，Adams(2009, p.28) を参照せよ．

績により，この分布にガウスの名前が付けられることになったのである[13]．さらにはガウスは最小2乗法を正当化することもできた．では，その導出を見ることにする[14]．独立な観測値 $a_1, a_2, ..., a_n$ が与えられるとき，i 番目の誤差 $\varepsilon_i = a_i - x$ の密度関数を次のようにおく．

$$f_\varepsilon(\varepsilon_i|x) = \phi(\varepsilon_i) = \phi(a_i - x)$$

このとき，各 a_i の密度として次を得る．

$$f_a(a_i|x) = f_\varepsilon(\varepsilon_i|x) = \phi(a_i - x)$$

ガウスは，ベイズの定理[15]のラプラスによる形式を用いて観測値が与えられたときの x の事後分布を求めた．

$$f(x|a_1, a_2, ..., a_n) = \frac{f(a_1, a_2, ..., a_n)f(x)}{\int f(a_1, a_2, ..., a_n)f(x)dx} \qquad (10.8)$$

ガウスはまたラプラスに従って，x の事前分布として**無差別の原理**[16]に基づく一様分布 $f(x) = 1$ を仮定した．観測値は独立なので，(10.8) 式は

$$\begin{aligned} f(x|a_1, a_2, ..., a_n) &= \frac{f_a(a_1)f_a(a_2)\cdots f_a(a_n)}{\int f_a(a_1)f_a(a_2)\cdots f_a(a_n)dx} \\ &= \frac{\prod_{i=1}^n \phi(a_i - x)}{\int \prod_{i=1}^n \phi(a_i - x)dx} \end{aligned}$$

$x = \bar{a}$ で，$f(x|a_1, a_2, ..., a_n)$ あるいは $\log f(x|a_1, a_2, ..., a_n)$ は最大化される．その点で，次が成り立つ．

$$\sum_{i=1}^n \frac{d}{dx}\log\phi(a_i - x) = 0 \qquad (10.9)$$

---

[13] 実際は，誤差の正規分布の導出は1年早くアドレインにより Adrain(1808) で与えられている．これらはド・モアブルによる 1733 年の初めての導出より後の話である．アドレインの論文は 1871 年の再版まであまり知られることはなかった．より詳しくは，Merriman(1877, pp.163-164) を参照せよ．
[14] Whittaker and Robinson(1924, pp.218-220) もまた参照せよ．
[15] **問題 14** p.140 を参照せよ．
[16] **問題 14** p.172 を参照せよ．

また，$x = \bar{a}$ のとき，次のように書くことができる．

$$\sum_{i=1}^{n}(a_i - x) = 0 \tag{10.10}$$

式 (10.9) と (10.10) を比較して，次のように考えることができる[17]．

$$\frac{d}{dx}\log\phi(a_i - x) = k_1(a_i - x)$$

ただし，k_1 はある定数である．この微分方程式を解くために，次のように変形する．

$$\int \frac{d\log\phi(a_i - x)}{dx}dx = k_1 \int (a_i - x)dx$$

$$\log\phi(a_i - x) = -\frac{k_1}{2}(a_i - x)^2 + k_2$$

$$\phi(a_i - x) = k_3 e^{-k_1(a_i - x)^2/2}$$

ただし，k_1, k_2 は定数である．ゆえに

$$\phi(\varepsilon_i) = k_3 e^{-k_1 \varepsilon_i^2/2}$$

このとき，

$$\int_{-\infty}^{\infty}\phi(\varepsilon_i)d\varepsilon_i = k_3 \int_{-\infty}^{\infty} e^{-k_1 \varepsilon_i^2/2}d\varepsilon_i = 1$$

なので，$u = \varepsilon_i\sqrt{\frac{k_1}{2}}$ と置き換え，$\int_{-\infty}^{\infty} e^{-u^2}du = \sqrt{\pi}$ を用いると，$k_3 = \sqrt{\frac{k_1}{2\pi}}$ であることが分かる．$h = \sqrt{\frac{k_1}{2}}$ とおき，ガウスは最終的に正規分布 $N\left(0, \frac{1}{2h^2}\right)$ の密度関数を導いた（図 10.6）．

---

[17]（訳注）ここが，ガウスの推論の弱点である．

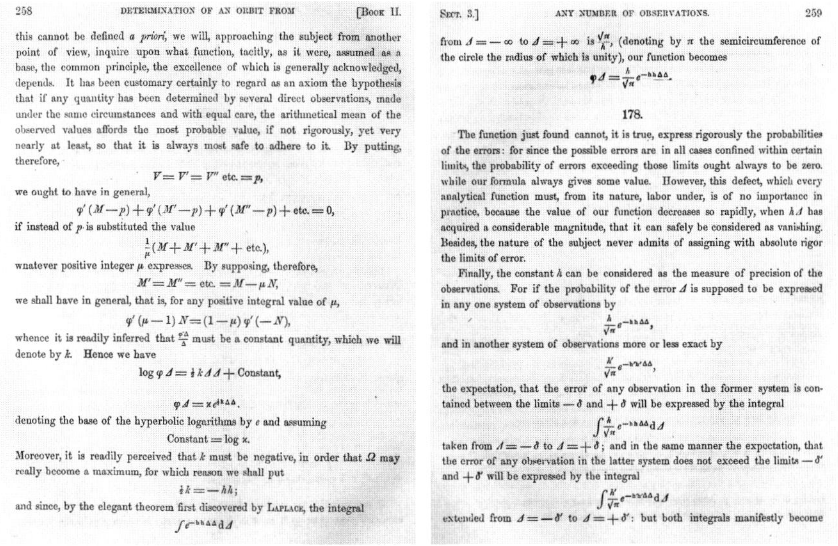

258　DETERMINATION OF AN ORBIT FROM　[Book II.

this cannot be defined *a priori*, we will, approaching the subject from another point of view, inquire upon what function, tacitly, as it were, assumed as a base, the common principle, the excellence of which is generally acknowledged, depends. It has been customary certainly to regard as an axiom the hypothesis that if any quantity has been determined by several direct observations, made under the same circumstances and with equal care, the arithmetical mean of the observed values affords the most probable value, if not rigorously, yet very nearly at least, so that it is always most safe to adhere to it. By putting, therefore,

$$V = V' = V'' \text{ etc.} = p,$$

we ought to have in general,

$$\varphi'(M-p) + \varphi'(M'-p) + \varphi'(M''-p) + \text{etc.} = 0,$$

if instead of p is substituted the value

$$\frac{1}{\mu}(M + M' + M'' + \text{etc.}),$$

wnatever positive integer μ expresses. By supposing, therefore,

$$M' = M'' = \text{etc.} = M - \mu N,$$

we shall have in general, that is, for any positive integral value of μ,

$$\varphi'(\mu-1)N = (1-\mu)\varphi'(-N),$$

whence it is readily inferred that $\frac{\varphi'\Delta}{\Delta}$ must be a constant quantity, which we will denote by k. Hence we have

$$\log \varphi\Delta = \tfrac{1}{2}k\Delta\Delta + \text{Constant},$$

$$\varphi\Delta = \varkappa e^{\frac{1}{2}k\Delta\Delta}.$$

denoting the base of the hyperbolic logarithms by e and assuming

$$\text{Constant} = \log \varkappa.$$

Moreover, it is readily perceived that k must be negative, in order that Ω may really become a maximum, for which reason we shall put

$$\tfrac{1}{2}k = -hh;$$

and since, by the elegant theorem first discovered by Laplace, the integral

$$\int e^{-hh\Delta\Delta} d\Delta$$

Sect. 3.]　ANY NUMBER OF OBSERVATIONS.　259

from $\Delta = -\infty$ to $\Delta = +\infty$ is $\frac{\sqrt{\pi}}{h}$, (denoting by π the semicircumference of the circle the radius of which is unity), our function becomes

$$\varphi\Delta = \frac{h}{\sqrt{\pi}} e^{-hh\Delta\Delta}.$$

178.

The function just found cannot, it is true, express rigorously the probabilities of the errors: for since the possible errors are in all cases confined within certain limits, the probability of errors exceeding those limits ought always to be zero. while our formula always gives some value. However, this defect, which every analytical function must, from its nature, labor under, is of no importance in practice, because the value of our function decreases so rapidly, when $h\Delta$ has acquired a considerable magnitude, that it can safely be considered as vanishing. Besides, the nature of the subject never admits of assigning with absolute rigor the limits of error.

Finally, the constant h can be considered as the measure of precision of the observations. For if the probability of the error Δ is supposed to be expressed in any one system of observations by

$$\frac{h}{\sqrt{\pi}} e^{-hh\Delta\Delta},$$

and in another system of observations more or less exact by

$$\frac{h'}{\sqrt{\pi}} e^{-h'h'\Delta\Delta},$$

the expectation, that the error of any observation in the former system is contained between the limits $-\delta$ and $+\delta$ will be expressed by the integral

$$\int \frac{h}{\sqrt{\pi}} e^{-hh\Delta\Delta} d\Delta$$

taken from $\Delta = -\delta$ to $\Delta = +\delta$; and in the same manner the expectation, that the error of any observation in the latter system does not exceed the limits $-\delta'$ and $+\delta'$ will be expressed by the integral

$$\int \frac{h'}{\sqrt{\pi}} e^{-h'h'\Delta\Delta} d\Delta$$

extended from $\Delta = -\delta'$ to $\Delta = +\delta'$: but both integrals manifestly become

図 10.6　ガウスによる正規分布の導出（Gauss(1809) の英訳による）

$$\phi(\varepsilon_i) = \frac{h}{\sqrt{\pi}} e^{-h^2\varepsilon_i^2} \tag{10.11}$$

いったん正規密度関数を導くと，同時分布

$$\phi(\varepsilon_1)\phi(\varepsilon_2)\cdots\phi(\varepsilon_n) = \left(\frac{h}{\sqrt{\pi}}\right)^n e^{-h^2\sum_{i=1}^n \varepsilon_i^2}$$

の最大化は誤差の平方和 $\sum_{i=1}^n \varepsilon_i^2$ の最小化に等しく，最小 2 乗法の原理を正当化する方向へ議論を導くのはガウスにとって容易なことであった．彼自身の文章を引けば（Gauss(1809)，英語版，p.260），

その積

$$\Omega = h^\mu \pi^{-\mu/2} e^{-hh(vv+v'v'+v''v''+\cdots)}$$

が最大値をとるためには，和である，

$$vv + v'v' + v''v'' + \cdots$$

が最小値をとればよいことは明らかである．それゆえにそれが，未知の量である p, q, r, s などの値の最も起こりやすい解であり，V, V', V'' 等の観測値と計算値との差の平方和を最小にする…

これがガウスの最小2乗法の確率論的な正当化である．

このガウスによる正規曲線の導出のどの記述も，フランスの比類なく卓抜した解析的能力の持ち主であるラプラスへの言及がないならば，不完全なものになるだろう．早くも 1774 年には，誤差理論の研究において，ラプラスは誤差分布として**両側指数分布**[18]

$$f(x) = \frac{m}{2} e^{-m|x|}, \quad -\infty < x < \infty, \quad m > 0$$

を提案していた（Laplace(1774a), pp.634-644）．今となってはすでに見たように，観測値の集合に対する最も起こりやすい値が標本平均となるような分布は (10.11) 式の正規分布であることをガウスが示している．『解析雑録』(de Moivre(1730)) におけるド・モアブルの業績以降初めて，ラプラスは CLT の最初の正式な記述を与えた（Laplace(1810a)）．X_i が独立同分布で，次の離散確率変数に従っているとする．

$$P\left(X_i = \frac{jh}{2m}\right) = \frac{1}{2m+1}, \quad h > 0, \quad j = 0, 1, ..., 2m$$

このとき，ラプラスは初めて特性関数[19]を用いて，大きな n に対して

$$P\left(-u \leq \sqrt{n}\left(\frac{S_n}{n} - \mu\right) \leq u\right) \approx \frac{\sqrt{2}}{\sigma\sqrt{\pi}} \int_0^u e^{-x^2/(2\sigma^2)} dx$$

が成り立つことを示した．ただし，$\mu = E(X_i) = \frac{h}{2}$, $\sigma^2 = V(X_i)$ である．この結果を踏まえ，ラプラスは正規曲線に関するガウスの結果をさらに洗練させることができた．Laplace(1810b) においてラプラスは，ガウスの導出における誤差が多くの確率変数の和であるとき，CLT は誤差が漸近的に正規分布に従うことを意味すると本質的に論じている．この事実は，ガウスの正規曲線の導出にさらなる正当性を付加するものであった．

---

[18] **ラプラス分布**と呼ばれることもある．
[19] 確率変数 X の特性関数は，$\phi_X(t) = E(e^{itX})$, $i = \sqrt{-1}$ で定義される．

図 10.7 アレキサンダー・ミカイロビッチ・リヤプノフ (1857-1918)

最後に，CLT に関するド・モアブルやラプラスの初期の業績以降の主要な発展に関して概略を与えておこう．大数の法則[20]同様，この研究の目的は CLT が成り立つための条件を緩めることにあった．CLT の初めての厳密な証明は，アレキサンダー・ミカイロビッチ・リヤプノフ (1857-1918)（図 10.7）によって与えられた．互いに独立な確率変数列 $X_1, X_2, ..., X_n$ において，$E(X_i) = \mu_i, V(X_i) = \sigma_i^2 < \infty$ であり，$\delta > 0$ に対して $E(|X_i|^{2+\delta}) < \infty$ である場合に対してである（Lyapunov(1901)）．$S_n = X_1 + X_2 + \cdots + X_n$ とおくと，$m_n = E(S_n) = \mu_1 + \mu_2 + \cdots + \mu_n$ であり $B_n^2 = V(S_n) = \sigma_1^2 + \sigma_2^2 + \cdots + \sigma_n^2$ となる．このとき，

---

[20] **問題 8** を参照せよ．

136　問題 10　ド・モアブル，ガウス，正規曲線（1730, 1809）

$$\lim_{n\to\infty} \frac{1}{B_n^{2+\delta}} \sum_{j=1}^n E(|X_j - \mu_j|^{2+\delta}) = 0$$

であるとき，次が成り立つことを示した．

$$\lim_{n\to\infty} P\left(\frac{S_n - m_n}{B_n} \leq z\right) = \int_{-\infty}^z \frac{1}{\sqrt{2\pi}} \exp\left(-\frac{u^2}{2}\right) du$$

リヤプノフの CLT では，2 次よりも大きい次数のモーメントの存在を要求していることに注意する．CLT のより単純でより一般的な形式のものは，フィンランドの数学者ヤール・ヴァルデマール・リンドバーグ (1876-1932)（Lindeberg(1922)）とフランスの数学者ポール・レビ (1886-1971)（Lévy (1925)）によって与えられた．独立同分布の確率変数列 $X_1, X_2, ..., X_n$ が平均 $E(X_i) = \mu$ と分散 $V(X_i) = \sigma^2 < \infty$ を共通にもつとき，次が成り立つ．

$$\lim_{n\to\infty} P\left(\frac{X_1 + X_2 + \cdots + X_n - n\mu}{\sigma\sqrt{n}} \leq z\right) = \int_{-\infty}^z \frac{1}{\sqrt{2\pi}} \exp\left(-\frac{u^2}{2}\right) du$$

CLT が成り立つための必要十分条件は Lindeberg(1922) とウイリアム・フェラー (1906-1970)（Feller(1935)）により別個に与えられた．互いに独立な確率変数 $X_1, X_2, ..., X_n$ において，$E(X_i) = \mu_i, V(X_i) = \sigma_i^2 < \infty$ であるとき，$S_n = X_1 + X_2 + \cdots + X_n$ とおくと，$m_n = E(S_n) = \mu_1 + \mu_2 + \cdots + \mu_n$ であり $B_n^2 = V(S_n) = \sigma_1^2 + \sigma_2^2 + \cdots + \sigma_n^2$ となる．このとき，

$$\lim_{n\to\infty} P\left(\frac{S_n - m_n}{B_n} \leq z\right) = \int_{-\infty}^z \frac{1}{\sqrt{2\pi}} \exp\left(-\frac{u^2}{2}\right) du$$

が成り立つことに加え，

$$\lim_{n\to\infty} \max_{1\leq i\leq n} \frac{\sigma_i}{B_n} = 0$$

も成り立つための必要十分条件は，任意の $\varepsilon > 0$ に対して次の**リンドバーグ・フェラー条件**が成り立つことである．

$$\lim_{n\to\infty} \frac{1}{B_n^2} \sum_{i=1}^n \int_{|x-\mu_i|>\varepsilon B_n} (x-\mu_i)^2 f_{X_i}(x) dx = 0 \qquad (10.12)$$

ただし，$f_{X_i}(x)$ は X_i の密度関数である．

CLT は一体何を意味しているのだろうか．手短に言えば，最も単純な場合には，**有限な 2 次のモーメントをもつ独立同分布な確率変数列の和（あるいは標本平均）は，標本数が「十分に大きいとき」正規分布で近似できる**というものである．もともとの分布が正規分布であるとかそうでないとか，連続型であるとか離散型であるとか，そのようなことは重要ではない[21]．確率変数の和あるいは標本平均に関して確率的言明を可能にすることで，とてつもなく重要である．また，ある種の条件の下で，2 項分布，ポアソン分布，カイ 2 乗分布，ガンマ分布などのいろいろな分布に対する便利な正規近似を提供する．最後に，CLT は標本平均に関連した推測問題において究極的な重要性をもっている．

(10.12) 式を見ると，十分に大きな標本の場合に CLT が成り立つための基本的な条件が明らかになる．まず，次のように評価できる[22]．

$$\frac{1}{B_n^2} \sum_{i=1}^n \int_{|x-\mu_i|>\varepsilon B_n} (x-\mu_i)^2 f_{X_i}(x) dx$$
$$\geq \frac{1}{B_n^2} \sum_{i=1}^n \int_{|x-\mu_i|>\varepsilon B_n} \varepsilon^2 B_n^2 f_{X_i}(x) dx$$
$$= \varepsilon^2 \sum_{i=1}^n \int_{|x-\mu_i|>\varepsilon B_n} f_{X_i}(x) dx$$
$$= \varepsilon^2 \sum_{i=1}^n P(|X_i - \mu_i| > \varepsilon B_n)$$
$$\geq \varepsilon^2 \max_{1 \leq i \leq n} P(|X_i - \mu_i| > \varepsilon B_n)$$

ゆえに，条件 (10.12) により $n \to \infty$ のとき，次が成り立つ．

$$\max_{1 \leq i \leq n} P(|X_i - \mu_i| > \varepsilon B_n) \longrightarrow 0$$

このように，**CLT が成り立つためのリンドバーグ・フェラー条件において**

---

[21] CLT は，どのような確率変数であっても標本数が大きくなりさえすれば漸近的に正規分布に従うようになると言っているのではない．確率変数の和（あるいは標本平均）に関する漸近正規性について述べているだけである．
[22] 以下において，確率変数が離散的な場合，密度関数を確率関数で置き換え，積分を和で置き換える必要がある．

は，確率変数の和の中でどの項も優位となってはいけない．つまり，n が大きくなるとき，どの $\dfrac{X_i - \mu_i}{\sigma_i}$ も和 $\dfrac{S_n - m_n}{B_n}$ のなかにおいて相対的に小さくなければいけない[23].

---

[23] Spanos(1986, pp.174-175) を参照せよ.

問題 11

ダニエル・ベルヌーイとサンクト・ペテルブルグ問題（1738）

▶問題

　賭博者がカジノで正常な硬貨を投げるゲームを行う．カジノは賭博者に最初の硬貨投げで表が出せたら1ドル与えると約束する．2回目で初めて表が出せたら2ドル与え，一般にn回目に初めて表を出せたら2^{n-1}ドル与えると約束する．では，ゲームが公正であるためには（つまり，カジノと賭博者の期待金額が0となるためには），賭博者は理論的に賭け金としていくら払うべきだろうか．

▶解答

　賭博者は，裏を$n-1$回出した後，n回目に初めて表を出すときに，n回目で勝利することになる．これは確率$\left(\frac{1}{2}\right)^{n-1}\left(\frac{1}{2}\right) = \frac{1}{2^n}$で起こり，このとき賭博者はカジノから$2^{n-1}$ドル受け取る．ゆえに，カジノは賭博者に支払うことになる期待金額は

$$\sum_{n=1}^{\infty} \frac{1}{2^n} \times 2^{n-1} = \sum_{n=1}^{\infty} \frac{1}{2} = \infty$$

これではまるで，賭博者がカジノに初めに賭け金としていくら払ったとしても，いつでも利益がありそうである．理論的には，賭博者が前もって無限に大きな賭け金を払うときのみゲームは公正であることを意味している．

140　問題 11　ダニエル・ベルヌーイとサンクト・ペテルブルグ問題 (1738)

▶考 察

確率と統計の歴史の中でこの問題が最も議論されてきた話題であることは疑いない．問題が初めて提出されたのは，ニコラス・ベルヌーイ (1687-1759) からピエール・レモン・ド・モンモール (1678-1719) 宛ての 1713 年の手紙においてである[1]．これはモンモールの著書『偶然のゲームについての解析的試論』の第 2 版（Montmort(1713, p.402)）で公表された（図 11.1）．

第 4 の問題：B が正常なサイコロを投げて 6 の目を出すとき，A は 1 エキュを与えることを約束する．また，2 回目で初めて 6 の目を出せば 2 エキュ，3 回目で初めてその数を出せば 3 エキュ，4 回目で初めてその数を出せば 4 エキュ，等々を約束する．B の期待金額はいくらか．

第 5 の問題：上と同じ問題で，1, 2, 3, 4, 5, ... の代わりに賞金を，1, 2, 4, 8, 16, ... あるいは 1, 3, 9, 27, ... あるいは 1, 4, 9, 16, 25, ... あるいは 1, 8, 27, 64, ... と設定して A が B に約束するときに，解答せよ．

この問題はダニエル・ベルヌーイ[2] (1700-1782)（図 11.2）によって再び取り上げられ，サンクト・ペテルブルグ・アカデミー紀要（St. Petersburg Academy Proceedings）に 1738 年に **問題 11** と同様の形式で掲載された（Bernoulli(1738))．当時の傑出したほとんどの数学者によって議論され，それ以来 **サンクト・ペテルブルグ問題** あるいは **サンクト・ペテルブルグ・パラドックス** と呼ばれることになった[3]．

---

[1] サンクト・ペテルブルグ問題に類する最も初期のものは，カルダーノの『実用算術』(Cardano(1539)) に現れる．「貧者と富者が公平な賭けを行う．貧者が勝てば，賭けはそのまま続き，その次の日に 2 倍の賭け金で賭けを行う．富者が一旦勝つと，ゲームはそのまま終了する」これについてより詳しくは，Coumet(1965a) または Dutka(1988) を参照せよ．
[2] ダニエル・ベルヌーイはニコラス・ベルヌーイの甥である．
[3] サンクト・ペテルブルグ問題はまた，Clark(2007, p.196)，Samuelson(1977)，Shackel (2008)，Keynes(1921, pp.316-323)，Nickerson(2004, p.182)，Parmigiani and Inoue (2009, p.34)，Epstein(2009, pp.111-113)，Chernoff and Moses(1986, p.104)，Chatterjee(2003, p.190)，Székely(1986, p.27)，Everitt(2008, p.117) 等で議論されている．

問題 11　ダニエル・ベルヌーイとサンクト・ペテルブルグ問題（1738）　　141

```
402                Extrait d'une Lettre, &c.
   c'est A qui joue, lequel en amenant un nombre pair prend
   un écu au jeu comme B; mais il ne met rien au jeu quand
   il amene un nombre impair, & ils continuent jusqu'à ce
   qu'il ne reste plus rien au jeu, toujours avec cette condi-
   tion, qu'ils prennent l'un & l'autre un écu du jeu quand ils
   amenent un nombre pair; mais que B seul met un écu au
   jeu quand il amene un nombre impair, on demande leurs
   sorts. Quatriéme Probléme. A promet de donner un écu
   à B, si avec un dé ordinaire il amene au premier coup six
   points, deux écus s'il amene le six au second, trois écus
   s'il amene ce point au troisiéme coup, quatre écus s'il l'a-
   mene au quatriéme, & ainsi de suite; on demande quelle
   est l'esperance de B. Cinquiéme Probléme. On demande
   la même chose si A promet à B de lui donner des écus en
   cette progression 1, 2, 4, 8, 16, &c. ou 1, 3, 9, 27, &c.
   ou 1, 4, 9, 16, 25, &c. ou 1, 8, 27, 64, &c. au lieu de
   1, 2, 3, 4, 5, &c comme auparavant. Quoique ces Pro-
   blêmes pour la plûpart ne soient pas difficiles, vous y trou-
   verés pourtant quelque chose de fort curieux: je vous ai
   déja proposé le premier dans ma derniere Lettre. Vous me
   ferés plaisir de me communiquer enfin votre solution du
   Her, afin que je puisse vous donner l'explication de mon
   Anagramme. Au reste, Monsieur, je me réjouis de ce que
   votre santé est meilleure; mais je vous plains de ce que
   vous avés perdu votre Princesse. J'ai l'honneur d'être avec
   un attachement inviolable,


              MONSIEUR,

                        Votre très humble & très
                          obéissant Serviteur
                        N. BERNOULLY.
```

図 11.1　ニコラス・ベルヌーイからモンモール宛ての手紙からの抜粋（モンモールの著書の第 2 版（Montmort(1713, p.402)）より）．サンクト・ペテルブルグ問題がここで初めて扱われた（第 4 の問題（Quatriéme Probléme），第 5 の問題（Cinquiéme Probléme））．

この問題のどこがパラドックスなのだろう．それは解にある．その解によると，賭博者には無限の金額が払われることが期待できそうであるが，実際はそれよりもはるかに少ない金額が払われるのがほとんどである．その理由を見るために，賭博者が硬貨投げの最初の数回で勝ってしまう確率がどれほどのものなのか計算してみよう．「賭博者が勝つまでに正常な硬貨を独立に投げる回数」を Y とおく．最初の 3 回以内で勝つ確率，4 回以内で勝つ確率，5 回以内で勝つ確率は次のように与えられる．

$$P(Y \leq 3) = P(Y=1) + P(Y=2) + P(Y=3)$$
$$= \left(\frac{1}{2}\right) + \left(\frac{1}{2}\right)^1\left(\frac{1}{2}\right) + \left(\frac{1}{2}\right)^2\left(\frac{1}{2}\right)$$
$$= 0.875$$
$$P(Y \leq 4) = 0.938$$
$$P(Y \leq 5) = 0.969$$

このように，賭博者がほとんどの場合5回以内で勝ってしまう．実際そうであったとすると，賭博者がカジノから払われる金額は高々 $2^4 = 16$ ドルである．とすると，賭博者は16ドル払うのが，実のところ公平であるように思える．しかし**解答**では，ゲームが公平であるためには賭博者がカジノに無限の金額を払うべきだと意味しているように見える．一方では，理論によると，賭博者がカジノに払う金額がどのように大きくても，莫大な利益を握って表玄関から出て行けるようである．他方，実際に手に入る金額は高々16ドル程度で終わるのがほとんどなのだから，カジノに1000ドル払うことさえ不公平であるように見える．

この難問を解決するために数々の試みがなされてきた．その概観をいくつか与えておこう．まず，この問題に対するジャン・ル・ロンド・ダランベール (1717-1783) の反応について見てみる．ダランベールは「賭博者は無限の金額をカジノに払うべきである」という我々が先に与えた解答を否定した．『百科全書』の中の項目『表か裏か』[4] (d'Alembert(1754, Vol.IV, p.513)) においてダランベールは無限大という解について次のように述べている．

> …そして，ここには代数学者たちの興味を引くに値する，ある種の忌まわしさが存在している．

別のところでダランベールは，我々の述べた議論に基づいて，そこにはどのようなパラドックスも存在しないと宣言している．ダランベールはまず，2つの型の確率を区別して「形而上的確率」と「形而下的確率」と呼んだ[5]．ダラ

---

[4] 図 12.3 も参照せよ．
[5] また，アルネ・フィッシャーの『確率の数学理論』(Fisher(1922, pp.51-52)) も参照せよ．

問題 11　ダニエル・ベルヌーイとサンクト・ペテルブルグ問題（1738）

図 11.2　ダニエル・ベルヌーイ (1700-1782)

ンベールに従えば，ある事象の確率が数学的に 0 より大きいときはその事象は形而上的確率で存在する．一方，その確率が 0 に非常に近いような希な場合でないときには，その事象は形而下的確率で存在する．『数学小論』(d'Alembert(1761, p.10)) において，ダランベールは次のように述べている（図 11.3）．

> **形而上的**に可能であることと**形而下的**に可能であることは区別されるべきである．前者には，その存在が不合理でないようなすべてのものが含まれる．後者にはその存在が不合理でないにしても，極めて異例で普通に起こらないものは含まれない．2 つのサイコロで 6 のゾロ目を 100 回連続で出すことは形而上的には可能であるが，形而下的には不可能である．なぜならそれは決して起こらなかったし，今後も起こらないからである．

> **XII.**
>
> C'est qu'il faut distinguer entre ce qui est *métaphysiquement* possible, & ce qui est possible *physiquement*. Dans la premiere classe sont toutes les choses dont l'existence n'a rien d'absurde; dans la seconde sont toutes celles dont l'existence non-seulement n'a rien d'absurde, mais même rien de trop extraordinaire, & qui ne soit dans le cours journalier des événemens. Il est *métaphysiquement* possible, qu'on amene rafle de six avec deux dez, cent fois de suite; mais cela est impossible *physiquement*, parce que cela n'est jamais arrivé, & n'arrivera jamais. Dans le cours ordinaire de la nature, le même événement (quel qu'il soit) arrive assez rarement deux fois de suite, plus rarement trois & quatre fois, & jamais cent fois consécutives; & il n'y a personne

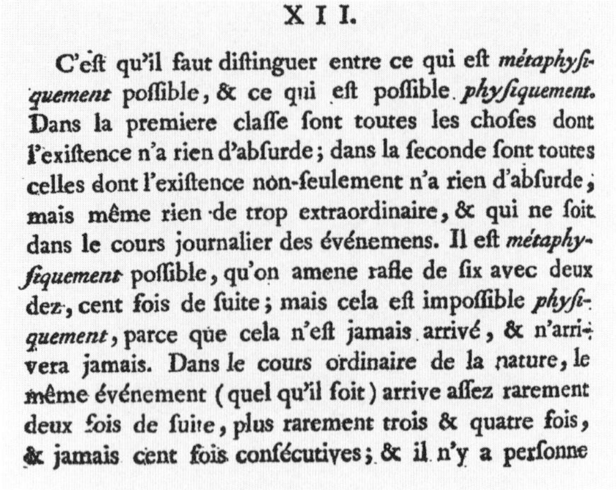

図 11.3 ダランベールの形而上的確率と形而下的確率の定義 (d'Alembert(1761, p.10) より)

有名な論文『確率空間に関する疑問と質問』(d'Alembert(1767, pp.282)) において，ダランベールはサンクト・ペテルブルグ問題に言及している．

> したがって，このパラドックスは子細に検討されなければならない．ポール[6][賭博者] がゲームの始めに無限の掛け金を払うことには疑問の目を向けるべきではないのか．無限であることはおそらく間違った仮定に基づくせいではないのか．すなわち，表が決して出ないという仮定，ゲームは永遠に続くという仮定に対してである．
>
> しかし，この仮定が数学的に可能であるということは正しいし，すぐれて明瞭である．形而下的に言えば，それは正しくないのだけれども．

---

[6] 偶然のゲームにおいてポールとピエール（あるいはピーター）という名称を用い始めた原点はモンモールの Montmort(1708) である．Gordon(1997, p.185) は面白いことを指摘している．「ピエール・モンモールは，**ピエール**とポールに関してとても中立的であるとは言えなかった．今でも我々はピーターに味方したくなるなど，モンモールの視点から物事を見る傾向がある．例えば，成功の確率を表すのに文字 p を用いるが，これはピーターが勝つ確率である．失敗に対応する文字 q はポールが勝つ確率である．」

最後に,『数学小論』において,ダランベールは**解答**で与えた「無限の期待値」という解が誤っていると信じる理由を説明している.

> 事象の起こる確率が非常に小さいとき,それは 0 と見做され,そう扱われるべきである.賞金や期待値を求めるとき,(今まで定義されてきたように)その確率を得点に掛けるべきではない.

このように,ダランベールは小さな確率は 0 として扱うべきだと信じていた.形而上的に可能な事象が形而下的に不可能となる境界確率を明確に与えることはなかったが,形而下的に不可能であるという概念を説明する例とし 100 回の硬貨投げを挙げている (d'Alembert(1761, p.9)).ゆえに,$p \leq \frac{1}{2^{100}}$ である確率は形而下的に不可能であると判断して,サンクト・ペテルブルグ問題を解いてみよう.すると解として,カジノは賭博者に次の賞金を払うと期待される.

$$\sum_{n=1}^{99} \frac{1}{2^n} \times 2^{n-1} + \sum_{i=100}^{\infty} 0 \times 2^{n-1} = 49.5$$

ダランベールに従い,2^{-100} を境界値として採用すると,ゲームを公平にするためには賭博者はカジノに 49.5 ドル前もって払わなければならない.しかし,確率が 0 であると扱われるほどに小さい[7]と判断できる境界値をどのように決めたらよいのだろうか.ダランベールは境界値に関する明確な議論を残していないし,サンクト・ペテルブルグ問題ついての彼の見解を支持する者は今となっては少数派である.

偉大な博物学者ジョルジューイ・ルクレール・ド・ビュフォン伯 (1707-1788) はダランベールと同様の解を支持した.ただし,$\frac{1}{10000} \left(\approx \frac{1}{2^{13.29}} \right)$ より小さな確率は「事実上」不可能であると考えた.この判断によると,カジノは賭博者に次の賞金[8]を払うと期待される.

---

[7] 希少確率の問題は**問題 24** でも扱われる.
[8] ビュフォン自身の計算では,n 回目に初めて表が出たときの賞金を勝手に $\left(\frac{9}{5}\right)^{n-1}$ クラウンに変更していたようである (Coolidge(1990, p.174)).このやり方だと,5 クラウンの前金を得ることができるが,これは実験の値と合致する.

表 11.1 カジノが払える金額の上限を 2^N と設定したときのサンクト・ペテルブルグ問題

N	2^N	$\frac{N}{2}+1$
1	2	1.5
2	4	2.0
3	8	2.5
4	16	3.0
5	32	3.5
10	1024	6.0
15	32768	8.5
20	1.03×10^6	11.0

ゲームが公正であるためには，賭博者は N の値によって $\frac{N}{2}+1$ を払う必要がある．

$$\sum_{n=1}^{13} \frac{1}{2^n} \times 2^{n-1} + \sum_{i=14}^{\infty} 0 \times 2^{n-1} = 6.5$$

つまり，ゲームを公平にするために賭博者はカジノに前金 6.5 ドルを払うべきである．ビュフォンはまた，当時の最先端の実証主義者の 1 人であった．彼は子供を 1 人雇って，表が出るまでクラウン硬貨を投げさせた．そのゲームは 2048 回繰り返された（Buffon(1777, p.84)）．ビュフォンによると，1 クラウン得ることなったのは 1061 回，2 クラウン得ることになったのは 49 回などである．2048 回のゲームで得ることになる全金額は 10057 クラウンであった．これによると，払うべき前金の平均はおおよそ 5 クラウンである．

一方，マーキュリス・ド・コンドルセ (1743-1794) やシメオン・デニス・ポアソン (1781-1840) やユージーン・チャールズ・カタラン (1814-1894) など数学者たちは，どのカジノも無限の賞金を払うことはできないので，カジノの資産は制限されてしかるべきであると論じた．これにより，カジノは最大 2^N ドル（N は固定された整数）しか所有しないと仮定した．さらに，$n \leq N+1$ である n 回目に賭博者が初めての表を出した場合は 2^{n-1} ドル，$n > N+1$ の場合はいつも同じ 2^N ドルが支払われると仮定する．そのようなゲームにおいては，カジノが賭博者に支払う期待値は

$$\frac{1}{2}\cdot 2^0 + \frac{1}{2^2}\cdot 2^1 + \cdots + \frac{1}{2^{N+1}}\cdot 2^N + 2^N\left(\frac{1}{2^{n+2}} + \frac{1}{2^{n+3}} + \cdots\right)$$
$$= \frac{1}{2}(N+1) + \left(\frac{1}{4} + \frac{1}{8} + \cdots\right)$$
$$= \frac{N}{2} + 1$$

ゲームが公平であるためには，賭博者は前金として $\frac{N}{2}+1$ 支払わなければならない．表 11.1 に $N, 2^N, \frac{N}{2}+1$ の値をいくつか挙げておいた．$\frac{N}{2}+1$ の前金は「無限」の場合に比べてかなり妥当なものに思える．

しかし，カジノの資産は制限されるというコンドルセ達の立場はジョゼフ・ベルトラン (1822-1900) によって批判された．それでは問題を解いたことにならないと論じた．『確率の計算』(Bertrand(1889, p.61)) には次のように述べてある．

> フランの代わりにセントなら，セントの代わりに砂粒なら，砂粒の代わりに水素分子なら破産の恐れは限りなく減少できるのだろうか．これで議論に違いが出るべきではない．また，そこでは賭け金が硬貨を投げる前に払われることを仮定していない．ピーター [カジノ] はどれほど負うのか．ペンは書くことができる，用紙にその計算を記すことができる．その計算がその処方箋を確定すれば理論が勝利する．運は非常に確率的であるが，しかし確かであるとさえ言ってもいいほどに，ポール [賭博者] の有利に終わる．ポールはピーターの約束にどれほど賭けるべきなのか．賭けは彼に有利であり，ポールが粘り強いなら際限のない富をもたらすだろう．ピーターは，破産するかどうかは知らないが，ポールに莫大な負債を負うことになるだろう．

ガブリエル・クラメール (1704-1752) とダニエル・ベルヌーイ (1700-1782) は共に，平均効用（モラル期待値）[9] の概念に関連させた解を支持した．これはサンクト・ペテルブルグ問題に対する最も受け入れられている解答ではあるが，少々説明を必要とする．賭博者の所持金は初め x_0 であり，賞金 $a_j, j =$

---
[9] より詳しくは，Bernstein(1996, p.105) を参照せよ．また，**問題 4** と**問題 25** も参照せよ．

$1, 2, ..., K$ を獲得する確率はそれぞれ p_j であるとする ($\sum_{j=1}^{K} p_j = 1$). ベルヌーイは，賭博者の所持金が x から $x + dx$ に変化するとき，賭博者の所持金に対する効用 U はいつでも $dU \approx \dfrac{dx}{x}$ に従って変化すると提唱した．これは，賭博者の所持金が変化するとき，賭博者がより多く手に入れるなら，効率の変化率は減少することを意味している．$dU \approx \dfrac{dx}{x}$ により，$U = k \log x + C$ が得られる（ただし，k と C は定数である）．つまり，所持金 x の効用は x の対数関数である．ベルヌーイは，賭博者の最終所持金の平均効用を次で与えた (Dutka(1988))．

$$\sum_{j=1}^{K} p_j \log \left(\frac{x_0 + a_j}{x_0} \right)$$

これを賭博者の最終所持金の数学的な期待値 $\sum_{j=1}^{K} p_j (x_0 + a_j)$ と比較してみるとよいだろう．

サンクト・ペテルブルグ問題においては，賭博者の初期の所持金を x_0 とし，ゲームの賭け金として ξ 払うとしよう．このとき，公平なゲームであるためには，ベルヌーイは最終所持金の平均効用が 0 であるとした．つまり，

$$\sum_{j=1}^{\infty} \frac{1}{2^j} \log(x_0 + 2^j - \xi) = \log x_0$$

x_0 の値が与えられると，この方程式は ξ に対して解くことができる．例えば，賭博者の初期の所持金が $x_0 = 10$ であれば，$\xi \approx 3$ ドルを最初に払う必要がある．また，$x_0 = 1000$ であれば，$\xi \approx 6$ を得る (Shafer(2004, p.8320))．これらもまた，**解答**で与えた解よりもかなり妥当な賭け金である．サンクト・ペテルブルグ問題についてのこの考え方ではカジノに制限を加えていないが，代わりに賭博者の最初の所持金に依存したものになっている．

クロアチア出身のアメリカの数学者ウイリアム・フェラー (1906-1970) （図11.5) による4番目の解も見ておくべきである (Feller(1937, 1968))．フェラーは変動する賭け金を使って理解した．賭け金は投げた回数 n の関数である．フェラーは公平なゲームとは次を満足するものであると定義した：任意の $\varepsilon > 0$ に対して

表 11.2 サンクト・ペテルブルグ問題に対するフェラーの解. 賭博者が n 回目を投げる前に払う賭け金

n	$n\log_2 n$：賭博者が n 回目を投げるときまでに払った累積の賭け金	$n\log_2 n-(n-1)\log_2(n-1)$：賭博者が n 回目を投げるときに払う賭け金
1	0.00	0.00
2	2.00	2.00
3	4.75	2.75
4	8.00	3.25
5	11.61	3.61
10	33.22	4.69
15	58.60	5.30
20	86.44	5.73

$$\lim_{n\to\infty} P\left(\left|\frac{S_n}{e_n}-1\right|<\varepsilon\right)=1$$

ただし，S_n と e_n はそれぞれ，賭博者が手に入れる累積の賞金と賭博者が払った累積の賭け金である．上の公式は大数の弱法則に類似している[10]．このとき，フェラーは

$$e_n = n\log_2 n$$

であれば，ゲームは公平になることを示した．表 11.2 は賭博者が払う累積の賭け金とその都度払う賭け金の数表を与える．

最後に，本来のサンクト・ペテルブルグ問題に戻って，少し修正したものも考える価値がある：n 回目に初めて表が出たときに，カジノは賭博者に s^{n-1} ドル払うと仮定する．ただし，$0<s<2$ とする．このとき，賭博者に平均的に次の金額を払うことになる．

---

[10] **問題 8** を参照せよ.

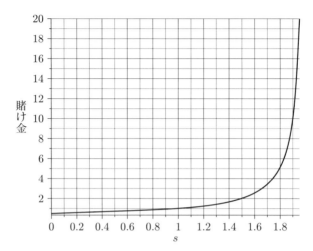

図 11.4 サンクト・ペテルブルグ問題において，n 回目に初めて表が出たときに賭博者に $s^{n-1}(0 < s < 2)$ 払われるときに払うべき賭け金 $\dfrac{1}{2-s}$ のプロット

$$\sum_{n=1}^{\infty} \frac{1}{2^n} \times s^{n-1} = \frac{1}{s} \sum_{n=1}^{\infty} \left(\frac{s}{2}\right)^n$$
$$= \frac{s/2}{s(1-s/2)}$$
$$= \frac{1}{2-s}$$

ゲームが公平であるためには，賭博者は有限な賭け金として $(2-s)^{-1}$ ドルを払わなければならない．図 11.4 には s を変化させたときの賭博者の賭け金が与えてある．

ここで紹介した（我々の**解答**も含めて）可能な解答の中で，効用に基づいたダニエル・ベルヌーイのものが最も魅力的に思える．しかしながら，**超サンクト・ペテルブルグ問題**を解決したいときは，本来の概念を少々修正する必要がある（Menger(1934)）．その問題とは，n 回目に初めての表が出た場合にカジノが $\exp(2^{n-1})$ ドルの賞金を払おうとする場合の対数効用関数 $u(x) = \log(x)$

問題 11　ダニエル・ベルヌーイとサンクト・ペテルブルグ問題（1738）

図 **11.5**　ウイリアム・フェラー (1906-1970)

に関してである．しかし，効用関数が上に有界であると制約することにより，超サンクト・ペテルブルグ問題の難点も避けることができる[11]．

---

[11] 詳しくは，インガソルの『財務的決定問題の理論』（Ingersoll(1987, p.19)）を参照せよ．

問題 12

ダランベールと『表か裏か』(1754)

▶ 問 題

正常な硬貨を2回投げて,少なくとも表が1回出る確率はいくらか.

▶ 解 答

表を H で表し,裏を T で表す.このとき,硬貨を投げた結果の標本空間は $\Omega = \{HH, HT, TH, TT\}$ である.これらの標本点は同様に起こりやすいので,確率の古典的な定義を応用して次を得る.

$$P(\text{表が少なくとも1回出る}) = \frac{\text{関係する標本点の総数}}{\text{標本点の総数}}$$
$$= \frac{3}{4}$$

▶ 考 察

ジャン・ル・ロン・ダランベール (1717-1783)(図 12.1)は 18 世紀における最先端の知識人の1人であり,記念碑的な『百科全書』[1](図 12.2)を共同編集した.しかし,確率の問題に関しては,ダランベールは友人たちと論争

---
[1] 正確には,『科学,芸術,工芸の百科辞典』.

図 12.1 ジャン・ル・ロン・ダランベール (1717-1783)

するのも度々であった．**問題 12** の正しい答えは $\frac{3}{4}$ ではないと否定した．彼は次のように説明している：表が最初に出ると，2 回目を投げる必要はないので，可能な結果は H, TH, TT となり，求める確率は $\frac{2}{3}$ である．もちろん，ダランベールの説明は間違っている．H, TH, TT のそれぞれが等しく起こりやすいとは言えないことを理解できていないからである．この間違った答えは『百科全書』(Vol.IV) の項目『表か裏か』(d'Alembert(1754, pp.512-513)) にも含められた．その項目の最初の部分を検討してみよう（図 12.3 参照）．

表か裏か（偶然の解析）：よく知られて定義の必要もないこのゲームは，以下のような熟考を促す．2 回続けて硬貨を投げて表が出る勝ち目はいくらかと人は尋ねる．通常の原理に従って誰もが見つける答えは次である：4 つの組み合わせ

154　問題 12　ダランベールと『表か裏か』(1754)

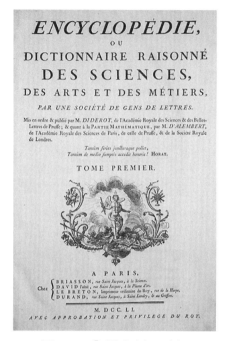

図 12.2　『百科全書』の表紙

（最初の結果）　（2 番目の結果）
　　表　　　　　　表
　　裏　　　　　　表
　　表　　　　　　裏
　　裏　　　　　　裏

これら 4 つの組み合わせの中で，1 つだけが負けで，3 つが勝ちである．硬貨を投げる賭博者にとって勝ち目は 3 対 1 である．3 回投げて賭けるとすると，8 通りの組み合わせがあり，1 つだけが負けであり，7 つが勝ちで，勝ち目は 7 対 1 になる（項目『組み合わせと利点』を参照せよ）．しかしながら，これは本当に正しいのだろうか．2 回投げる場合だけを考えてみると，最初に表が出た場合は 2 つある組み合わせを 1 つにまとめる必要はないのだろうか．というのも，1 回目で表が出たのなら，ゲームはそこで終了し，2 回目は必要ないか

らである．ゆえに，当然のことながら3つの組み合わせがあるだけである．

 表　　　（最初）
 裏，表　（最初と2度目）
 裏，裏　（最初と2度目）

したがって，勝ち目は2対1である．3回投げる場合も同様に，次の組み合わせを得る．

 表
 裏，表
 裏，裏，表
 裏，裏，裏

ゆえに，勝ち目はわずか3対1である．これには計算する人たちの注意を引くべき価値があり，偶然のゲームについて誰にも広く受け入れられている計算法について考え直すことになるだろう．

 ダランベールは，数学教授である某ネッケル氏による『表か裏か』に対する反論を受けて，『百科全書』(Vol.7)の項目『賭け』(d'Alembert(1757, pp.420-421))で再度この問題を扱っている．ネッケルは正しい論証を与えていたのだが，ダランベールの論文の最後はいまだに得心のいかないことを示している．

 ダランベールはまた，サンクト・ペテルブルグ問題の解を手荒くやり込めたり（**問題11**），賭博者の誤謬という陥穽に陥ったりしている（**問題13**）．ベルトランは『確率の計算』(Bertrand(1889, pp.ix-x))において，偶然のゲームに関してダランベールが犯したさまざまな過ちについて容赦ない言葉を浴びせている．

 こと確率の計算となると，ダランベールの明敏な精神はものの見事に
 上滑りした．

 同様に，カール・ピアソンは『統計学の歴史』(Peason(1978, p.535))において次のように述べている．

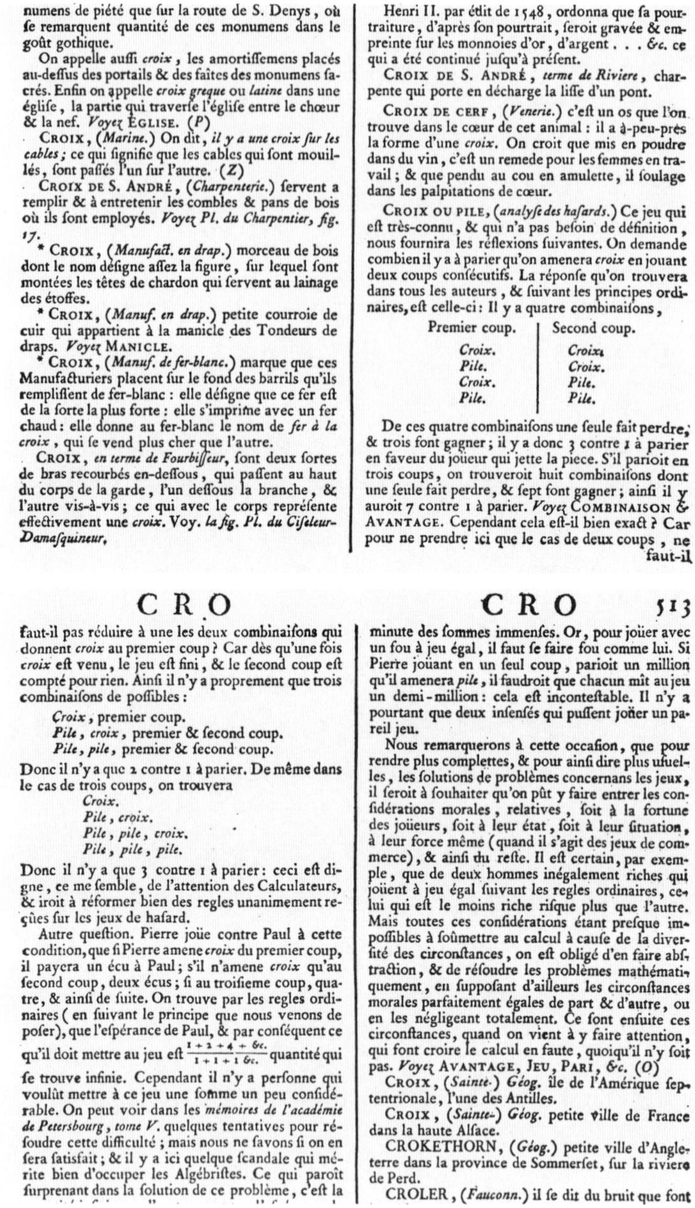

numens de piété que ſur la route de S. Denys, où ſe remarquent quantité de ces monumens dans le goût gothique.

On appelle auſſi *croix*, les amortiſſemens placés au-deſſus des portails & des faîtes des monumens ſacrés. Enfin on appelle *croix greque* ou *latine* dans une égliſe, la partie qui traverſe l'égliſe entre le chœur & la nef. *Voyez* ÉGLISE. (*P*)

CROIX, (*Marine.*) On dit, *il y a une croix ſur les cables*; ce qui ſignifie que les cables qui ſont mouillés, ſont paſſés l'un ſur l'autre. (*Z*)

CROIX DE S. ANDRÉ, (*Charpenterie.*) ſervent à remplir & à entretenir les combles & pans de bois où ils ſont employés. *Voyez Pl. du Charpentier, fig. 17.*

* CROIX, (*Manufact. en drap.*) morceau de bois dont le nom déſigne aſſez la figure, ſur lequel ſont montées les têtes de chardon qui ſervent au lainage des étoffes.

* CROIX, (*Manuf. en drap.*) petite courroie de cuir qui appartient à la manicle des Tondeurs de draps. *Voyez* MANICLE.

* CROIX, (*Manuf. de fer-blanc.*) marque que ces Manufacturiers placent ſur le fond des barrils qu'ils rempliſſent de fer-blanc : elle déſigne que ce fer eſt de la ſorte la plus forte : elle s'imprime avec un fer chaud : elle donne au fer-blanc le nom de *fer à la croix*, qui ſe vend plus cher que l'autre.

CROIX, *en terme de Fourbiſſeur*, ſont deux ſortes de bras recourbés en-deſſous, qui paſſent au haut du corps de la garde, l'un deſſous la branche, & l'autre vis-à-vis ; ce qui avec le corps repréſente effectivement une *croix*. Voy. *la fig. Pl. du Ciſeleur-Damaſquineur.*

Henri II. par édit de 1548, ordonna que ſa pourtraiture, d'après ſon pourtrait, ſeroit gravée & empreinte ſur les monnoies d'or, d'argent . . . *&c.* ce qui a été continué juſqu'à préſent.

CROIX DE S. ANDRÉ, *terme de Riviere*, charpente qui porte en décharge la liſſe d'un pont.

CROIX DE CERF, (*Venerie.*) c'eſt un os que l'on trouve dans le cœur de cet animal : il a à-peu-près la forme d'une *croix*. On croit que mis en poudre dans du vin, c'eſt un remede pour les femmes en travail ; & que pendu au cou en amulette, il ſoulage dans les palpitations de cœur.

CROIX OU PILE, (*analyſe des haſards.*) Ce jeu qui eſt très-connu, & qui n'a pas beſoin de définition, nous fournira les réflexions ſuivantes. On demande combien il y a à parier qu'on amenera *croix* en jouant deux coups conſécutifs. La réponſe qu'on trouvera dans tous les auteurs, & ſuivant les principes ordinaires, eſt celle-ci : Il y a quatre combinaiſons,

Premier coup.	Second coup.
Croix.	*Croix.*
Pile.	*Croix.*
Croix.	*Pile.*
Pile.	*Pile.*

De ces quatre combinaiſons une ſeule fait perdre, & trois font gagner ; il y a donc 3 contre 1 à parier en faveur du joüeur qui jette la piece. S'il parioit en trois coups, on trouveroit huit combinaiſons dont une ſeule fait perdre, & ſept font gagner ; ainſi il y auroit 7 contre 1 à parier. *Voyez* COMBINAISON & AVANTAGE. Cependant cela eſt-il bien exact ? Car pour ne prendre ici que le cas de deux coups, ne faut-il

CRO　　CRO　513

faut-il pas réduire à une les deux combinaiſons qui donnent *croix* au premier coup ? Car dès qu'une fois *croix* eſt venu, le jeu eſt fini, & le ſecond coup eſt compté pour rien. Ainſi il n'y a proprement que trois combinaiſons de poſſibles :

Croix, premier coup.
Pile, *croix*, premier & ſecond coup.
Pile, *pile*, premier & ſecond coup.

Donc il n'y a que 2 contre 1 à parier. De même dans le cas de trois coups, on trouvera

Croix.
Pile, croix.
Pile, pile, croix.
Pile, pile, pile.

Donc il n'y a que 3 contre 1 à parier : ceci eſt digne, ce me ſemble, de l'attention des Calculateurs, & iroit à réformer bien des regles unanimement reçûes ſur les jeux de haſard.

Autre queſtion. Pierre joüe contre Paul à cette condition, que ſi Pierre amene *croix* du premier coup, il payera un écu à Paul ; s'il n'amene *croix* qu'au ſecond coup, deux écus ; ſi au troiſieme coup, quatre, & ainſi de ſuite. On trouve par les regles ordinaires (en ſuivant le principe que nous venons de poſer), que l'eſpérance de Paul, & par conſéquent ce qu'il doit mettre au jeu eſt $\frac{1+2+4+\&c.}{1+1+1\ \&c.}$ quantité qui ſe trouve infinie. Cependant il n'y a perſonne qui voulût mettre à ce jeu une ſomme un peu conſidérable. On peut voir dans les *mémoires de l'académie de Petersbourg, tome V.* quelques tentatives pour réſoudre cette difficulté ; mais nous ne ſavons ſi on en ſera ſatisfait ; & il y a ici quelque ſcandale qui mérite bien d'occuper les Algébriſtes. Ce qui paroît ſurprenant dans la ſolution de ce problème, c'eſt la

minute des ſommes immenſes. Or, pour joüer avec un fou à jeu égal, il faut ſe faire fou comme lui. Si Pierre joüant en un ſeul coup, parioit un million qu'il amenera *pile*, il faudroit que chacun mît au jeu un demi-million : cela eſt inconteſtable. Il n'y a pourtant que deux inſenſés qui puſſent joüer un pareil jeu.

Nous remarquerons à cette occaſion, que pour rendre plus complettes, & pour ainſi dire plus uſuelles, les ſolutions de problèmes concernans les jeux, il ſeroit à ſouhaiter qu'on pût y faire entrer les conſidérations morales, relatives, ſoit à la fortune des joüeurs, ſoit à leur état, ſoit à leur ſituation, à leur force même (quand il s'agit des jeux de commerce), & ainſi du reſte. Il eſt certain, par exemple, que de deux hommes inégalement riches qui joüent à jeu égal ſuivant les regles ordinaires, celui qui eſt le moins riche riſque plus que l'autre. Mais toutes ces conſidérations étant preſque impoſſibles à ſoûmettre au calcul à cauſe de la diverſité des circonſtances, on eſt obligé d'en faire abſtraction, & de réſoudre les problèmes mathématiquement, en ſuppoſant d'ailleurs les circonſtances morales parfaitement égales de part & d'autre, ou en les négligeant totalement. Ce ſont enſuite ces circonſtances, quand on vient à y faire attention, qui font croire le calcul en faute, quoiqu'il n'y ſoit pas. *Voyez* AVANTAGE, JEU, PARI, *&c.* (*O*)

CROIX, (*Sainte-*) *Géog.* île de l'Amérique ſeptentrionale, l'une des Antilles.

CROIX, (*Sainte-*) *Géog.* petite ville de France dans la haute Alſace.

CROKETHORN, (*Géog.*) petite ville d'Angleterre dans la province de Sommerſet, ſur la riviere de Perd.

CROLER, (*Fauconn.*) il ſe dit du bruit que font

図 12.3　『百科全書』(Vol.IV) 内のダランベールの論文『表か裏か』(d'Alembert, 1754).

さて，ダランベールは我々の主題に関していかほどの貢献を成したと言えるだろうか．彼は何らかの貢献など決してしていない，それがその問いの答えだと私は考える．

ベルトランやピアソンのかなり厳しい言葉にもかかわらず，次のように考えるのは誤解することになると思われる：あの限りなく数学的に練達であったダランベールも，確率的な推論には確固とした基礎をもたないほどに純朴であったと．『表か裏か』において，$\Omega = \{HH, HT, TH, TT\}$ という標本空間はダランベールには無意味であった．なぜならば，それは現実との対応をもたなかったからである．実生活において，最初の H が観測されたらゲームは終わるのだから，誰も HH を観測することはない．確率計算のための別のモデルを，つまり観測できる事象について同じ確率をもつようなモデルを提供することによって，今日の確率計算の理論的枠組みが存在しない中で，ダランベールはなぜ彼のモデルは正しくないのか実質的に問い続けたのである．ダランベールの懐疑主義は，後の数学者たちが確率計算のための堅固な理論的基礎を模索することに部分的には貢献したと言えるだろう．それはコルモゴロフによるその公理化として結晶することになる（Kolmogorov(1933)）[2].

---

[2] 問題 23 を参照せよ．

問題 13

ダランベールと賭博者の誤謬（1761）

▶問 題

正常な硬貨を投げて表が3回続けて出たとする．このとき，次に裏が出る確率はいくらか．

▶解 答

硬貨は正常なので，1回投げて裏（あるいは表）が出る確率は $\frac{1}{2}$ である．独立性により，以前に投げた結果が何であろうとも，その確率は $\frac{1}{2}$ である．

▶考 察

ダランベールはこの問題を知らされたとき，裏が出る確率は「明らかに」$\frac{1}{2}$ よりも大きいと主張して，硬貨投げにおける独立性の概念を否定した．その主張は『数学小論（第2巻）』(d'Alembert(1761, pp.13-14)）（図13.1）でなされた．彼自身の言葉で述べると，

> 以前の論文で約束しておいた別の例を見てみよう．それは通常の確率計算に厳密さが欠けていることを示している．
>
> この計算において，可能な事象をすべて組み合わせることにおいて，

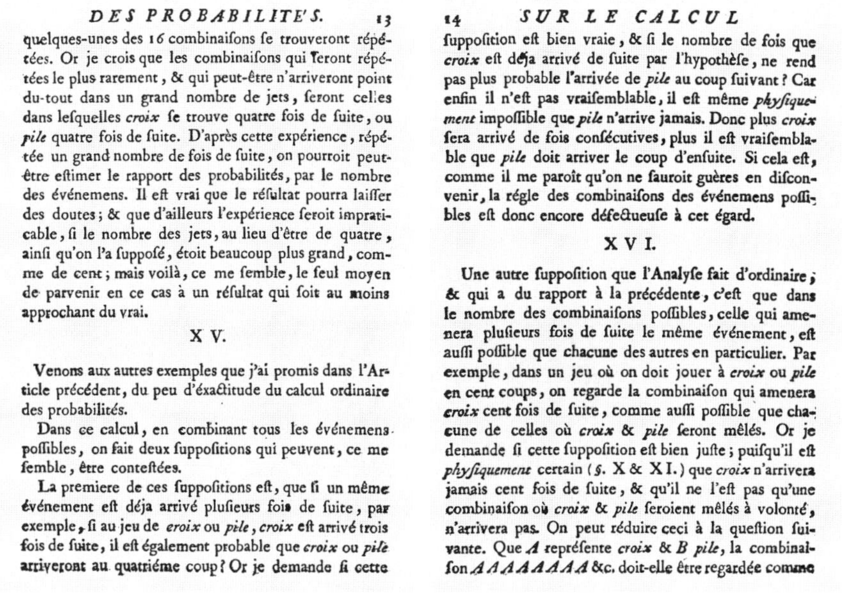

DES PROBABILITE'S. 13

quelques-unes des 16 combinaiſons ſe trouveront répétées. Or je crois que les combinaiſons qui ſeront répétées le plus rarement, & qui peut-être n'arriveront point du-tout dans un grand nombre de jets, ſeront celles dans leſquelles *croix* ſe trouve quatre fois de ſuite, ou *pile* quatre fois de ſuite. D'après cette expérience, répétée un grand nombre de fois de ſuite, on pourroit peut-être eſtimer le rapport des probabilités, par le nombre des événemens. Il eſt vrai que le réſultat pourra laiſſer des doutes; & que d'ailleurs l'expérience ſeroit impraticable, ſi le nombre des jets, au lieu d'être de quatre, ainſi qu'on l'a ſuppoſé, étoit beaucoup plus grand, comme de cent; mais voilà, ce me ſemble, le ſeul moyen de parvenir en ce cas à un réſultat qui ſoit au moins approchant du vrai.

X V.

Venons aux autres exemples que j'ai promis dans l'Article précédent, du peu d'éxactitude du calcul ordinaire des probabilités.

Dans ce calcul, en combinant tous les événemens poſſibles, on fait deux ſuppoſitions qui peuvent, ce me ſemble, être conteſtées.

La premiere de ces ſuppoſitions eſt, que ſi un même événement eſt déja arrivé pluſieurs fois de ſuite, par exemple, ſi au jeu de *croix* ou *pile*, *croix* eſt arrivé trois fois de ſuite, il eſt également probable que *croix* ou *pile* arriveront au quatriéme coup? Or je demande ſi cette

14 SUR LE CALCUL

ſuppoſition eſt bien vraie, & ſi le nombre de fois que *croix* eſt déja arrivé de ſuite par l'hypothèſe, ne rend pas plus probable l'arrivée de *pile* au coup ſuivant? Car enfin il n'eſt pas vraiſemblable, il eſt même *phyſiquement* impoſſible que *pile* n'arrive jamais. Donc plus *croix* ſera arrivé de fois conſécutives, plus il eſt vraiſemblable que *pile* doit arriver le coup d'enſuite. Si cela eſt, comme il me paroît qu'on ne ſauroit guères en diſconvenir, la régle des combinaiſons des événemens poſſibles eſt donc encore défectueuſe à cet égard.

X V I.

Une autre ſuppoſition que l'Analyſe fait d'ordinaire, & qui a du rapport à la précédente, c'eſt que dans le nombre des combinaiſons poſſibles, celle qui amenera pluſieurs fois de ſuite le même événement, eſt auſſi poſſible que chacune des autres en particulier. Par exemple, dans un jeu où on doit jouer à *croix* ou *pile* en cent coups, on regarde la combinaiſon qui amenera *croix* cent fois de ſuite, comme auſſi poſſible que chacune de celles où *croix* & *pile* ſeront mêlés. Or je demande ſi cette ſuppoſition eſt bien juſte; puiſqu'il eſt *phyſiquement* certain (§. X & XI.) que *croix* n'arrivera jamais cent fois de ſuite, & qu'il ne l'eſt pas qu'une combinaiſon où *croix* & *pile* ſeroient mêlés à volonté, n'arrivera pas. On peut réduire ceci à la queſtion ſuivante. Que *A* repréſente *croix* & *B* *pile*, la combinaiſon *AAAAAAAA* &c. doit-elle être regardée comme

図 13.1　ダランベールの著書『数学小論（第 2 巻）』（d'Alembert(1761)）からの抜粋．ダランベールはここで，正常な硬貨を投げて 3 回連続で表が出たら次に投げるときは裏が出やすいと主張している．

互いに相反すると私には思える 2 つの仮定をおいている．

その最初の仮定は，ある事象が連続的に何回か起こったときに，例えば表と裏のゲームで表が続けて 3 回起こったときに，次の 4 回目に表と裏が出る確率は同じである，というものである．しかしながら，この仮定が本当に正しいのか，その仮説に従ってすでに連続的に起こった表の回数は 4 回目に裏が起こる確率を増加させないのかと，私は問いたい．なぜなら，裏が決して起こらないことは結局不可能なのであり，形而下的に不可能なのだからである．それゆえに，表が続けて起これば起こるほど，次に起こりやすくなるのは裏なのである．もしそうなら，この観点から，可能な事象を組み合わせるという規則には，まだ欠けたところがあると考えるのに人は反対しないと思われる．

問題 13 ダランベールと賭博者の誤謬（1761）

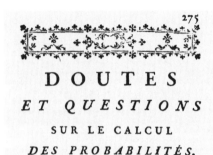

図 13.2　ダランベールの論文『確率計算に関する疑問と質問』からの抜粋（『哲学雑録』（d'Alembert(1767) より））．

ダランベールは，硬貨投げにおいて裏が長い間まったく出ないということは形而下的には不可能であると述べて，彼の概念である形而下的確率と形而上的確率を用いて誤った主張を補強している[1]．

その後の論文『確率計算に関する疑問と質問』（d'Alembert(1767, pp.275-304)）（図 13.2）において，ダランベールは確率計算の応用への反論にさらに磨きをかけるが，主張は本質的に同じである．

---

[1] 問題 11 を参照せよ．ダランベールに従うと，事象はその確率が正であるなら形而上的に起こることは可能であるが，その確率が非常に 0 に近いと言われるほどには小さくないとき形而下的に起こりやすいと呼ぶ．

確率計算は，同じ結果のいろいろな組み合わせはすべて等しく起こりやすいという仮定に基づいている．例えば，硬貨を空中に100回投げるとき，100回連続して表が出ることも，表と裏が混在するような人の望む特殊な列が何であっても，例えば，最初は表，次の2回は裏，4回目は表，5回目は裏，6回目7回目は表などであっても等しく起こりやすいと仮定する．

この2つの場合は，疑いもなく数学的には等しく起こりやすい．ここに難しいところはない．以前会話したことのある凡庸な数学者は，これらが等しく起こりやすいと証明する長々しい論文を仕立てるために無駄な努力を費やしていた．しかし，数学的に同等に起こりやすいこの2つの場合が，その起こり方の順序も考慮に入れたとき，形而下的にもそうなのか人は疑問に思うに違いない．

ダランベールが記している上の主張には説明が必要である．なぜなら，ある思い違いが広く信じられているからである．正常な硬貨を4回投げたときの次の2つ結果について考えてみよう．

　結果1：　$HHHH$
　結果2：　$HHHT$

結果1の方が結果2よりも起こりにくいと考える人が多いかもしれない．4回続けて表が出るのはかなり起こりにくいようにみえる．しかし，本当のところは，結果2のような順番で得られる結果も同じく起こりにくいのである．表4回の総数を得る確率は表3回裏1回の総数を得る確率よりも小さいが[2]，結果2が得られる確率は他の長さ4のどのような結果であってもそれを得る確率と同じである．例え，それがすべて表であっても，すべて裏であってもである．別の例を挙げると，結果 $HHHHHHHHH$ よりも結果 $HHHTTHHTTH$ はかなり起こりやすそうだと思い込みがちである．しかし，特殊な最初の結果の観測しにくさは2番目の結果の観測しにくさに等しいので，それらは同じ確率をもっているのである[3]．

---

[2] $HHHT$ は，表3回裏1回の総数を得る4通りの起こり方の1つであることに注意する．
[3] ダランベールの言葉を借りたとしても，どちらの結果も同じ形而下的の確率をもっている．

問題 13 ダランベールと賭博者の誤謬 (1761)

一般に,「ある事象が長い間起こっていないなら,それは間もなく起こりそうだという思い込み」は**賭博者の誤謬**として知られている (Everitt(2006, p.168)). この誤った思い込みは,いわゆる**平均の法則**を間違って応用した結果である. 平均の法則とは,**大数の法則 (WLLN)** の俗称である. 正常な硬貨を何度も投げ続けるとき,その表の割合が $\frac{1}{2}$ から小さなある値以上に離れる確率は 0 に近づくと WLLN は述べる[4]. 硬貨投げで表が続けて 3 回出たとすると,賭博者の誤謬の信仰者は,表の割合が $\frac{1}{2}$ に近づくように次の硬貨はこの表 3 回を補正するために裏を出そうとすると考える. しかし,硬貨には記憶もなく,補正などするはずもない. WLLN は補正というよりも,無効化するように働くのである. すなわち,初めに表が 3 回起きたとしても,その初期の過剰を埋め合わせるために後の硬貨投げで裏を出す傾向など存在しない. むしろ,初期の過剰な表の影響をその後の圧倒的多数の硬貨投げで無効化し,$\frac{1}{2}$ という比率に至るのである.

実生活で応用されてきた確率計算に関してダランベールが単に懐疑的であったというのなら[5], 哲学者オーギュスト・コント (1798-1857) はこの理論の価値に関してさらに辛辣であったと述べるべきだろう. 次の引用は確率についての彼の考えを明確に伝えている (Comte(1833, p.371)).

> 確率計算は実のところ私にとっては,著名な考案者たちによる独創的で難解な計算問題に対する便利な教本にすぎない. さもなくば,その結果生じた,あるいはお望みならばその起源ともいえる解析理論のように,その抽象的な価値をそのままに保っただけのものである. この理論の基礎におく哲学的な概念に関して言えば,それは根本的に虚偽であり,最も馬鹿げた結果を導く疑わしいものであると考える.

コントの批判について,Coumet(2003) は当然のことながら次のように述べている.

---

[4] WLLN についての詳細は**問題 8** で扱われている.
[5] 確率論へのダランベールの批判についてはまた,Daston(1979), Brian(1996), Paty(1988), Henry(2004, pp.219-223), Samueli and Boudenot(2009, pp.169-181), Gorroochurn(2011) 等でも議論されている.

問題 13 ダランベールと賭博者の誤謬 (1761)　163

偶然の理論（確率論，確率計算などと表現して強調することもできる．オーギュスト・コントの 1820-1840 年代の著作物でもそのように使われている）は科学界が無視できるような陳腐な理論ではない．（楽観的であれ，悲観的であれ）さまざまな判断を許容するような新興の理論ではない．少なくともパスカル，フェルマー，ホイヘンス，ベルヌーイ一族，ド・モアブル，コンドルセ等がその身をささげてきた．特に近くは（オーギュスト・コントの若かりし頃にも）ラプラスが記念碑的『確率の解析理論』を上梓して以来の名声ある過去をもつ理論なのである．

確率論へのその他よく知られた批判者としては，スコットランドの哲学者デイビッド・ヒューム[6](1711-1776) やプロイセンの歴史学者であり政治家のヨハン・ピーター・フリードリッヒ・アンション[7](1767-1837) などがいる．

---

[6] **問題 14** を参照せよ．
[7] Todhunter(1865, p.453), Keynes(1921, p.82) を参照せよ．

問題 14

ベイズ，ラプラス，確率の哲学（1764, 1774）

▶ 問題

事象 A の確率 p は，0 と 1 の間で同等に起こりやすいと仮定する．n 回の独立な試行で事象 A が a 回観測されたという条件の下で，p が p_1 と p_2 の間にある確率は次で与えられる．

$$\frac{(n+1)!}{a!(n-a)!}\int_{p_1}^{p_2} p^a(1-p)^{n-a}dp$$

▶ 解答

n 回の試行で事象 A が起こる回数を X_n とおく．p は 0 と 1 の間で同等に起こりやすいので，p の密度関数は区間 $[0,1]$ 上で一様である．つまり，

$$f(p) = 1, \quad 0 \leq p \leq 1$$

$P(p_1 \leq p \leq p_2)$ を求めるために，まずベイズの定理[1]を用いて条件付き密度 $f(p|X_n = a)$ を求める．

---

[1] **考察**で詳しく解説する．

$$f(p|X_n = a) = \frac{P(X_n = a|p)f(p)}{\int_0^1 P(X_n = a|p)f(p)dp}$$

$$= \frac{\binom{n}{a}p^a(1-p)^{n-a} \cdot 1}{\int_0^1 \binom{n}{a}p^a(1-p)^{n-a} \cdot 1 dp}$$

$$= \frac{p^a(1-p)^{n-a}}{\int_0^1 p^a(1-p)^{n-a}dp}$$

このとき,次を得る[2].

$$\int_0^1 p^a(1-p)^{n-a}dp = \frac{\Gamma(a+1)\Gamma(n-a+1)}{\Gamma(n+2)} = \frac{a!(n-a)!}{(n+1)!}$$

ゆえに,

$$f(p|X_n = a) = \frac{(n+1)!p^a(1-p)^{n-a}}{a!(n-a)!}$$

以上により,

$$P(p_1 \leq p \leq p_2) = \int_{p_1}^{p_2} f(p|X_n = a)dp$$

$$= \frac{(n+1)!}{a!(n-a)!}\int_{p_1}^{p_2} p^a(1-p)^{n-a}dp$$

▶考 察

この問題は英国の牧師レバランジ・トーマス・ベイズ (1702-1761) が有名な論文『偶然論のある問題を解くための小論』[3] (Bayes(1764)) において解いた問題と本質的には同じである.密度関数 $f(p)$ は p の事前密度,密度関数

---

[2] 下記の等式にある $\Gamma(\alpha)$ はガンマ関数と呼ばれ,$\Gamma(\alpha) = \int_0^\infty e^{-y}y^{\alpha-1}dy$ で定義される.n が正の整数であるときは $\Gamma(n+1) = n!$ である.(訳注) $B(\alpha,\beta) = \int_0^1 x^{\alpha-1}(1-x)^{\beta-1}dx$ はベータ関数と呼ばれ,ガンマ関数とベータ関数との間には次の関係式が成り立つ.

$$B(\alpha,\beta) = \frac{\Gamma(\alpha)\Gamma(\beta)}{\Gamma(\alpha+\beta)}$$

[3] ベイズの論文はグラッタン・ギネスの『西洋数学における画期的著作』で見ることができる.そこにある Dale(2005) を参照せよ.

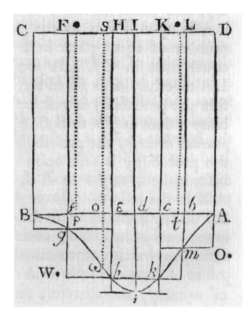

図 14.1 ベイズの論文（Bayes(1764)）で使われた図

$f(p|X_n = a)$ は事後密度と呼ばれる．

　実際は，ベイズは次のように問題を設定した（図14.1）．球 W を単位正方形の机の上に投げる．ただし，その1辺は x 軸である．W が止まった地点の x 座標を p とおく．次に，別の球 O を n 回投げて，止まった地点の x 座標が p 以下であった場合は事象 A が起こったとその都度解釈する．このとき問題は，事象 A が a 回起こり，$n-a$ 回起こらなかったという条件の下で，p が p_1 と p_2 の間にある確率を求めることである．ベイズは，2つの領域の面積の比として解を与えた．ただし，それらの面積は無限に分割することにより評価された．現代の表記に従うと，その解は次のように書ける．

$$P(p_1 < p < p_2 | X_n = a) = \frac{\int_{p_1}^{p_2} p^a (1-p)^{n-a} dp}{\int_0^1 p^a (1-p)^{n-a} dp} \tag{14.1}$$

少し書き換えると，これは先に与えた解答と同じである．式 (14.1) は，今日**ベイズの定理**として知られているもののトーマス・ベイズによる変形である．

ただし，p には区間 $[0,1]$ 上の一様事前分布を仮定している．

ベイズの論文の出版には興味ある歴史がある．ベイズは生涯で 2 本の匿名論文を出しただけである[4]．ベイズの死に際して，友人であるリチャード・プライス (1723-1791) は王立協会 (the Royal Society) で彼の論文をいくつか出版しようと考えた．上記の Bayes(1764) は死後出版された 2 番目の論文である．プライスによる序説と付録を伴っていた[5]．この論文は確率統計での大いなる躍進と評価されているだけではなく，科学哲学の核心に触れるものとして認識されている．著書 Dupont(1979) においては，次のように称されている．

…科学史における宝石…

『統計理論：確率的信頼性と誤差との関係』(Hogben(1957, p.111)) においてランセル・ホグベンは次のように述べている．

現状では，統計理論に関するその後のほとんどの評論者は現在に至るまで，『偶然論のある問題を解くための小論』を記念碑的なものとして捉えている．またその内容は，人の好みにより，挑戦的なものであるとも目論見書的なものであるとも受け取られている．

パスカルとフェルマーによる初期の仕事，ヤコブ・ベルヌーイ[6]の『推測法』(Bernoulli(1713))，そしてそれらに続く第三の躍進としてベイズの論文は見做されている．パスカルとフェルマーの偶然のゲームにおける解析は対称的な

---

[4] しかし，ベルハウスは近年，ロンドンの王立協会 (the Royal Society) と公正生命保険協会 (the Equitable Life Assurance Society) に提出したベイズの草稿を発見している (Bellhouse(2002))．

[5] 死後の出版に関しては，幾つかの理由が考えられている．プライスの甥であるウイリアム・モーガンは，ベイズは謙虚さゆえに発表しなかったと主張している．Good(1988) は 3 つの理由を挙げているが，その中の最も大きな理由は「数学的素養における未熟さ」に彼が気づいていたからだというものである．ベイズは暗に，「**試行数が与えられたとき事象 A が起こる回数に対する離散的な一様分布は，その起こる確率 p に対する $(0,1)$ 上の一様分布を意味する**」と考えていたが，一般にこれは成り立たない．

[6] ベルヌーイの定理は，**問題 8** で解説したように，その後ド・モアブルによって改良された．

場合に限定されていた．ベルヌーイは，その対称的な場合での確率の概念を多様多種な実生活の問題に適用できるように拡張した．ベルヌーイの枠組みにおいて，事象の確率は既知の量であって，事象の相対的頻度がその確率に十分近くにあることが「事実上の確かさ」にできるためには実験を何回繰り返すべきか，というのが彼の取り組んだ問題であった．ベイズはその逆の問題に挑戦した．事象が起こった回数も起こらなかった回数も既知ではあるが，事象の確率は未知であるとした．その事象が起こった回数，起こらなかった回数，そしてその事象の起こりやすさについての事前の情報が知られているとき，未知の事象確率が任意に指定された2つの確率の間にあるのはどの程度の確からしさなのか，それを決定することが目的である．このように，ベイズの論文は**逆確率**に関するものであった[7]．プライスがベイズの論文に付けた序論では次のように述べている．

> …この論文で問うことになる問題は，新奇であると同時に重要でもある．私が思うに，以前には決して解かれることのなかった問題であると間違いなく付け加えることができる．実に数学のこの分野の偉大な推進者であるド・モアブル氏は「任意の事象に関して非常に多くの試行を行ったとき，その事象が起こらなかった回数に対する起こった回数の比と，1回の試行で起こらない確率に対する起こる確率の比との差が，指定された小限界内に収まる確率を見つけるための法則」を，ベルヌーイの後を継いで『偶然の法則』において非常に厳密に与えている．しかし，この逆問題の解をどのように導いたらよいのか示した者はいない．逆問題とは，「起こった回数と起こらなかった回数が与えられている未知の事象に対して，指定された2つの確率の間のどこかにその起こる確率が存在するための確率を見つけること」である．それゆえに，ド・モアブル氏が成し得たことは，この点の考慮を必要としないほどに十分に考えられているとはいえない．特に，彼が与えた法則は，実行された試行数が無限であるという仮定を除いてしまうと，厳密に精確であると言えるほどではないからである．そのこ

---

[7] この章で後に説明するベルヌーイの定理の逆利用と混同してはいけない．

とから，実際に信頼できるほどに十分な正確さを求めるには試行数をどれほど大きくすべきか明白ではないのである．

ベイズの革命的な考え方は，ある特定の事象はどの程度の起こり方なのか求める古い作業から，その事象の確率そのものがどの程度の起こり方なのか求める新しい作業へと移行することであった．したがって，この新作業は「確率の確率」を求めることだと見ることができる．あるいはある時期の文献上ではしばしば「原因の確率」を求めることだとされていた．そこには根本的な重要性が認められる．母集団のもつ母数（例えば，母比率，母平均，母分散など）について確率的なことを述べるための手法を潜在的に提供するからである．これは統計的推測の主要な目的の１つに他ならない．Hacking(1980a, p.532)の言葉を借りれば，

> ベイズの結果が正しいのなら，統計的推測全体の基礎を得たことになる…

しかしながら，ベイズの結果が革命的であったのと同規模の論争を引き起こしたと述べるとき，そこには誇張など何もない．

ベイズの論文の２つの重要な側面について考えることにより，彼の結論がどの程度までに正しいのか検討してみよう．まず，ベイズによる確率の定義をその論文にある通りに見てみよう．

> 任意の事象の確率は，事象の起こり方に依存して計算されるはずの期待値と，その事象が起こるときに得られる値との比である．

ベイズの先行者たちによって与えられ利用されてきた定義は，すべての場合が同等に起こりやすいとき，起こり得るすべての場合の総数に対する，関係する場合の数の比である．ベイズの定義はそれとまったく異なっている．しかし，ベイズの定義は確率についての認識論的あるいはベイズ的考え方の核心である：ある事象が起こるとき A ドル払い，起こらないとき 0 ドル払う契約があるとし，その契約そのものに私たちが B ドル払うとするとき，その事象の私たちの主観的確率は $\dfrac{B}{A}$ である．これは**主観的ベイジアン**の確率

解釈と呼ばれる．信念を主観的に測ったものとして確率を扱っている．この考え方はブルーノ・ド・フィネッティ (1906-1985) やレオナード・サベッジ (1917-1971) 等により擁護された．ベイズの定義をさらに詳しく見てみると，彼は限定的表記「計算されるはずの」と書いているが，これはベイズが**客観的ベイジアン**の解釈とかなりの親和性をもっていたことを示唆している (Earman(1992, p.8))．この信念を測るための合理的で整合的な秤として確率を扱おうとするこの考え方は，経済学者のジョン・メイナード・ケインズ (1883-1946) や物理学者のハロルド・ジェフリーズ卿 (1891-1989) 等により支持された．

　ベイズの論文の2番目の重要な特徴は用意周到さ[8]にあるという点である．球と机の例を設定した際，p が論理的に $[0,1]$ の任意の値を同等にとれるように準備した．ベイズは次のように述べている (Bayes(1764))．

> 正方形の机あるいは平面 ABCD を準備し，水平におき，球 O または W をその上に投げたなら，その平面の2つの等しい部分の上で止まるのは互いに同じ確率をもっていて，必ずどこかで止まるようなものとする．

ゆえに，ベイズの論文において提案された条件下においては，p の密度として一様な事前分布の利用が正当化されている．その前提なら，彼の主要な結果は正しい．しかし，ベイズの論文に付けられる注釈においては，次のような点に論争が見出される．

> 以上の命題により，私がそこで M と名付けた事象のような場合，何回かの試行において起こった回数と起こらなかった回数を使って（それ以外に知られていることがないのなら），その確率がどの程度のものなのか推測することができるし，そこで述べた領域の大きさを求める通常の計算法により，その推測の正しさの確率を知ることができる

---

[8] ギリエスはベイズを「用心深い」ベイジアンと呼んでいる (Gillies(1987))．

のは明らかである．そのとき，同じ法則[9]が，その事象に関してすでになされた試行などにより前もってその確率について何もまったく知ることがないような場合に用いられるべき適切な法則であることは，次のように考えることにより分かると思われる：すなわち，そのような事象に関して，試行を何回か繰り返すとき，ある回数だけが他よりも特に起こりやすいと考える理由がないからである．なぜなら，その確率はまず初めは固定されておらず，また試行を何回か繰り返すとき，ある回数が他の回数よりも起こりやすいに違いないと考える理由がないようなやり方で決められるように，公平に判断することがよいのだから…．それゆえに，以下においては，命題9で事象 M に関して得られる法則はまた，それについて観測されたり行われたりした試行により前もって事前に知られることなどまったくない確率をもつような事象に関して用いられるべき法則でもある．そこで，そのような事象を未知の事象と呼ぶことにする．

ここでベイズは次の点を示唆している：一般に，ある事象について事前の証拠をもたないとき，その無知は，事前分布が一様であると知られているとしたベイズの例と同様な状況に我々を導く．そうなると，事象の確率についての無知は，一様に起こりやすい分布と同一視されることになる．これが**無差別の原理**[10]の例であり，ベイズの論文が全体的に論争を呼ぶ主要な原因なのである[11]．

無差別の原理は確率計算において非常に重要なので，幾つか注釈を加えておこう．この原理はヤコブ・ベルヌーイの『推測法』(Bernoulli(1713, p.219))にまで遡ることができる．

---

[9] (訳注) ここでの法則とは，分布のことである（例えば，分布収束を法則収束と呼ぶこともあるように）．文脈に沿えば，一様（事前）分布を指す．
[10] 無差別の原理はまた，Zabell(2005, pp.22-27), Porter(1986, pp.82-83), Van Fraassen (1989, 12章), Chatterjee(2003, p.220), Howson and Urbach(2006, pp.266-272) 等で議論されている．
[11] このように，ベイズの定理をめぐる論争はその定理そのものに対するものではない．定理そのものは完璧に成立する．定理で用いられるべき適切な事前分布は何かというところから論争は発生している．

172　問題14　ベイズ，ラプラス，確率の哲学（1764, 1774）

すべての場合が等しく可能である，つまりどれもが互いに同等に起こりやすい．

後に，ラプラスは古典的な確率を定義するためにこの原理を明示的に用いた[12]．無差別の原理は初め，ドイツの生理学的心理学者であるヨハネス・アドルフ・フォン・クリエス（1853-1928）の『確率論の原則』（von Kries(1886)）において「不十分な理由による原理」（多分に，ライプニッツの「十分な理由による原理」[13]のもじり）と呼ばれていた．しかし，1921年にケインズは『確率論』（Keynes(1921), p.41)）において次のように述べている．

その目的には十分である法則は，数学的確率の実際の創設者であるジェームス（ヤコブ）・ベルヌーイによって導入され，一般に「不十分な理由による原理」の名で現在まで広く受け入れられている．この名称はおさまりが悪く十分であるとは言い難いので，慣例を破って訂正できるのなら，「無差別の原理」と呼びたい．

その書の後の方で，ケインズは次の明瞭な定義を与えている（Keynes(1921), p.42）．

無差別の原理は次のように主張する：我々の問題において，ある1つの場合が他のものよりも好ましいと断言できるような既知の理由が存在しないとき，そのような知識に基づけばこれらのどの場合も同じ確率をもっている．

次に，無差別の原理[14]の応用が容易に矛盾を導くことを説明しよう．ベイズの論文がなぜ論争を引き起こすのか，その理由についてである．例えば，von Mises(1981, p.77) の与えた古典的な例を考えてみよう．

---

[12] この章のp.180を参照せよ．
[13] 対照的に，「十分な理由による原理」は次のように述べる：事実とされるすべての事にはそうである理由がなければならない．必然的に，すべての真の命題には，あるいは少なくとも偶然的に真であるすべての命題にも説明が必要である．すべての出来事には原因が存在する．
[14] Keynes(1921, p.85) によると，無差別の原理に異議を唱えた最初の人物はイギリスのロバート・レスリー・エリス（1817-1851）である：**単に無知であることが何らかの推測の基礎になることなどあり得ない：無からは無**（Ellis(1850)）．

水 (water) とワイン (wine) を混ぜたコップが与えられているとする．その割合について分かっていることは，水は少なくともワインと同量であるか，あるいは高々2倍であるということである．この知識に基づくと，水のワインに対する比のとる範囲は，1から2の区間である．混合の割合についてこれ以上の情報はないと仮定すると，無差別あるいは対称性の原理または古典理論における類似の他の形式に依れば，この区間の等しい長さの部分は等しい確率をもつことになる．ゆえに，その比率が1と1.5との間にある確率は50%であり，残りの50%は1.5から2の範囲に対応している．

しかし，この同じ問題を扱う別のやり方も存在する．比 $\frac{water}{wine}$ の代わりに逆比 $\frac{wine}{water}$ を考えると，これは $\frac{1}{2}$ と1との間にある．このときは，全区間の2つの半区間 $\left(\frac{1}{2}\text{から}\frac{3}{4}\text{の区間と}\frac{3}{4}\text{から1の区間}\right)$ は同じ確率50%をもつことになる．しかし，$\frac{wine}{water}$ の比 $\frac{3}{4}$ は $\frac{water}{wine}$ の比 $\frac{4}{3}$ に等しい．この2番目の計算によると，50%の確率は $\frac{water}{wine}$ の範囲 $\left(1\text{から}\frac{4}{3}\right)$ に対応し，残りの50%は範囲 $\left(\frac{4}{3}\text{から}2\right)$ 対応する．最初の計算によると，対応する区間は1から $\frac{3}{2}$ と $\frac{3}{2}$ から2であった．2つの結果は明らかに矛盾する．

より専門的な次の例はFisher(1956, p.16)からのものである．ベイズ主義への主要な批判の1つである．p の分布について何も知るところがないと仮定し，無差別の原理を用いて区間 $[0,1]$ 上の一様分布を指定する．このとき，$p = \sin^2\phi$, $0 \leq \phi \leq \frac{\pi}{2}$ を考える．p について何の知識もなく，p と ϕ は1対1対応であることから，ϕ についても何の知識もないと同様に言える．では，ϕ に無差別の原理を適用すると，$\left[0, \frac{\pi}{2}\right]$ 上の一様分布を指定することになる．つまり，

$$f(\phi) = \frac{2}{\pi}, \ 0 \leq \phi \leq \frac{\pi}{2}$$

しかし，このとき

$$f(p) = f(\phi)\left|\frac{dp}{d\phi}\right|^{-1}$$
$$= \frac{2}{\pi} \cdot \frac{1}{2\sin\phi\cos\phi}$$
$$= \frac{1}{\pi\sqrt{p(1-p)}}, \quad 0 < p < 1$$

この結果は,無差別の原理により,p は $[0,1]$ 上の一様分布をもつべきであったという最初の言明に矛盾する.これらの例が,無差別の原理には欠陥がある[15]と通常見做される理由である.しかし,最大エントロピーや不変性の議論を用いてこの原理を強く再定義しようとするエドウィン・T・ジェインズ (1922-1998) のような数学者もいる (Jaynes(1973)).

ベイズに話を戻すと,彼の論文は哲学的にはどのような影響を与えたのだろうか.その出版の 15 年前,スコットランドの著名なデイビッド・ヒューム (1711-1776)(図 14.2)は先駆的な『人間知性論』(Hume(1748)) を著した.その書において,ヒュームは有名な**帰納法の問題**を扱ったが,それについて考えてみよう.n を大きな数であるとし,事象 A を n 回観測して,そのなかで事象 B が m 回起こっていたと仮定する.これらに基づくと,型 A であるすべての事象の中で型 B でもある割合は近似的に $\frac{m}{n}$ である.つまり A が与えられたときの B の条件付き確率は近似的に $\frac{m}{n}$ であると帰納的推測により私たちは信じることになる.ヒュームによる帰納法の問題では,そのような推測を合理的に正当化することはできない,慣習や因習から導いたに過ぎないと主張する.ヒューム自身の言葉を引くと (Hume(1748, p.25))

> そのような [帰納的な議論の] 場において,演繹的な議論が含まれないのは確かだろう.そこでは矛盾というものを導くことがないので,自然の流れは変化するかもしれず,経験したことがあると思えたものが別の正反対の結果となってしまうかもしれない.雲間から落ちてきて,その他のすべての観点から雪に思えたものが,塩の味がしたり,火災の気配を感じたりすると考えられることなど明白に疑いもない

---

[15] 無差別の原理に基づくよく知られたパラドックスは他にも von Kries(1886),Bertrand (1889),Keynes(1921) に見ることができる.

図 14.2 デイビッド・ヒューム (1711-1776)

と言えるのだろうか．12月や1月にすべての木々が生い茂り，あるいは5月6月に枯れ果てると言うとき，強弁する以外にもっと知的な説明はあり得ないのだろうか．とはいえ，知的な説明が何であれ，疑いもなく考えたことが何であれ，いかなる矛盾も導くことはないので，演繹的議論であるいは先験的に理論的な推論で虚偽であると証明されることは決してない．

ヒュームはその著書の初めの方において，「事実の問題[16]」や帰納的推論は脆弱な基盤に拠っていることを説明する有名な「日は昇る」の例を与えている．

---

[16] （訳注）経験によって検証すること，あるいは検証できるとする命題．

人間の理性の第2の目的である事実の問題は，その同じやり方で確かめることはできない．先行する同じような性質をもつものの正しさを如何に多数得たとしてもその証拠とはなり得ない．どの事実の問題の否定も可能である．なぜなら，それは決して矛盾することはないからである．同じ才能と明晰さをもった精神によって現実と融和するかのように考察されるからである．あした日は昇らないだろうという命題は，肯定的に昇るだろうという命題よりも分かりにくいということはないし，矛盾を意味することもない．ゆえに，その虚偽性を証明しようと試みても虚しく終わるに違いない．もしもそれが間違っていると証明できるようだったら，矛盾することになるので，今後決して精神により明晰に考察されることなどないだろうが．

ヒュームは，確率を使った帰納法の利用を攻撃しただけではなく，奇跡が起こることにさえ懐疑的であった．この態度は，ベイズ牧師の論文著述への後押しになったかもしれない．

哲学的には，ベイズの論文はヒュームの帰納の問題に対する可能な解答の1つである．ベイズ自身がヒュームの懐疑主義についてどれほど知っていたかは不明であるが，プライス自身はその問題について確かに認識していた．プライスはベイズの論文への序論において次のように述べているからである．

いま扱っている問題は，偶然の理論において単に好奇心だけからの思考にすぎないのではなく，過去の事実あるいは将来起こり得ることに関する推論すべてに確かな基礎を提供するために解かれる必要があるのだと，すべての思慮深い人々はそのように考えている．ある原因や行動の結果となったものを過去の例のなかに観察することにより，別の機会にその結果がどのようなものになりそうなのか判断できるかもしれない．また，ある結論を支持するに違いない経験数が多くなればなるほど，確かにそうであるに違いないと考える理由は増加する．そのためには，実際，常識があれば十分である．しかし，どこまで繰り返したら結論が確固としたものになるのか，少なくともどのような精度までもということでないなら，上に述べた問題の特殊な議論なしに

決定することはできないことは確かである．それゆえに，類似的推論や帰納的推論の強さを明確にしたいと考える人々はそのことを考慮する必要がある．

ここでのプライスの議論は本質的には，過去の事実に基づいて将来に関する帰納的推論を行うことへの合理的な正当化をベイズ流の推論は提供するというものである．この点を説明するために，プライスは次の問題を考えている．

> ある同じ実験を n 回独立に行い，ある事象が n 回起きた．その実験を次に行うとき，その事象の起こる確率が $\frac{1}{2}$ より大きくなる確率はいくらか．

プライスは，単純に $a = n$ とおいた (14.1) 式を応用してこれを解いた．

$$P\left(\frac{1}{2} < p < 1 | X_n = n\right) = \frac{\int_{1/2}^{1} p^n dp}{\int_{0}^{1} p^n dp} = 1 - \frac{1}{2^{n+1}} \quad (14.2)$$

ただし，この計算では 1 回の実験での事象の確率は $[0,1]$ の上の一様分布に従うと仮定している．表 14.1 は n を変化させたときの確率を与えている．

ここで，事前分布に関する避けては通れない問題を扱おう：ベイズの定理は誰が最初に見つけたのか．この問題は 1983 年にスティグラーによりに提起

表 14.1 独立同分布の実験を n 回繰り返し，ある事象が n 回すでに起こっている．その実験を次に行うときにその事象が起こる確率 p が $\frac{1}{2}$ より大きくなる確率

n の値	$P\left(\frac{1}{2} < p < 1\right)$
1	0.750
2	0.875
3	0.938
4	0.969
5	0.984
10	0.999
100	1.00

確率はプライスの公式 (14.2) から求められた．

された (Stigler(1983))[17]. スティグラーは英国の科学者デイビッド・ハートレー (1705-1757) による 1749年出版の『人間の観察』((Hartley(1749, p.338))) からの興味深い 1 節を引用している.

> ド・モアブル氏は次のことを示した：ある事象の生起する原因が，失敗する原因に対して固定比をもつとき，試行数が十分なら，生起数は失敗数に対してその同じ比に近くなければならない. そして，試行数が増加するとき，その後者の比は前者の比に限りなく近づく…. ある独創的な友人がこの逆問題の解を連絡してきて，次のことを示した：ある事象が p 回生起し q 回失敗するとき，事象の生起と失敗に対するそれぞれの原因の比が，p の q に対する比から任意の与えられた程度内で相違する期待値はいくらなのか. そして，試行数が非常に大きくなるとき，その相違は取るに足らないものになるに違いない. このことは，試行の結果を十分に観測することにより，未知の原因についての命題や，徐々にせよ全特性の決定が望めるかもしれないことを示している.

スティグラーは「独創的な友人」がベイズの定理の事実上の最初の発見者であると論じている. 幾人かの見込みのある候補者を経て，ベイズの定理の真の発見者は，ベイズよりもケンブリッジの数学教授であるニコラス・サンダーソンに 1 対 3 の勝ち目があると冗談を交えて結論している. しかし，スティグラーの論文の数年後，Edwards(1986) と Dale(1988) がこの議論に加わり，ハートレイの著作ではベイズの定理に実は言及していないと結論している. 彼らは，ハートレイが暗に触れているのは，スティグラーが考えたようなベイズの逆確率ではなく，「ベルヌーイの法則の逆利用」についてだろう，また「独創的な友人」とは一時期ベイズの家庭教師であったと思われるド・モアブルその人であろうと推測している.

ここで，ベルヌーイの法則の逆利用について解説しておこう：ベルヌーイの法則において事象の確率は既知の値であり，事象の相対頻度が真の確率に

---

[17] この論文はまた，『机上の統計学：統計的概念と手法の歴史』(Stigler(1999, 15 章)) にも含まれている.

十分近いと「事実上の確かさ」になるまでに実験を何回続けるべきかという問題が彼が取り組んだ問題であった．事象の確率が未知であり，成功と失敗の回数が与えられているとき，未知の真の確率の近似として成功の相対頻度を利用するためにベルヌーイの法則を逆方向に使うことができるのである．Todhunter(1865, p.73) には次のようにある．

> 白球と黒球を入れた壺があり，前者に対する後者の数の比は $3:2$ であると知られているとする．上に述べた結果により，1 個ずつ 25550 回球を取り出すと（ただし，取り出すたびに球は壺に戻す），取り出された白球が全回数の $\frac{29}{50}$ から $\frac{31}{50}$ の割合であることの勝ち目は $1000:1$ である．これはジェイムス [ヤコブ]・ベルヌーイの定理の**順方向**の利用法である．しかし，彼自身は，さらに重要な**逆方向**でそれを用いることを提案している．上の例で，白球と黒球の比については前もって何も知られていないと仮定し，多くの回数取り出したところ白球は R 回，黒球は S 回であったとすると，ジェイムズ [ヤコブ]・ベルヌーイに従えば，壺の中にある白球と黒球の比は近似的に $\frac{R}{S}$ であると推測すべきである．

他方，ベイズの目的は，事象が起こった回数と起こらなかった回数を知ることによって，その未知の確率が 2 つの指定された確率の間にある確率を決定することにあった．

ベルヌーイの法則とその逆利用との間の違いは，次のように要約することができる．ある実験の 1 回の試行でのある事象の確率を p とする．その実験の n 回の試行でその事象が起こった回数を X_n とおくと，

- **ベルヌーイの法則**：与えられた p と $\varepsilon > 0$ に対して，次を満足する n を見つけることができる．

$$P\left(p - \varepsilon < \frac{X_n}{n} < p + \varepsilon \,\middle|\, p\right) \text{ は任意に指定された近さで 1 である}$$

- **ベルヌーイの法則の逆利用**：p が未知であるとき，与えられた n と X_n に対して，n が大きいならば，

180　問題 14　ベイズ，ラプラス，確率の哲学（1764, 1774）

$$P\left(p-\varepsilon < \frac{X_n}{n} < p+\varepsilon \Big| p\right) \text{ は 1 に近いので、} \frac{X_n}{n} \approx p$$

- **ベイズの定理**：p が未知であるとき，与えられた p_1, p_2, X_n に対して，p がある事前分布に従う確率変数であるとき，次が計算できる．

$$P(p_1 < p < p_2 | X_n)$$

次に，数学における真の巨人であるピエール-シモン・ラプラス (1749-1827) に話題を移そう．ランスロット・ホグベンは次のように述べている (Hogben(1957, p.133))．

> 逆確率の起源はラプラスである．よかれあしかれ，世にベイズの名で認識されている概念の大部分は彼に属する．

実は，(14.1) 式をベイズの定理の 1 変形であると前に述べたが，普通に教科書に載っている次の形式はラプラスに由来する．

$$P(A_j|B) = \frac{P(B|A_j)P(A_j)}{\sum_{i=1}^{n} P(B|A_i)P(A_i)} \tag{14.3}$$

(14.3) 式において，$A_1, A_2, ..., A_n$ は互いに排反でそれらの和事象が全事象となる事象列であって，$P(A_j)$ は A_j の**事前確率**，$P(A_j|B)$ は B が与えられたときの A_j の**事後確率**である．連続型の場合の (14.3) 式は次のように与えられる．

$$f(\theta|x) = \frac{f(x|\theta)f(\theta)}{\int_{-\infty}^{\infty} f(x|\theta)f(\theta)d\theta}$$

ただし，$f(\theta)$ は θ の**事前密度**，$f(x|\theta)$ はデータ x の**尤度**，$f(\theta|x)$ は θ の**事後密度**である[18]．

逆確率についてのラプラスの仕事に言及する前に，確率の古典的な定義はラプラスに帰せられていることを思い出しておこう．彼が初めて最も明晰な用語でその定義を与えたからである．実際，ラプラスの古典的確率の定義は今日でもまだ用いられている．確率に関する彼のまさに最初の論文『再帰循環級

---

[18] このように，事後密度は事前密度と尤度の積に比例している．（訳注）x の密度関数 $f(x|\theta)$ は，x を固定して θ の関数としてみるとき，尤度と呼ばれる．

数と偶然の理論へのその応用についての研究報告』（Laplace(1774b)）において，ラプラスは次のように述べている．

> …どれもが同等に起こりやすいなら，事象の確率は関係した場合の数をすべての場合の数で割ったものに等しい．

この定義は『確率に関する哲学的小論』（Laplace(1814a)）と『確率の解析理論』（Laplace(1814b)）でも繰り返されている．ラプラスは確率に記念碑的貢献を成し遂げたにもかかわらず，絶対的決定論者であったことは興味深い．彼によると，事象は因果的に決定されるのであって，確率は単にこの事象に関する無知を測る物差しに過ぎない．Laplace(1814a)において，

> 空気や蒸気内において1分子のとる軌跡は，惑星の軌道とまさに同等の確かさで制御されている．両者の唯一の違いは我々の無知に由来する．
> 確率は，一部にはこの無知に，また一部には我々の知識に関わる．

ラプラスは決定論的宇宙を説明するために，**ラプラスの悪魔**とも称される「巨大な知性」[19]の存在に訴えた．彼自身の言葉では（Laplace(1814a, 英語版 p.4)）

> そこで，宇宙の現在の状態は過去の状態からの結果であり，未来の状態の原因であると認識すべきである．例えば，自然を動かす力のすべて，自然を構成する存在のそれぞれの位置を理解できる知性（これら付託された事実を解析できる十分に巨大な知性）が与えられるなら，それは宇宙の最も大きな物体等や最も小さな原子等の動きを同じ公式で取り扱えるだろう．その知性には不確かなものは何もなく，過去と同様に未来もその眼には見えているのである．

---

[19] そうではあるけれども，ラプラスは無神論者であった．ラプラスの『天体力学』の中になぜ神が現れないのかとナポレオンに問われたとき，「その仮説は必要なかったのです」と答えている．後に，「しかし，それは美しい仮説であり，多くのことを説明する」と述べている．ニュートンの見解とは対照的に，万有引力により惑星が太陽に飲み込まれてしまうのを阻止するために，ラプラスは神の介在など必要とはしなかった．

決定論的宇宙についてのラプラスの見解は今日ではもはや支持されていない．さらなる詳細については，ロジャー・ハーンの著作『ピエール–シモン・ラプラス，1749-1827：決定された運命の科学者』（Hahn(2005)）を参照するとよい．

ベイジアンについての議論に戻ると，逆確率についてのラプラスの定義は『結果に基づく原因の確率についての研究報告』（Laplace(1774a)）で初めて公表された．ラプラスがどのように述べているのか，

> 事象が n 個の原因から生じているならば，その事象から計算されるこれら原因の存在に関する確率の互いの関係は，それら原因から計算される事象の確率の互いの関係に等しい．つまり，ある原因の確率は，その原因から計算される事象の確率を，原因のそれぞれから計算される事象の確率すべての和で割ったものである．

離散的一様事前分布 $P(A_k) = \dfrac{1}{n}, k = 1, 2, ..., n$ を追加すれば，ラプラスによる上の定義は (14.3) 式に等しい．

(14.1) 式と (14.3) 式はともに同じ原理に基づいていることに注意すべきである．ただし，前者には一様事前分布という仮定が追加されている．ラプラスが1774年にこの公式を公表したとき，逆確率について先行するベイズの仕事を知らなかった可能性は十分にありそうである．しかし，専門誌『王立科学アカデミーの歴史』の1778年の巻は1781年に発行され，そこには『確率について』（Laplace(1781)）が掲載されていたが，マルキュルス・ド・コンドルセ[20](1743-1794) による興味ある要約も含まれていた．ラプラスの論文そのものにはベイズにもプライス[21]にも言及している箇所はないが，コンドルセの要約（Laplace(1781, p.43)）においてはこの2人の英国人は明確に認識されていた（図14.3）．

---

[20] コンドルセは科学アカデミーの事務補佐であり，学会の業務でラプラスの論文の編集に携わっていた．
[21] ラプラスがベイズを認める記述は『確率についての哲学的小論』（Laplace(1814a)）の英語版 p.189 に現れる．

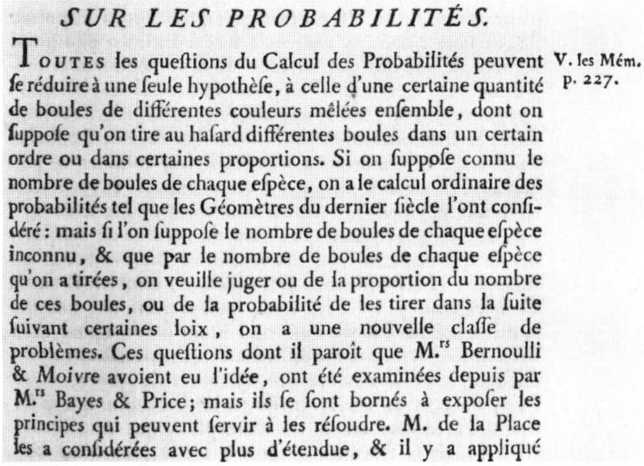

問題 14　ベイズ，ラプラス，確率の哲学（1764, 1774）

> SUR LES PROBABILITÉS.　V. les Mém.
> Toutes les questions du Calcul des Probabilités peuvent　p. 227.
> se réduire à une seule hypothèse, à celle d'une certaine quantité
> de boules de différentes couleurs mêlées ensemble, dont on
> suppose qu'on tire au hasard différentes boules dans un certain
> ordre ou dans certaines proportions. Si on suppose connu le
> nombre de boules de chaque espèce, on a le calcul ordinaire des
> probabilités tel que les Géomètres du dernier siècle l'ont consi-
> déré : mais si l'on suppose le nombre de boules de chaque espèce
> inconnu, & que par le nombre de boules de chaque espèce
> qu'on a tirées, on veuille juger ou de la proportion du nombre
> de ces boules, ou de la probabilité de les tirer dans la suite
> suivant certaines loix, on a une nouvelle classe de
> problèmes. Ces questions dont il paroit que M.ʳˢ Bernoulli
> & Moivre avoient eu l'idée, ont été examinées depuis par
> M.ʳˢ Bayes & Price ; mais ils se sont bornés à exposer les
> principes qui peuvent servir à les résoudre. M. de la Place
> les a considérées avec plus d'étendue, & il y a appliqué

図 14.3　ラプラスの『確率について』のコンドルセによる要約．コンドルセはベイズとプライスの逆確率についての仕事を明らかに認識していた（Laplace(1781, p.43)）．

> ベルヌーイとモアブル両氏も考えたようである [逆確率についての] 問題は，それ以降ベイズとプライス両氏により研究されたが，両氏はその問題を解くために用いられる原理を明らかにすることをためらっていた．M・ド・ラプラスはそれらについての研究を発展させた….

1774 年の論文に戻ると，逆確率についての原理を公開したのち，次の古典的な問題を論じたことでラプラスはよく知られている．

> 箱には大量の黒球と白球が入れてある．n 個の球を復元抽出して，b 個の黒球と $n-b$ 個の白球が得られた．次に抽出される球が黒色である条件付き確率はいくらか．

この問題を解くために[22]，大きさ n の標本からの黒球の個数を X_n とおき，球が黒色である確率を p とおく．また，B^* を次の球が黒色である事象とする．ベイズの定理により

---
[22] ここで与える証明では，球の総数は無限であるとしている．有限の場合の証明については，Jeffreys(1961, p.127) や Zabell(2005, pp.38-41) を参照せよ．

$$f(p|X_n = b) = \frac{P(X_n = b|p)f(p)}{P(X_n = b)}$$
$$= \frac{P(X_n = b|p)f(p)}{\int_0^1 P(X_n = b|p)f(p)dp}$$

このとき，求める確率は

$$P(B^*|X_n = b) = \int_0^1 P(B^*|p, X_n = b)f(p|X_n = b)dp$$
$$= \frac{\int_0^1 p \cdot P(X_n = b|p)f(p)dp}{\int_0^1 P(X_n = b|p)f(p)dp}$$

上において，$P(B^*|p, X_n = b) = p$ と仮定している．つまり，球の抽出はいつでも独立になされる．ラプラスはまた，p に $[0,1]$ 上の一様分布を仮定する．

$$P(B^*|X_n = b) = \frac{\int_0^1 p \cdot \binom{n}{b} p^b (1-p)^{n-b} \cdot 1 dp}{\int_0^1 \binom{n}{b} p^b (1-p)^{n-b} \cdot 1 dp}$$
$$= \frac{\int_0^1 p^{b+1}(1-p)^{n-b} dp}{\int_0^1 p^b (1-p)^{n-b} dp}$$
$$= \frac{\Gamma(b+2)\Gamma(n-b+1)}{\Gamma(n+3)} \cdot \frac{\Gamma(n+2)}{\Gamma(b+1)\Gamma(n-b+1)}$$
$$= \frac{(b+1)!(n-b)!}{(n+2)!} \cdot \frac{(n+1)!}{b!(n-b)!}$$
$$= \frac{b+1}{n+2}$$

特に，n 個の球のすべてが黒色なら，次に抽出される球も黒色である確率は $\frac{n+1}{n+2}$ である．この問題は文献上大いに論じられ，**ラプラスの継続則**[23]として知られることになった．継続則を用いて，ラプラスは次の問題について考えた：**太陽が過去 5000 年間毎日昇り続けているのなら，明日も昇る確率はいくらか**．上の公式に $n = 5000 \times 365.2426 = 1826213$ を代入して，ラプラスは確率 $\frac{1826214}{1826215}$ (≈ 0.9999994) を得た．彼の確率についての『確率についての

---

[23] ラプラスの継続則はまた，Pitman(1993, p.421), Sakar and Pheifer(2006, p.47), Pearson(1900, pp.140-150), Zabell(2005, 2章), Jackman(2009, p.57), Keynes(1921, p.376), Chatterjee(2003, pp.216-218), Good(1983, p.67), Gelman et al.(2003, p.36), Blom et al.(1994, p.58), Isaac(1995, p.36), Chung and AitSahlia(2003, p.129), Gorroochurn(2011) 等で議論されている．

図 14.4　ピエール-シモン・ラプラス (1749-1827)

哲学的小論』(Laplace(1814a, 英語版 p.19)) において次のように述べている (図 14.4-14.6).

> このように，ある事象が継続的にある回数起きたとすると，次回にその事象が起こる確率は，その起きた回数に 1 を加えた数をその同じ回数に 2 を加えた数で割ったものに等しいことが分かる．歴史上もっとも古い過去を 5000 年前，つまり 1826213 日前とし，その後の期間，24 時間という自転において日は絶えず昇り続けたとすると，明日再び日が昇ることには 1826214 対 1 の勝ち目がある．

ラプラスの計算は，先に議論したヒュームの帰納の問題に対する解答として意図された．フランスのニュートンとしばしば称されたこともあるラプラスも，この計算については手荒く酷評された．Zabell(2005, p.47) には

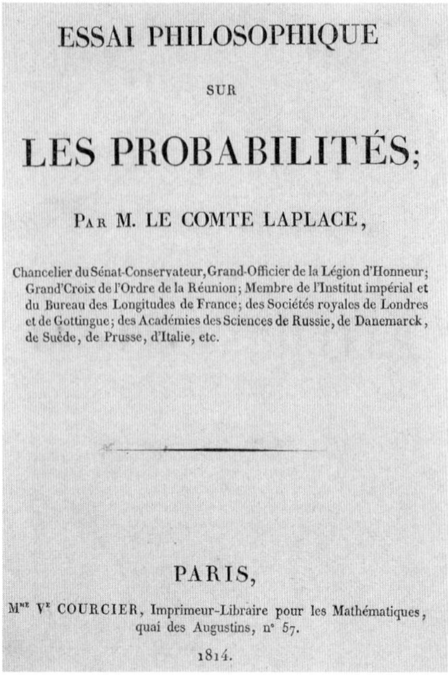

問題 14 ベイズ，ラプラス，確率の哲学（1764, 1774）

> ESSAI PHILOSOPHIQUE
> SUR
> LES PROBABILITÉS;
>
> PAR M. LE COMTE LAPLACE,
>
> Chancelier du Sénat-Conservateur, Grand-Officier de la Légion d'Honneur;
> Grand'Croix de l'Ordre de la Réunion; Membre de l'Institut impérial et
> du Bureau des Longitudes de France; des Sociétés royales de Londres
> et de Gottingue; des Académies des Sciences de Russie, de Danemarck,
> de Suède, de Prusse, d'Italie, etc.
>
> PARIS,
> Mᵐᵉ Vᵉ COURCIER, Imprimeur-Libraire pour les Mathématiques,
> quai des Augustins, n° 57.
> 1814.

図 14.5 『確率についての哲学的小論』の初版の表紙

ラプラスのこの言明はおそらく，他の何よりも嘲笑を浴びたものになった．

ともかく，その計算には何か不都合なところがあるのではないかとラプラスは感じたに違いない．というのも，すぐ次の文章には次のようにあるからである．

> しかし，全現象において日々や季節の調整を統括するものの存在を認め，現時点での何物もその推移を止めることができないと考える者には，この数値は他に比べようもなく大きい．

ラプラスはここでは，その標本からの情報のみに基づくならばこの方法は正しいと，読者に注意を喚起しているように見えるが，その物言いはかなりに弱々しい．ラプラスの計算に浴びせられた批判を理解するために，オーストリ

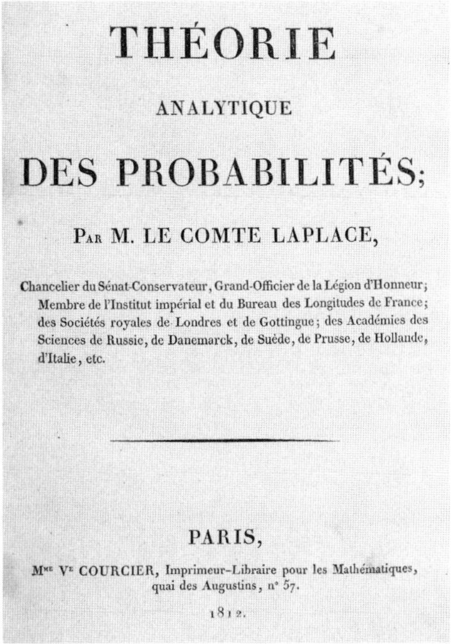

問題 14 ベイズ，ラプラス，確率の哲学（1764, 1774） 187

図 14.6 『確率の解析理論』の初版の表紙

ア系英国人である著名なカール・ポパー (1902-1994) の与えた例について考えてみよう（Popper(1957), Gillies(2000, p.73)）：日は 1826213 日間（5000年）昇り続けてきたが，突然 1826214 日目に地球は回転を止めたと仮定する．このとき，地球のある地域では日は昇らず（地域 A），また別の地域では大空に固定されて現れるだろう（地域 B）．このとき，地球の地域 A で再び日が昇る確率はいくらだろうか．$n = 1826214$ と $b = 1826213$ とおいて継続則の一般式を用いると，確率 0.9999989 が得られるが，もともとの確率 0.9999994 とほとんど同じ大きさである．この答えは馬鹿げている．

　継続則そのものは，それが前提としている仮定に変化がない限り完璧に成り立つ．しかしながら，日が昇ることに関して継続則を適用することには，幾つかの理由により懐疑の目を向けるべきである（例えば，Schay(2007, p.65) を参照せよ）．まず，ある特定日の日の出が確率変数として考えられるのか疑問である．つぎに，独立性の仮定も疑わしい．3 番目の批判は無差別の原理に基

づいて得られた解の信頼性についてである．日が昇る確率は $[0,1]$ 内のどの値をも同等に取り得る．なぜなら，特定の値を好ましいと考える理由がないからであるが，多くにはこれが理に適った仮定であるとは言い難い．

さて，我々の最後の目的は，確率の真の意味という問題を扱うことである．前にみたベイズによる確率の定義は彼以前のものと非常に異なっていた．実は，ベイズ以降も，異なる確率の定義がいろいろと他の数学者たちにより提案されてきた．では，確率の真の本質とは何だろうか．誠実に答えると，人によりその見解により確率の意味するものは異なっている．拮抗する2つの大きな理論[24]が存在していて，客観的か認識論的かで大きく分類することができる．ダストンはその両者の明瞭な違いを次のように述べている[25]（Daston(1988, p.197)）．

> …コーノットの用語では，「客観的可能性」とは「物事自体の間で存続する関係の存在」を表し，「主観的[認識論的]確率」とは「個々人の間で変化する判断や感触の表し方」に関係している．

確率の最も古い概念はその古典的な定義に基づき，カルダーノ，パスカル，フェルマー，ヤコブ・ベルヌーイ，ライプニッツ，ド・モアブル，ラプラスによって用いられ，同等に起こりやすい場合の総数に対する，関係する場合の数の比として確率を取り扱う．正常なサイコロを投げたときのように，すべての場合の同等な起こりやすさは，「対称性」の結果としてほとんどの場合生じている．このように考えると，古典的な定義は客観的解釈をもっている．しかし，Bunnin and Yu(2004, p.563) が記しているように，古典的定義には生れながらの循環性が内在している．

---

[24] 確率についてのさまざまな理論や哲学については次のような文献が存在する：Gillies (2000)，Fine(1973)，Lyon(2010)，Galavotti(2005)，Fitelson et al.(2006)，Keuzenkamp (2004)，Barnett(1999, 3章)，Chatterjee(2003, 3章)，Thompson(2007)，Chuaui (1991)，Mellor(2005)．

[25] ダストンは確率の認識論的分類を「主観的確率」としてしばしば参照している．しかし，本書では「主観的」という用語を逆に特定の理論に用いる．後に述べるように，確率の論理的理論と同列に扱い，認識論的分類の一部分として考える．

…[古典的定義] は悪循環的である．なぜなら，それは同等の起こりやすさという概念を用いて確率を定義し，同等の起こりやすさには確率の理解が前提とされる．

幾人かの数学者は，無差別の原理に訴えることにより，この困難を回避しようと試みた．例えば，正常なサイコロを投げたとき4の目の確率を定義したいとしよう．「6通りの目 $\{1, 2, 3, 4, 5, 6\}$ のすべては同等に起こりやすいので4の目の確率は $\frac{1}{6}$ である」と述べる循環性を避けるために，無差別の原理に訴えて，どの目の確率も（特に4の目に対しても）同じ $\frac{1}{6}$ であるという結果を導く．なぜなら，それらに異なる確率を指定する理由がないからである．この論法は，古典的確率を定義する際にラプラスが用いたものである．

> ある場合が他のどの場合よりも起こりやすいと信じさせるものが何もないとき，ゆえにこれらの場合が同等に可能であると思われるときに，事象の確率は，関係する場合の数の可能な場合の数に対する比である．

ラプラスの定義は無差別の原理に訴えるが，我々の「信念」にも関係している．むしろ，確率の古典的な定義の主観的な解釈に従っているようである．しかし，無差別の原理が容易に矛盾を導くことはすでに見ている．さらには，古典的定義は非対称的な状況では使えない．これらの要因により，その使いやすさは制限されることになる．

確率についての2番目の考え方はたぶん最も知られているもので，相対頻度に関係した客観的な概念である．頻度論は，実験での可能な事象が同等に起こりやすくない場合でも適用可能である．ケインズ（Keynes(1921, p.92)）によると，確率の頻度論を初めて論理的に探究した人物は英国の数学者であるロバート・レスリー・エリス (1817-1859)（Ellis(1844)）とフランスの数学者で哲学者のアントワーヌ・オーギュスタン・クールノー (1801-1877)（Cournot(1843, p.iii)）である．頻度論的な取り組みの主な支持者としては，ジョン・ベン (1834-1923)（図 14.7），リチャード・フォン・ミーゼス (1883-1953)（図 14.8），ロナルド・アイルマー・フィッシャー (1890-1962) 等がいる．Venn

190　問題 14　ベイズ，ラプラス，確率の哲学（1764, 1774）

図 14.7　ジョン・ベン (1834-1927)

(1866, p.163) によると，

> …この列 [多数のあるいは連続的に並んだ対象物] で構成される無限大の集合内において，小さな集合はある属性または複数の属性の存在あるいは非存在により識別される…．大小を問わずこれらの集合は一般に，「事象」とか「与えられた特定な方法でのその出現」の実例として言及される…．その特定の方法で出現している事象の確率や勝ち目（どちらもここでは同義語として扱う）を，長い試行列の中での 2 つの異なる集合の間の割合を表す分数で定義してよい．

このように，事象の確率の相対頻度による定義とは，ある実験で無限に繰り返される試行においてその事象が起こる相対頻度のことである．頻度論は物質界を参照している限りでは客観的な理論である．この理論に関する重要な問題点は 1 回限りの事象には適用できないというところにある．例えば，次の

図 14.8 リチャード・フォン・ミーゼス (1883-1953)

例を考えてみよう：「ビルは煙草をたしなむアメリカ人で，先天性の心臓病があり，55歳であり，60歳まで生きる確率は0.001である．」頻度論に従うと，0.001という確率は，ビルのような人々が60歳まで生きるのは1000人に1人である，ということを意味する．しかし，「ビルのような人々」とは何を意味しているのだろうか．先天性の心臓病を患っている55歳のすべてのアメリカ人のみを考えるべきだろうか．きっと，人が60歳まで生きる確率に影響を与える他の要因もあり得るに違いない．ならば，先天性の心臓病を患っている55歳のアメリカ人でビルと同じ食事と運動量をとるすべての人々を考えることはできないのだろうか．また，ビルと同じ地理的位置の人々も考慮に入れるべきではないのか．これはいわゆる**参照領域の問題**であり，1回限りの事象の確率について頻度論的解釈を明確には下せなくなる．

参照領域の問題を回避するために，フォン・ミーゼスは**仮想的な**確率頻度論を提案した (von Mises(1928))．ベンの定義では**列**という概念が中心となって

いたが，フォン・ミーゼスによる確率の頻度的定義は彼の**コレクティブ**という考えに基づいている（von Mises(1981, p.12)）．

　…ある観測可能な属性，例えば色彩とか数値などにより異なる一様な事象や過程の列．

コレクティブは仮想的な対象物の無限列であり，ある事象の確率はそのコレクティブ内のその事象の相対頻度となるようなものである．コレクティブは2つの主要な性質もっている．

- **収束性**：相対頻度が極限値をもつことを保証する．
- **無作為性**[26]：任意の部分列においてその極限値が同じであることを保証する[27]．

コレクティブに基づくフォン・ミーゼスの頻度論は確率の公理化に向けての1歩前進ではあったが，経験的に確かめられないということもあって，広い支持を集めることはなかった．Shafer and Vovk(2001 p.48) には，

　フォン・ミーゼスの努力にもかかわらず，…コレクティブの概念から確率の諸法則を導くことは面倒であり続けた．無限列という考えが実際の確率の利用に何ら貢献するところはなかった．

確率の3番目の考え方はベイジアンの，あるいは認識論上の確率である．さらには主観的確率と論理的確率の2つに分けられる．主観的解釈において，確率は命題への主観的な信念の度合いであると見做される．非公式ではあるが，

---

[26] 無作為性はまた，**賭博方式の不可能性の原理**としても知られている．事象がある勝ち目をもっているとき，その条件は「その勝ち目を改善するような特別な部分列を選択することは不可能である」ことを意味する．

[27] 簡単な例として，1で表を0で裏を表し，表と裏の無限列としての $1,1,0,1,1,0,0,0,0,1,0,1,1,1,1,0,...$ は硬貨投げの回数が増加するとき1の相対頻度が $\frac{1}{2}$ に近づき，任意の部分列も同じ相対頻度 $\frac{1}{2}$ の極限をもつとき，コレクティブの資格をもつかもしれない．しかし，列 $1,0,1,0,1,0,1,...$ にはコレクティブの資格はない．なぜなら，列の1の相対頻度は $\frac{1}{2}$ ではあるけれども，偶数項からなる部分列は $0,0,0,...$ となって成り立たない．

図 14.9　ブルーノ・ド・フィネッティ (1906-1985)

初めて提案したのはベルヌーイであった（Bernoulli(1713, pp.210-211)[28]）．

> あることについての確かさは，客観的であり自立していて現在でも将来でも実際の存在以外の何物でもないものを意味するか，あるいは主観的であり我々自身に依存していて，その存在についての我々の知識の多寡のなかにあると考えられる….

主観的理論の代表的な支持者としては，ブルーノ・ド・フィネッティ (1906-1985)（図 14.9），フランク・P・ラムゼイ (1903-1930)，レオナード・J・サベッジ (1917-1971) 等が挙げられる．なかでもサベッジは，『統計学の基礎』(Savage(1972)) によって，最も影響力をもつ確率理論の 1 つとして主

---
[28] 英訳 Sheynin(2005) の 4 章からの引用．

観的確率[29]を広めたことで特筆される．また，ド・フィネッティは著書『確率論』（de Finetti(1974, p.x)）の序論において憚ることなく次のように述べたことで有名である．

> 私の論題は，逆説的に，また少々挑発的に，しかしそれでもなお純心から述べれば，単純にこう言える：**確率は存在しない**．

確率に客観的な評価などというものは存在しない，なぜならばすべての確率は主観的なものだから，というのがド・フィネッティの論旨である．ド・フィネッティの言明のもつ説得力は，次の例を考えるとよく分かる．空中に放り投げられた硬貨について，それが表を出す確率はいくらかと尋ねられたとする．疑いもなく $\frac{1}{2}$ と答えるだろう．その硬貨がまだ空中にあるうちに，その硬貨はどちらの面も表であるという情報を知らされた．再び，それが表を出す確率はいくらかと尋ねられたとすると，今度は 1 であると答えるだろう．なぜ答えは変更されたのか．被質問者の知識の状態に変化があっただけで，硬貨の客観的な性質に違いはないのにである．

ド・フィネッティはまたさらに進めて，主観的確率の現代的な定義を次のように与えている（de Finetti(1937, p.101)）．

> 与えられた事象に個人が付与する確率の度合いは，彼がその事象に賭けようとするときの条件により明らかにされる．

したがって，事象 E が起こることに x ドル，起こらないことに 0 ドルの賞金の賭けに px ドルまで払うつもりがあるのなら，事象 E の主観的確率は p である．

主観的な枠組みであるからといって，事象に指定する信念の度合いが完璧に任意であってよいわけではないことに注意すべきである．なぜなら，それは整合的でなければならない，つまり確率の諸法則を満足しなければならない

---
[29] サベッジは「個人的確率」と呼んだ．

からである．整合的であることは，いわゆる**ダッチブック論証**[30]を通して正当化される．それは Ramsey(1926) において初めて提案された．整合性が破綻するとき，ダッチブックを被ることになる．例えば，賭博者 P が事象 E は確率 p_1，余事象 E^c は確率 p_2 であると信じたとする．このとき，P がダッチブックを被らないためには p_1 と p_2 の間の関係はどうあるべきだろうか．それは次のように導かれる．信念に基づいて P は

- E が起こるときの x ドルの賞金に対して $p_1 x$ ドル賭ける
- E^c が起こるときの x ドルの賞金に対して $p_2 x$ ドル賭ける

P が賭ける総金額は $(p_1 + p_2)x$ ドルである．E が起こるとき P は x ドル得る．同様に E^c が起こるとき x ドル得る．つまり，どちらが起ころうとも P は x ドル得る．ダッチブックに陥ることを避けるには，$x \geq (p_1 + p_2)x$ でなければならない．つまり

$$p_1 + p_2 \leq 1 \tag{14.4}$$

逆にまた，信念に基づき P は

- E に $p_1 x$ ドル賭ける賭博者に x ドル払い
- E^c に $p_2 x$ ドル賭ける賭博者に x ドル払う

P の受け取る総金額は $(p_1 + p_2)x$ ドルである．E が起こるとき x ドル払う．同様に E^c が起こると x ドル払う．どちらが起きても，P は x ドル払う．ここでもダッチブックに陥ることを避けるには，$(p_1 + p_2)x \geq x$ でなければならない．つまり

$$p_1 + p_2 \geq 1 \tag{14.5}$$

(14.4) 式と (14.5) 式を用いると，P がダッチブックを避けるための唯一の関係として $p_1 + p_2 = 1$ を得る．つまり，確率の公理通りの $P(E) + P(E^c) = 1$

---

[30] ダッチブックとは，金銭的損失が確かな賭けが収集されたものという意味である．この考えは初めてラムゼーによって用いられたが，「ダッチブック」という用語は Lehman(1955) において導入された．ダッチブック論証はまた，Resnick(1987, p.71), Sarkar and Pfeifer(2006, p.213), Jeffrey(2004, p.5), Kyburg(1983, p.82), Burdzy(2009, p.152) 等により議論されている．その批判に関しては Maher(1993, p.94) を参照せよ．

を得る．

　整合的な構造をもつにもかかわらず，ベイズの定理を応用するときに用いられる主観確率に対する理論的根拠は批判の対象であり続けた．Keuzenkamp (2004, pp.93-94) には次のようにある．

> …認識論的確率に対する個人的な接近法は，科学的な客観性が欠如していると批判されてきた．科学的推測が個人的な好みとか習慣や因習に依存しているなら，科学のもつ魅力の多くを失うことになる．
> …客観的であるかどうかが真の戦場というわけではない．真の論争は実際的な手法と，事前分布の選択に関する頑健性に関してである．

　次に，論理的解釈に基づく4番目の確率理論について考えよう．この理論は本質的には客観的である．その考えのいくつかは最初英国の論理学者ウイリアム・アーネスト・ジョンソン (1858-1931) によって提案されたが，論理的確率は通常，ジョンソンの学生であった高名な経済学者であるジョン・メイナード・ケインズ (1883-1946)（図 14.10）の仕事と結び付けられている．『確率論』(Keynes(1921, p.52)) において，ケインズは論理的解釈の背景にある基本的な考え方について述べている．

> 我々には，ある前提からある結論が導けることを直接的に判定できる場合があると常に仮定できる．であれば，ある結論がある前提から部分的に導けるとか，その結論はその前提と確率的な関係で成り立っているなどと認識できる場合があると仮定したとしても，その仮定を大きく拡張したとはいえないだろう．

　ケインズはこのように，論理的確率を述べるために部分的な論理的含意の度合いという概念を用いている．論理用語では，A が B を含意するとは，A が真であるときはいつでも B は真である．ケインズはこの考え方を緩和して，A が B を含意する度合いを表すものとして $P(B|A)$ を利用した．この確率が1よりも小さいとき，A は部分的にのみ B を含意する．このように，論理的確率とは，仮説（B）と証拠（A）についての論理的関係に関する言明なので，B そのものの確率について述べることには意味がない．例えば，A がサ

図 14.10 ジョン・メイナード・ケインズ (1883-1946)

イコロは正常であるという言明で，B は5の目が得られるという言明であるならば，$P(B|A)$ という論理的確率は $\frac{1}{6}$ である．

論理的確率理論はさらに，英国の物理学者ハロルド・ジェフリーズ卿 (1891-1981) とドイツ生まれの哲学者ルドルフ・カルナップ (1891-1970) によって発展させられた．ジェフリーズは何も証拠がない場合に無差別の原理を用いることを議論した．カルナップの重要な貢献は，論理的確率を計算するために用いることのできる多くの論理体系を認めたことである．しかし，論理的確率理論は論理関係を構成する方法を確かめることができなかったし，どのような状況でも確率を計算できるというわけでもなかった．それは，確率の主観的理論など他の理論によって大きくとって代わられることになった．

確率については，プロペンシティ理論とかフィディシャル理論などの他の理論もまだ存在する．しかし，それらも単独で完全に満足できるものであるとは示されていない．したがって，フェラーは次のように述べている（Feller

(1968, p.19)).

> 確率についての可能な「定義」はすべて，実務でははるかにもの足りない．

単独で満足できる確率理論は存在しないけれども，どのような状況であれここで概略した解釈のどれかが役立つと，ほとんど常に証明できるだろう．より重要なのは，コルモゴロフが発展させた現代の公理論的確率論が，確率のどの解釈とも無関係に有効なことである[31]．

---

[31] コルモゴロフの公理論的確率論については**問題 23** を参照せよ．

問題 15

ライプニッツの誤謬（1768）

▶ 問 題

正常な2個のサイコロを投げて，12の目が出る確率は11の目が出る確率と同じだろうか．

▶ 解 答

標本空間 $\Omega = \{(1,1),(1,2),...,(6,6)\}$ は同等に起こりやすい36の標本点からなる．ただし，(a,b) は第1のサイコロの目と第2のサイコロの目の対である $(a,b = 1,2,...,6)$．12の目が得られるのは $(6,6)$ の1通りである．一方，11の目は $(5,6)$ と $(6,5)$ の2通りである．ゆえに，$P(12 の目である) = \frac{1}{36}$ であるが，$P(11 の目である) = \frac{1}{18}$ なので，後者の確率は前者の確率の2倍である．

▶ 考 察

著名なドイツの数学者であり哲学者でもあるゴットフリード・ウィルヘルム・ライプニッツ (1646-1716)（図 15.1）は，一番のライバルであるアイザック・ニュートンと並んで微分計算の発明者として通常知られている．

問題 15 に関してライプニッツは次のように考えた（Leibniz(1768, p.217)）．

問題 15 ライプニッツの誤謬 (1768)

図 15.1 ゴットフリード・ウィルヘルム・ライプニッツ (1646-1716)

　…例えば，2個のサイコロについて，12の目を出す確率は11の目と同じである．なぜなら，どちらもただ1通りの結果だからである．

　ライプニッツは，どちらの目も1通りの和で得られるので，どちらも同等に起こりやすいと信じていた．11の目が1個の5と1個の6からのみで実現されるというのは正しいが，第1のサイコロが5で第2のサイコロが6である場合と，その逆の場合がある．一方，12の目はどちらのサイコロも6であるという1通りで実現される．つまり，11の確率は12の確率の2倍である．

　問題の解は今日，まったく初等的であると思えるであろう．しかし，ライプニッツの時代でもその以降でさえも，確率や標本空間や標本点などについての概念は実に難解なものであったということを知っておく必要がある．確率の古典的な定義は『確率の解析理論』(Laplace(1812)) において1世紀以上も後に現れるのである (300 年以上も前に実はカルダーノがこの定義を与

えていたと，主張する向きもあるけれども）．ライプニッツの誤謬に関して，Todhunter(1865, p.48) では次のように述べられている．

> しかしながらライプニッツは，この分野特有の特徴と思える犯しやすい誤謬例を提供している．

とはいえ，これはライプニッツの確率論への貢献をいささかも傷つけるものではない．一例を挙げると，古典的確率の明瞭な定義を，期待値という用語を使って与えた非常に初期の1人として評価されるべきである（Leibniz(1969, p.161)）．

> ある状況が互いに共通しない別々の好ましい結果を導くとき，期待の推定値とは，結果がすべて分割されていたとして，それらすべての結果の集まりに比較した，可能な好ましい結果の和となるだろう．

古典的確率に精通していたけれども，ライプニッツは確実性のさまざまな度合いについての論理的な理論を構築することにも強い興味があった．彼は，ケインズ，ジェフリーズ，カルナップ等の論理的確率の基礎について後に発展させた学者たちのまさしく先駆者であると見做してよい．ヤコブ・ベルヌーイも同様の興味を示していたので，ライプニッツは1703年に交流を開始した．ライプニッツが『推測論』(Bernoulli(1713)) に少なからぬ興味をもったのは疑いない．ベルヌーイが彼の大数の法則[1]についてライプニッツに意見を求めたとき，ライプニッツは批判的に答えた．Schneider(2005b, p.90) では次のように説明する．

> ライプニッツの主たる批判は，無限に多くの条件で関連していると見做される依存しあった事象の確率は有限個の観測値では決定できないし，新しい状況になればなったで事象の確率は変化する，というものであった．無限個の試行を行うことはできないという点についてだけならベルヌーイは賛成であった．しかし，それなりの大きな試行を行えば，多くの実務目的には十分であるような非常に望ましい確率を推

---
[1] ベルヌーイの大数の法則については**問題8**を参照せよ．

定できると壺のモデルから確信していたベルヌーイはライプニッツと意見を異にした．

　このように，ライプニッツの批判にもかかわらず，ベルヌーイは自分の定理の正当性については確信していた．確率の歴史においてベルヌーイの法則が分岐点そのものであったことを考慮すると，これは幸運なことであった．

問題 16

ビュフォンの針の問題（1777）

▶問 題

長さ l の針を無作為に，直線が間隔 $d(>l)$ で平行に描かれた平面に投げる．針が直線と交わる確率はいくらか．

▶解 答

図 16.1 を参照しながら考えよう．針の中点に最も近い直線への距離を $Y\left(0<Y<\dfrac{d}{2}\right)$ とし，針と直線のなす鋭角を $\Phi\left(0<\Phi<\dfrac{\pi}{2}\right)$ とおく．$Y \sim U\left(0, \dfrac{d}{2}\right)$ と $\Phi \sim U\left(0, \dfrac{\pi}{2}\right)$ を仮定する．また，Y と Φ とは独立であると仮定するのが自然である．ゆえに，Y と Φ の同時密度は次で与えられる．

$$\begin{aligned} f_{(Y,\Phi)}(y,\phi) &= f_Y(y)f_\Phi(\phi) \\ &= \frac{2}{d} \cdot \frac{2}{\pi} \\ &= \frac{4}{\pi d}, \ \ 0<y<\frac{d}{2}, \ 0<\phi<\frac{\pi}{2} \end{aligned}$$

針が直線と交わるための必要十分条件は $Y < \dfrac{d}{2}\sin\Phi$ である．この事象の確率（交叉確率）は，図 16.2 にある領域 A の上で同時密度 $f_{(Y,\Phi)}$ を重積分することによって得られる．

204　問題 16　ビュフォンの針の問題 (1777)

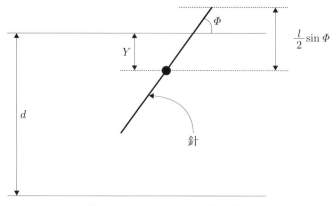

図 16.1　ビュフォンの針の問題

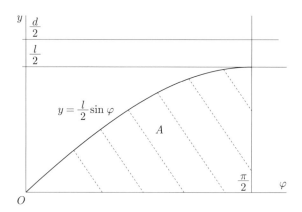

図 16.2　$d > l$ の場合の $y = \dfrac{l}{2} \sin \phi$ のグラフ

$$
\begin{aligned}
P\left(Y < \frac{l}{2} \sin \Phi\right) &= \iint_A f_{(Y,\Phi)}(y,\phi) dy d\phi \\
&= \int_0^{\pi/2} \left(\int_0^{(l \sin \phi)/2} \frac{4}{\pi d} dy\right) d\phi \\
&= \frac{2l}{\pi d}
\end{aligned}
\tag{16.1}
$$

よって，交叉確率は $\dfrac{2l}{\pi d}$ である．

▶ 考 察

解答の解よりも簡単に，(Y, Φ) が $S = \left\{(y, \phi) : 0 < y < \dfrac{d}{2}, 0 < \phi < \dfrac{\pi}{2}\right\}$ の上で一様分布に従うことを使って交叉確率を「幾何的に」求めることもできる．つまり，S の面積に対する A の面積の比として求められる[1]（図 16.2 を参照せよ）．

$$\frac{\int_0^{\pi/2}(l/2)\sin\phi\,d\phi}{(\pi/2)(d/2)} = \frac{2l}{\pi d}[-\cos\phi]_{\phi=0}^{\pi/2}$$
$$= \frac{2l}{\pi d}$$

このように (16.1) 式と同じ値が得られる．

ビュフォンの針の問題[2]は，確率の古典的な数学的定義を拡張して幾何的確率を扱った最初の問題だと考えられる．これはフランスの博物学者で数学者のジョルジュ・ルイ・ルクレール・ビュフォン伯 (1707-1788) により 1733 年に提出された．その後，『道徳算術試論』(Buffon(1777)) において正しい解とともに公表された（図 16.4）．ラプラスは後に公式 $p = \dfrac{2l}{\pi d}$（ただし，p は交叉確率）は π の値の推定に実際上使えると述べている（Laplace(1812, p.360)）．針を N 回投げるとき，n 回針が直線と交わったとすると，$\dfrac{n}{N}$ は p の**不偏推定量**[3]である．ゆえに，π の推定量は $\dfrac{2lN}{nd}$ となる．しかし，$\dfrac{nd}{2lN}$ は $\dfrac{1}{\pi}$ の不偏推定量ではあるが，$\dfrac{2lN}{nd}$ は π の不偏推定量ではない．

表 6.1[4]には π の値を推定する実験結果がいくつか与えてある．Lazzarini (1902) の結果は π の真の値の小数点以下 6 桁まで精確なので，かなり興味深

---

[1] 一般に，領域 G が領域 g を含んでいて，G の中の点が無作為に選ばれるとき，その点が g の中にある（幾何的な）確率は G の測度（長さ，面積，体積など）に対する g の測度の比である．
[2] この問題はまた，Solomon(1978, p.2), van Fraassen(1989, p.303), Aigner and Ziegler (2003, 21 章), Higgins(2008, p.159), Beckmann(1971, p.159), Mosteller(1987, p.14), Klain and Rota(1997, 1 章), Lange(2010, p.28), Deep(2006, p.74) 等で扱われている．
[3] T が母数 t の推定量として用いられるとき，T の**偏り**は $\text{Bias}_t(T) = E(T) - t$ で定義される．（訳注）$\text{Bias}_t(T) = 0$ であるとき，T は t の**不偏推定量**である．
[4] Kendall and Moran(1963, p.70) からの引用．

図 16.3 ジョルジュ・ルイ・ルクレール・ビュフォン伯 (1707-1788)

い[5]．Coolidge(1925, p.82) によれば，偶然そのものからそのような精度を得る確率はおおよそ 0.014 なので，次のように結論付けている．

> この実験を行うときにラザリニは気を回しすぎた恐れが多分にある．

事実，Kendall and Moran(1963, p.71) は，表 16.1 にある精度の良い近似は「選択的に停止」した結果なのだろうと指摘している[6]．

次に，フランスの数学者ジョセフ・エミレ・バルビエール (1839-1889) によるビュフォンの針の問題に対する興味深い別解[7]を紹介する（Barbier

---

[5] π の近似としては，$\dfrac{22}{7}$ よりも精度が良い $\dfrac{355}{113}$ が知られている．これらは中国の数学者である祖冲之 (429-500) によって初めて発見された．さらに詳しくは Posamentier and Lehman(2004, p.61) を参照せよ．

[6] これらの多くの実験の詳しい解析は，Gridgeman(1960) や O'Beirne(1965, pp.192-197) を参照せよ．

[7] 例えば，Uspensky(1937, p.253) を参照せよ．

問題 16 ビュフォンの針の問題（1777） 207

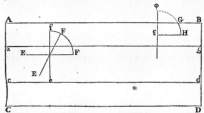

図 16.4 ビュフォンの針の問題からの抜粋（『道徳算術試論』Buffon(1777, p.103) より）

表 16.1 (16.1) 式を用いた π の推定

実験者	針の長さ	試行回数	交わった回数	π の推定値
Wolf(1850)	0.8	5000	2532	3.1596
Smith(1855)	0.6	3204	1218.5	3.1553
De Morgan(1860)	1.0	600	382.5	3.139
Fox(1884)	0.75	1030	489	3.1595
Lazzarini(1902)	0.83	3408	1808	3.1415929
Reina(1925)	0.5419	2520	859	3.1795

(1860)）．積分を利用しない点と任意の凸形状のものへ拡張できるという 2 点にその解法の特異性がある．まず，交叉確率は針の長さに依存することを強調するために $p = p(l)$ と書くことにする．針を 2 つに分割して，それらの長さを l' と l'' とする．針が直線と交わるための必要十分条件は針がどちらかの部分と交わることなので，$p(l) = p(l') + p(l'')$ である．この式は

$$p(l) = kl \tag{16.2}$$

のときに成り立つ．ただし，k は比例定数である．では，長さ l の（必ずしも凸ではない）多角形を考えて，その n 個の辺の長さを $a_1, a_2, ..., a_n$ とおき，$a_j < d$, $j = 1, 2, ..., n$ であるとする．長さ a_j の線分が平行線と交わる確率は $p(a_j) = ka_j$ である．そこで，

$$I_j = \begin{cases} 1, & \text{長さ } a_j \text{の線分が直線と交わる} \\ 0, & \text{その他} \end{cases}$$

交点の総数は

$$T = \sum_{j=1}^{n} I_j$$

なので，T の期待値は次で与えられる．

$$E(T) = \sum_{j=1}^{n} E(I_j) = \sum_{j=1}^{n} ka_j = kl \tag{16.3}$$

直径 d の円を考えると $l = \pi d$ であり，常に $T = 2$ なので，$E(T) = 2$ である．このとき，(16.3) 式を用いて k について解くと，$k = \dfrac{2}{\pi d}$ を得る．ゆえに，(16.2) 式は

$$p(l) = kl = \frac{2l}{\pi d}$$

となり，これは積分を用いて得た (16.1) 式と同じ公式である．

さらに進めて，周囲の長さが C であるような凸多角形で十分小さいものを考えてみる．このとき，交点が 2 個である場合（その確率を P とおく）と，

0 個である場合（その確率を $1-P$ とおく）に場合分けできる．このとき，交点数の期待値は $2P$ である．(16.3) 式により $E(T) = kl$ であり，すでに $k = \frac{2}{\pi d}$ は得られている．$E(T) = 2P$, $k = \frac{2}{\pi d}$, $l = C$ を $E(T) = kl$ に代入すると，次を得る．

$$P = \frac{C}{\pi d} \tag{16.4}$$

周囲 C をもつ小さな（任意の形状の）凸多角形を直線が間隔 d で平行的に描かれた平面に投げるとき，交叉確率の一般的な公式をこれは与えている．この公式は，P が多角形の辺の個数やそのそれぞれの長さに依存していない点で興味深い．それゆえに，任意の凸な外形をもつものに応用できる．公式 $P = \frac{C}{\pi d}$ の別の導出については Gnedenko(1978, p.39) を参照するとよい．

古典的なビュフォンの針の問題の2つの変形もまた考える価値がある．まず第1の変形は，

> 長さ l の針が無作為に，直線が間隔 $d(<l)$ で平行に描かれた平面に投げられる．針が直線と交わる確率はいくらか．

今回は，針の長さが直線の間隔よりも大きい．しかし，(Y, Φ) は前と同じく $S = \left\{(y, \phi) : 0 < y < \frac{d}{2}, 0 < \phi < \frac{\pi}{2}\right\}$ 上の一様分布に従う．それゆえに，図 16.5 を参照すると，求める確率は幾何的確率として S' の面積に対する A' の面積の比である[8]．

$$\begin{aligned} P\left(Y < \frac{l}{2}\sin\Phi\right) &= \frac{\int_0^{\arcsin(d/l)} \frac{l}{2}\sin\phi\, d\phi + \left(\frac{\pi}{2} - \arcsin\frac{d}{l}\right)\frac{d}{2}}{\frac{\pi}{2}\frac{d}{2}} \\ &= \frac{4}{\pi d}\left(-\frac{l}{2}[\cos\phi]_0^{\arcsin(d/l)} + \frac{d}{2}\arccos\frac{d}{l}\right) \\ &= \frac{4}{\pi d}\left(-\frac{l}{2}\left(\cos\left(\arcsin\frac{d}{l}\right) - 1\right)\right) + \frac{2}{\pi}\arccos\frac{d}{l} \\ &= \frac{2l}{\pi d}\left(1 - \sqrt{1 - \frac{d^2}{l^2}}\right) + \frac{2}{\pi}\arccos\frac{d}{l} \tag{16.5} \end{aligned}$$

---

[8] 以下において，関係式 $\arcsin x + \arccos x = \frac{\pi}{2}$ と $\cos(\arcsin x) = \sqrt{1-x^2}$ を用いる．

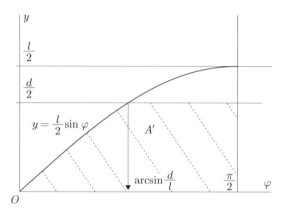

図 16.5 $d < l$ の場合の $y = \dfrac{l}{2}\sin\phi$ のグラフ

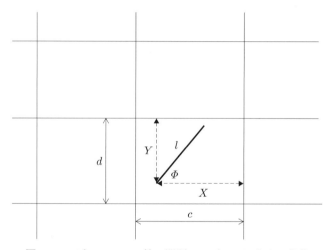

図 16.6 ビュフォンの針の問題のラプラスによる一般化

第2の変形は Laplace(1812, pp.360-362)[9] において初めて次のように考察された（図 16.6）.

> 辺の長さが c と d $(l < c, d)$ である合同な長方形で埋め尽くされた平面に長さ l の針が投げられたとする．針が長方形の少なくとも1辺と交わる確率はいくらか．

---

[9] また，Arnow(1994), Solomon(1978, p.3), Uspensky(1937, p.256) を参照せよ．

針の下の端から（針の向いた方向で）次の縦線への距離を X，（上側の）次の横線への距離を Y とおく．また，針と横線とでなす鋭角を Φ とおく．X, Y, Φ はそれぞれ独立に $(0, c), (0, d), \left(0, \dfrac{\pi}{2}\right)$ 上で一様分布に従っていると仮定する．針が縦線と交わるのは $X < l\cos\Phi$ のときである．この事象の確率は今回も幾何的確率で計算できる．

$$p_V = \frac{\int_0^d \left(\int_0^{\pi/2} l\cos\phi\, d\phi\right) dy}{\pi c d/2} = \frac{2l}{\pi c}$$

同様に，針が横線と交わるのは $Y < l\sin\Phi$ のときであり，次の確率で起こる．

$$p_H = \frac{\int_0^c \left(\int_0^{\pi/2} l\sin\phi\, d\phi\right) dx}{\pi c d/2} = \frac{2l}{\pi d}$$

縦線と横線の両方で交わるのは $X < l\cos\Phi$ かつ $Y < l\sin\Phi$ のときであり，その確率は

$$p_{V\times H} = \frac{\int_0^{\pi/2} \int_0^{l\sin\phi} \int_0^{l\cos\phi} dx\,dy\,d\phi}{\pi c d/2} = \frac{l^2}{\pi c d}$$

ゆえに，横線または縦線と交わる確率は

$$\begin{aligned} p_{V+H} &= p_V + p_H - p_{V\times H} \\ &= \frac{2l}{\pi c} + \frac{2l}{\pi d} - \frac{l^2}{\pi c d} \\ &= \frac{2l(c+d) - l^2}{\pi c d} \end{aligned} \qquad (16.6)$$

$c \to \infty$ のとき

$$\lim_{c\to\infty} p_{V+H} = \lim_{c\to\infty} \frac{2l(c+d) - l^2}{\pi c d} = \frac{2l}{\pi d}$$

これは (16.1) 式の確率と同じである．

ビュフォンの針の問題に戻ると，いくつもある可能な一様確率変数の中から，最も近い直線と針がなす鋭角（Φ）と最も近い直線と針の中点の距離（Y）を選んだのはなぜだろうか．代わりに，中点と針の上端との垂直的な距

離 $\left(\Phi' = \dfrac{l\sin\Phi}{2}\right)$ と中点と最も近い直線との距離 (Y) を選んだとすると，つまり $\Phi' \sim U\left(0, \dfrac{l}{2}\right)$ と $Y \sim U\left(0, \dfrac{d}{2}\right)$ と仮定すると，交叉確率は変わるのだろうか．答えは肯定的である．**解答**で与えた解法と同様の計算により，交叉確率 $\dfrac{l}{2d}$ を得る．これは (16.1) 式と異なる．かなり不安にさせる結果である．しかし，van Fraassen(1989, p.312) が示したように，剛体運動の下で (Y, Φ) の同時密度を不変にするのは，$\Phi \sim U\left(0, \dfrac{\pi}{2}\right)$ と $Y \sim U\left(0, \dfrac{d}{2}\right)$ を選んだときである．つまり，針を投げる前に，平行直線群を回転させたり平行移動させたりしても，これらの選択からは同じ交叉確率が得られるのである．そのような変換の下でのこの確率が不変であることは，普通に望ましい性質であると思われる[10]．

π の値を幾何的確率を用いて推定できることはすでに見たが（この**考察**の第 2 パラグラフを参照せよ），関連して次のように問うこともできる．

　幾何的な手法を用いて指数 e も推定できないだろうか．

Nahin(2000, p.30) は以下のように幾何的に適応させた手法[11]を提案した．$n \times n$ の大きな正方形を考え，図 16.7 のように $m \times m$ の同じ小正方形で埋め尽くされていると仮定する．ただし，$\dfrac{n}{m}$ は整数になるように m は選んでおく．小正方形の個数は $N = \dfrac{n^2}{m^2}$ である．

いま，大正方形に N 個の投げ矢を無作為に投げる．ある小正方形を特定し，その内部に刺さる投げ矢の数を X とおくと，$X \sim B\left(N, \dfrac{1}{N}\right)$ である．つまり，

$$P(X = x) = \binom{N}{x}\left(\dfrac{1}{N}\right)^x \left(1 - \dfrac{1}{N}\right)^{N-x}, \quad x = 0, 1, 2, ..., N$$

その特定の小正方形に投げ矢が 1 本も刺さらない確率は，$N \to \infty$ のとき[12]

---

[10] 不変性についてはさらに**問題 19** を参照せよ．
[11] もちろん，幾何的手法では，$e = 1 + \dfrac{1}{1!} + \dfrac{1}{2!} + \dfrac{1}{3!} + \cdots$ を単純に用いることには興味ない．
[12] $\lim\limits_{x \to \infty}\left(1 + \dfrac{a}{x}\right)^x = e^a$ を用いる．

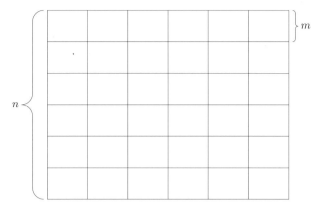

図 16.7 e を幾何的に推定する方法．大きな正方形は $n \times n$ であり，小さな正方形はどれも $m \times m$ である $\left(\text{ただし，} \dfrac{n}{m} \text{ は整数である}\right)$．

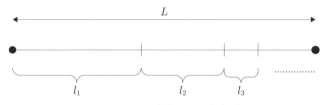

図 16.8 e の幾何的な不偏推定

$$P(X = 0) = \left(1 - \frac{1}{N}\right)^N \to e^{-1}$$

これを利用して，e を推定する方法[13]が得られる．N が大きくなるように m を十分小さくとる．N 個の投げ矢をすべて投げた後で，(N 個の) 小正方形の中でまったく投げ矢の刺さっていないものの数を s とする．このとき，$\dfrac{s}{N} \approx \dfrac{1}{e}$，つまり $e \approx \dfrac{N}{s}$ である．$\dfrac{s}{N}$ は $\dfrac{1}{e}$ の不偏推定量ではあるが，この例でも $\dfrac{N}{s}$ は e の不偏推定量ではない．

e の不偏推定量を与える別の幾何的手法も存在する．長さ L の線分が連続的に小さな線分に分割されると仮定する（図 16.8）．

---
[13] この手法についてはブルース・レビン (Bruce Levin) から知らされた．

$$I_n = \left(\frac{n-1}{n}L, \frac{n}{n+1}L\right], \quad N = 1, 2, \ldots$$

鋭いナイフを無作為にその全線分に向けて垂直に投げる．そのナイフが j 番目の線分を切るとき，$2 + \dfrac{1}{(j-1)!}$ の値をとる確率変数 X を定義する．このとき，$E(X) = e$ を示そう．

$$P\left(X = 2 + \frac{1}{(j-1)!}\right) = \frac{j}{j+1} - \frac{j-1}{j} = \frac{1}{j(j+1)}, \quad j = 1, 2, \ldots$$

であることから，

$$\begin{aligned}
E(X) &= \sum_{j=1}^{\infty} \left(2 + \frac{1}{(j-1)!}\right) \cdot \frac{1}{j(j+1)} \\
&= \sum_{j=1}^{\infty} \left(\frac{2}{j} - \frac{2}{j+1} + \frac{1}{(j+1)!}\right) \\
&= \left(\frac{2}{1} - \frac{2}{2} + \frac{2}{2} - \frac{2}{3} + \frac{2}{3} - \frac{2}{4} + \cdots\right) + \sum_{j=1}^{\infty} \frac{1}{(j+1)!} \\
&= 2 + \sum_{j=1}^{\infty} \frac{1}{(j+1)!} \\
&= \sum_{j=0}^{\infty} \frac{1}{j!} \\
&= e
\end{aligned}$$

したがって，e の不偏推定量を得るために，全線分にナイフを n 回投げ（n は大きいとする），どの小線分が切断されたかを見て，それらに対応する X の値 $x_1, x_2, \ldots, x_n$ を記録する．このとき，e の不偏推定量は $\bar{x} = \dfrac{x_1 + x_2 + \cdots + x_n}{n}$ である．

問題 17

ベルトランの投票問題（1887）

▶問 題

選挙において，候補者 M は m 票を，候補者 N は n 票を得票した．ただし，$m > n$ である．開票していく過程において M の得票数が N の得票数を常に上回る確率は $\dfrac{m-n}{m+n}$ である．

▶解 答

開票過程において M が N を常に上回る確率は

$$p_{m,n} = \frac{m-n}{m+n} \tag{17.1}$$

であることを数学的帰納法を用いて証明する．$m > 0$ かつ $n = 0$ であるとき，N は無得票なので M は常に上回る．ゆえに，すべての $m > 0$ と $n = 0$ において，$p_{m,n} = \dfrac{m}{m} = 1$ なので，公式は正しい．同様に，$m = n > 0$ のときは，集計の最後に成り立たないのは明らかなので，M が N を常に上回ることはできない．公式は $p_{m,n} = \dfrac{0}{2m} = 0$ なので，$m = n > 0$ であるときも公式は正しい．

いま，$p_{m-1,n}$ と $p_{m,n-1}$ が正しいと仮定する．M の得票が N の得票を常に上回るための必要十分条件は，次のどちらかが成り立つことである．

(i) 最後の票を N が得て，その直前まで m 票の M は $n-1$ 票の N を常に上回る．

(ii) 最後の票を M が得て，その直前まで $m-1$ 票の M は n 票の N を常に上回る．

それゆえに[1]，

$$p_{m,n} = p_{m,n-1}\frac{n}{m+n} + p_{m-1,n}\frac{m}{m+n} \tag{17.2}$$
$$= \frac{m-(n-1)}{m+(n-1)}\frac{n}{m+n} + \frac{(m-1)-n}{(m-1)+n}\frac{m}{m+n}$$
$$= \frac{m-n}{m+n}$$

よって，(17.1) 式は成り立つ．

▶考 察

投票問題は通常，ジョゼフ・ベルトラン (1822-1900)（図 17.1）に帰せられている．それは半ページの論文 Bertrand(1887) において提出された[2]．この論文において，ベルトランは $p_{m,n}$ の正しい公式を与えたが，その証明は付けていない．代わりに，次の再帰式を与えた．

$$f_{m+1,t+1} = f_{m,t} + f_{m+1,t} \tag{17.3}$$

この方程式における $f_{m,t}$ は，全投票数 t の中から M が m 票得るとして，M が N を常に上回る場合の数である．このとき，

$$p_{m,n} = \frac{f_{m,m+n}}{\binom{m+n}{m}}$$

が成り立つので，ベルトランの再帰式 (17.3) は (17.2) 式に同値である．ベルトランは再帰式の証明は与えなかったけれども[3]，数学的帰納法を用いて容易

---

[1] M と N はそれぞれ m 票と n 票の得票なので，集計のどの時点においても（それまでの集計過程が知られていないならば）M に票が入る確率は $\frac{m}{m+n}$ である．
[2] 投票問題はまた，Feller(1968, p.69)，Higgins(1998, p.165)，Meester(2008, p.73)，Blom et al.(1994, p.128)，Durrett(2010, p.202)，Gyóari et al.(2008, pp.9-35)，Shiryaev(1995, p.107) 等において議論されている．
[3] しかし，ベルトランは後に『確率の計算』(Bertrand(1889, pp.19-20)) において，次に述べるアンドレの証明に基づいた完全な証明を与えている．

図 17.1　ジョゼフ・ベルトラン (1822-1900)

に証明できていたと思われる．しかし，ベルトランはさらに簡単な証明があるに違いないと信じていた．なぜなら，次のように記述しているからである．

　…恐らく，このように単純な結果は，より直接的なやり方で示せると
　思われる．

「より直接的なやり方」は，フランスの数学者デジレ・アンドレによってわずか数週間後に与えられた（André(1887)）．アンドレは M の m 得票と N の n 得票の順列を好ましいものと好ましくないものに分けて論証した．ただし，好ましい順列とは，M が常に N を上回る票の順列である（例えば，$MMNM$）．アンドレはまず，N で始まるすべての順列は必ず好ましくない順列であると述べる．それは $\dfrac{(m+n-1)!}{m!(n-1)!}$ 個存在する．次にアンドレは，M で始まる好ましくない任意の順列を，m 個の M と $n-1$ 個の N からなる順列へ 1 対 1 に対応させて考えた．これにより，好ましい順列の総数は

218　問題 17　ベルトランの投票問題（1887）

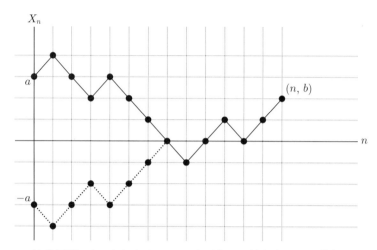

図 17.2　鏡像原理．$(0,a)$ から (n,b) へ至る道で x 軸と交わるか接触する道の数は，$(0,-a)$ から (n,b) へ至る道の数に等しい．

$$\frac{(m+n)!}{m!n!} - 2\frac{(m+n-1)!}{m!(n-1)!} = \frac{(m+n)!}{m!n!} \cdot \frac{m-n}{m+n}$$

と求められ，$p_{m,n}$ の公式が得られることになる．幾人かの研究者は，アンドレは証明でいわゆる**鏡像原理**を実は用いていたと述べている（Doob(1953, p.393), Feller(1968, p.72), Loehr(2004)）．しかし，すぐに示すように，これは正しくない（Renault(2008), Humphreys(2010)）．まず，鏡像原理について説明しておこう．図 17.2 を参照する．y 軸は，t 時点での M が N を上回る得票数を表している．y 軸上の出発点 $(0,a)$ は候補者 M が最初 a 票上回っていることを示し，終点 (n,b) は最終的に b 票上回ったことを示す．このとき，

　鏡像原理によると，$(0, a)$ から (n, b) に至る道の中で横軸と交わるか接触する道の数が $(0, -a)$ から (n, b) に至る道の数に等しい[4]．鏡像原理はその起源を物理学者ケルビン卿 (1824-1907) とジェイムズ・クラーク・マックスウェル (1831-1879) にもつ（Gray(1908), Maxwell(1873)）．以来，確率遊歩

---

[4] 鏡像原理はまた，Feller(1968, p.72), Chuang-Chong and Khee Meng(1992, pp.91-93), Jacobs(2010, p.57), Finkelstein and Levin(2001, p.54), Karlin and Taylor (1975, p.345), Khoshnevian(2007, p.175) 等により議論されている．

やブラウン運動や順序統計量等の確率統計の分野に応用されてきた．

鏡像原理を用いると，容易にベルトランの投票問題を解くことができる．前と同じく，Mはm票，Nはn票の得票に終わるとする．ただし，$m > n$である．Mの得票が常にNの得票を上回るとするときの確率$p_{m,n}$を求めたい．つまり，$(0,0)$から出発して$(m+n, m-n)$に至る道の中で，$(0,0)$を除いて横軸よりも常に上にある道の割合を決定したいのである．後者の道の総数は，$(1,1)$から出発して横軸よりも常に上にありながら$(m+n, m-n)$に至る道の総数に等しい．つまり，$(1,1)$から出発して$(m+n, m-n)$に至る道の総数から，$(1,1)$から出発して横軸と交わるか接触して$(m+n, m-n)$に至る道の総数を引けばよい．鏡像原理によれば，上の引き算の第2項は$(1,-1)$から$(m+n, m-n)$へ至る道の総数に等しい．一般に，(i,j)から(k,l)に至る道の総数は$(0,0)$から$(k-i, l-j)$へ至る道の総数に等しく，次で与えられる．

$$\binom{k-i}{\frac{k-i+l-j}{2}}$$

ゆえに，求める道の総数は次のように求められる．

$$\binom{m+n-1}{m-1} - \binom{m+n-1}{m} = \frac{(m+n)!}{m!n!} \cdot \frac{m-n}{m+n}$$

このようにして$p_{m,n} = \dfrac{m-n}{m+n}$が求められる．

では，アンドレの方法[5]が鏡像原理を用いたものと異なることを説明しよう．鏡像原理では，1つの好ましくない道，つまりx軸と交わるか接する道が鏡映によって変形された．しかし，アンドレの方法では，2つの好ましくない順列，Mから始まる順列とNから始まる順列が変形される．次の**一般化投票問題**を解くときに分かるように，この2つは明らかに異なる手法である．

> 選挙において，候補者Mはm票を得票し，候補者Nはn票を得票した．ただし，$m > kn$であり，kは自然数である．全開票過程においてMの得票数がNの得票数のk倍を上回る確率を求めよ．

---

[5] また，Renault(2008)を参照せよ．

この確率遊歩においては，M が 1 票得るごとに $(1,1)$ だけ移動し，N が 1 票得るごとに $(1,-k)$ だけ移動する．解答に鏡像原理を用いることはできない．鏡像原理では上方に 1 歩進める移動が下方に 1 歩進める移動に鏡映されるが，ここではそれは意味をなさない．しかし，アンドレの方法を拡張して次のように解は得られる．まず，$k+1$ 種類の好ましくない道の型を考える．i ($i=0,1,...,k$) 番目の型では，初めて x 軸より下に移動するときの y 座標が $-i$ である．このとき，i 番目の型の好ましくない道の総数は，m 個の M と $n-1$ 個の N による順列の総数に正確に等しいことが証明できる．ゆえに，M の得票数が N の得票数の k 倍を上回る道の総数は次で与えられる．

$$\binom{m+n}{m} - (k+1)\binom{m+n-1}{m} = \frac{m-kn}{m+n}\binom{m+n}{m}$$

したがって，一般化投票問題の解として確率 $\dfrac{m-kn}{m+n}$ を得る．

最後は解法の優先権についてである．ベルトランの論文の 9 年前，ウイリアム・アレン・ウィットワース[6](1840-1905) は次のような問題を考えた (Whitworth(1878))．

> m 個の正の 1 単位と n 個の負の 1 単位を並び替えて，初めから任意の項までの和が決して負にならないような並べ替えはいくつあるか．

ウィットワースは解として $\dfrac{(m+n)!(m-n+1)!}{(n!(m+1)!)}$ を与えた．ウィットワースの問題は直接的には，候補者 M が候補者 N を上回るか同じになる場合の数はいくつかと設問しているが，本質的にはベルトランの投票問題と同じである．2 つの問題が同等であることをみるために，m 得票の M が n 得票の N を決して下回らない確率を $p^*_{m,n}$ とおくと，ウィットワースの解により，

$$p^*_{m,n} = \frac{(m+n)!(m-n+1)!/(n!(m+1)!)}{(m+n)!/(m!n!)} = \frac{m-n+1}{m+1}$$

M が N を常に上回る事象は，M が最初の票を得て，**その 1 票を除いて残りの** $m+n-1$ 票において M が決して N より下回らない事象と同値である．ゆえに，

---
[6] よく知られた『選択と偶然』(Whitworth(1901)) の著者．

$$p_{m,n} = \frac{m}{m+n} p^*_{m-1,n}$$
$$= \frac{m}{m+n} \cdot \frac{m-n}{m}$$
$$= \frac{m-n}{m+n}$$

これはベルトランによる公式に等しい．したがって，**投票定理**はまた**ベルトラン-ウィットワースの投票定理**と正しく呼ばれることもある．

問題 18

ベルトランの奇妙な3つの箱（1889）

▶問 題

3個の箱があり，どの箱も2つの引き出しがついている．箱Aはどの引き出しにも金貨が1枚ずつ入れてある．箱Bはどの引き出しにも銀貨が1枚ずつ入れてある．箱Cの1つの引き出しには1枚の金貨が，もう1つの引き出しには1枚の銀貨が入れてある．

(a) 箱を無作為に選ぶ．それが箱Cである確率はいくらか．

(b) 箱を無作為に選び，引き出しも無作為に開けて，硬貨を取り出す．それが金貨であったとすると，その選んだ箱がCである確率はいくらか．

▶解 答

(a) すべての箱は同じ確率で選ばれるので，箱Cが選ばれる確率は $\frac{1}{3}$ である．

(b) 箱Cを選ぶ事象をCとおき，事象Aも事象Bも同様に定義する．Gを「選んだ箱の引き出しを1つ選び，そこに金貨が入っている」事象とする．このとき，

$$P(A) = P(B) = P(C) = \frac{1}{3}$$
$$P(G|A) = 1, \quad P(G|B) = 0, \quad P(G|C) = \frac{1}{2}$$

ベイズの定理[1]を用いて次を得る.

$$P(C|G) = \frac{P(G|C)P(C)}{P(G|A)P(A)+P(G|B)P(B)+P(G|C)P(C)}$$
$$= \frac{(1/2)(1/3)}{(1)(1/3)+(0)(1/3)+(1/2)(1/3)}$$
$$= \frac{1}{3}$$

▶考 察

ジョゼフ・ルイス・フランチェス・ベルトラン (1822-1900) の名はふつう**弦のパラドックス**（**問題 19**）と結びつけられることが多いが，彼の著書『確率の計算』（Bertrand(1889)）は面白い確率問題をいろいろと含む宝箱である．その本の中で，**3 つの箱の問題**は 2 番目の問題である[2]．しかし，その元々の 2 番目の問題は**問題**の (b) で与えられているものとは少し異なる．その著書の p.2 においてベルトランは

> ある箱を選ぶ．1 つの引き出しを開ける．中の硬貨が何であっても，2 つの場合が起こる．開けていない引き出しの中にある硬貨は，開けた引き出しの中の硬貨と同じか異なるかのどちらかである．2 つの異なる硬貨をもつ箱が好ましいのは，これら 2 つの可能性の中のただ 1 つだけである．したがって，2 つの異なる硬貨をもつ箱を選んでいる確率は $\frac{1}{2}$ である．
> しかしながら，1 つの引き出しをただ開けるということだけでその確率を $\frac{1}{3}$ から $\frac{1}{2}$ に変えることは可能なのだろうか．

問題の (b) では取り出された最初の硬貨が金貨であると確かめていたが，上の問題ではその硬貨がどちらであるか確認していない．そうではあるが，ベルトランの問題の解はどちらの場合でも同じなのである．つまり，引き出しを

---

[1] **問題 14** を参照せよ．
[2] この問題はまた，Shafer and Vovk(2006)，Shackel(2008)，Greenblatt(1965, p.107) 等で議論されている．

ただ開けたというだけでは確率を $\frac{1}{3}$ から $\frac{1}{2}$ に変えることはできない．ベルトランの推論の（意図的な）誤謬は，「最初に開けた引き出しの中にある硬貨が何であっても，2つの起こり得る場合がある．無差別の原理[3]によると，どちらも同じ確率をもつに違いない」という点にある．しかし，その2つの場合は同等に起こりやすいとはいえない．2つの同じ硬貨をもつ箱の起こりやすさは，2つの異なる硬貨をもつ箱の起こりやすさの2倍なのである．このことは，最初に選んだ硬貨が金貨である場合に対する解答の (b) においてすでに確かめている．最初に選んだ硬貨が銀貨であっても同じ $\frac{1}{3}$ という確率が得られていただろう．

ベルトランの箱の問題が重要なのは，その解が逆説的であるというばかりでなく，**問題 32** で扱う有名な**モンティ・ホール問題**の先触れとしての役割も果たしているからである．

次に，ベルトランの問題に似ているが，まったく異なる解をもつ古典的な問題を考えてみよう．

(a) スミス氏には2人の子供がいるが，1人は男の子である．

(b) スミス氏は友人と会った際，彼女に「子供は2人いるけど，上の子は男だ」と話した．

この2つの場合において，スミス氏の子供が2人とも男の子である確率はそれぞれいくらか．

この問題を解くために，「下の子が男の子である」という事象を Y とおく．また，「上の子が男の子である」という事象を O とおく．このとき，$P(Y) = P(O) = \frac{1}{2}$ であり，Y と O の独立性により，$P(Y \cap O) = \frac{1}{4}$ である．(a) の場合は，

---

[3] pp.172-174 を参照せよ．

表 18.1 「2 人の子供の性別」問題の標本空間

上の子	下の子
B	B
B	G
G	B
G	G

$$\begin{aligned}P(Y\cap O|Y\cup O) &= \frac{P((Y\cap O)\cap (Y\cup O))}{P(Y\cup O)} \\ &= \frac{P(Y\cap O))}{P(Y)+P(O)-P(Y\cap O)} \\ &= \frac{1/4}{1/2+1/2-1/4} \\ &= \frac{1}{3}\end{aligned}$$

(b) の場合は

$$\begin{aligned}P(Y\cap O|O) &= \frac{P((Y\cap O)\cap O)}{P(O)} \\ &= \frac{P(Y\cap O))}{P(O)} \\ &= \frac{1/4}{1/2} \\ &= \frac{1}{2}\end{aligned}$$

　直感的には，この問題に対する標本空間は表 18.1 で与えられる（B は男の子，G は女の子を表す）．つまり，$\Omega = \{BB, BG, GB, GG\}$ が標本空間で，どの標本点も同等に起こりやすい．ただし，標本点の表記の最初の文字と次の文字はそれぞれ，上の子と下の子の性別を表す．スミス氏には少なくとも 1 人の男の子がいると知れると，新しい標本空間は $\Omega^* = \{BB, BG, GB\}$ となる．ゆえに，2 人とも男の子である確率は $\frac{1}{3}$ である．

　一見，2 番目の確率が最初の確率と異なっているのは矛盾しているのではと思えるかもしれない．しかし，子供たちの 1 人が上の子であると特定されることにより，標本空間が変化し，その結果，確率も $\frac{1}{3}$ から変化する．数学パ

ズル界の長老，マーチン・ガードナー (1914-2010) はなぜそうなるのかとても面白く説明している（Gardner(1959, p.51)）．

これがそうでないのなら $\left(\right.$つまり，2 番目の確率が $\frac{1}{3}$ から $\frac{1}{2}$ に変わらないのなら$\left.\right)$，隠された硬貨の面を推測する際に，五分五分の勝ち目よりも有利となるようなとても独創的な方法が手に入ることになる．自分の硬貨を単に投げるとしよう．それが表なら，「ここに 2 枚の硬貨があり，その 1 枚（自分の硬貨）は表である．それゆえに，もう 1 枚が表である確率は $\frac{1}{3}$ なので，それが裏であることに賭けることにしよう」と推論できる．もちろんこの誤謬は，表である硬貨がどれであるか特定できるところにある．これは上の子が男の子であると確認できる場合と同じなので，同様に勝ち目を変化させる．

問題 19

ベルトランの弦（1889）

▶ 問 題

ある円において，弦が無作為に1つ選ばれる．その弦が，円に内接する正三角形の1辺よりも長くなる確率を求めよ．

▶ 解 答

図 19.1 に示すように，円の弦が無作為に選ばれる方法には少なくとも3通りある．

解答 1. 無作為端点選択法：1番目の図を参照する．円周上で2つの端点を無作為に選び，結んで弦を得る．対称性により，端点の1つは内接する正三角形の頂点（A）と一致すると仮定してよい．三角形の残りの2つの頂点（BとC）により円周は3つの等しい弧（AC, CB, BA）に分割される．弦が三角形の1辺よりも長くなるための必要十分条件は，それが三角形と交わるときである．したがって，求める確率は $\frac{1}{3}$ である．

解答 2. 無作為半径選択法：2番目の図を参照する．円の半径（線分）とその上の点を無作為に選ぶ．弦はその点を通り，半径に直交するようにとる．対称性により，半径は三角形の1辺に直交すると仮定してよい．弦が三角形の1辺よりも長くなるための必要十分条件は，選んだ点が半径を2等分して円の中心に近い方にあるときである．したがって，求める確率は $\frac{1}{2}$ である．

解答 3. 無作為中点選択法：3番目の図を参照する．円の内部に無作為に点

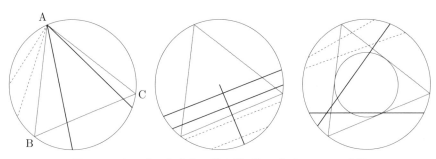

図 19.1 円の上で無作為に弦が選ばれるための3つの方法

を選び，その点が中点になるように弦をとる．弦が三角形の1辺よりも長くなるための必要十分条件は，選んだ点が三角形の内接円の中にあるときである．したがって，求める確率は $\left(\frac{1}{2}\right)^2 = \frac{1}{4}$ である．

▶ 考 察

　このベルトランの弦の問題は[1]，確率論でジョゼフ・ベルトランの名前が話に上るとき，だれもが思い当たる有名な問題である．『確率の計算』(Bertrand(1889, p.4)) の5番目の問題として登場する．起こり得る出現値が無限であるような問題に古典的な確率が応用されるときの限界を明白にしたという点で，不朽の地位を得たと言っても過言ではない（例えば，Papoullis(1991, p.9) を参照せよ）．Shafer and Vovk(2006) によると，ベルトランのパラドックスは20世紀への変わり目に古典的確率に満足できなかった理由の1つであり[2]，そのような不満足が後のコルモゴロフによる1933年の確率の公理化[3]への刺激を与えた．事実，著名なドイツの数学者デイビット・ヒルベルト (1862-1943) は1900年にパリで開催された第2回国際数学者会議に

---

[1] ベルトランの弦のパラドックスはまた，Clark(2007, p.24), Shackel(2008), Ross(1997, pp.203-204), Erickson and Fossa(1998, p.21), von Mises(1981, p.77), Yaglom and Yaglom(1987, pp.34-35), Papoullis(1991, p.9), Székely(1986, p.43), Grinstead and Snell(1997, p.49), Andel(2001, p.8), Stirzaker(2003, p.324), Kaplan and Kaplan(2006, p.56), Stapleton(2008, p.55) 等で議論されている．

[2] また，Tanton(2005, p.417) を参照せよ．

[3] **問題 23** を参照せよ．

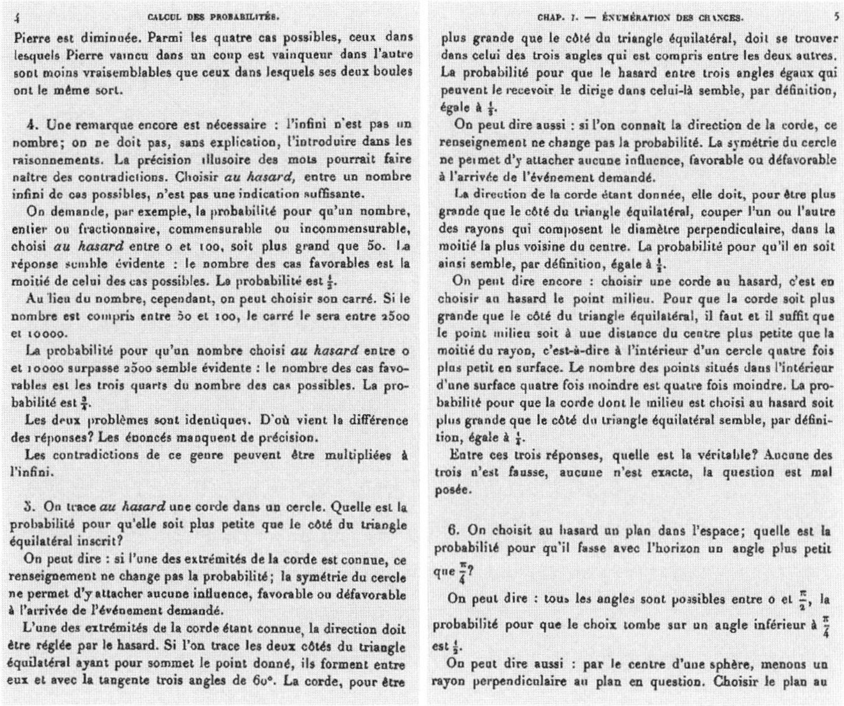

4　CALCUL DES PROBABILITÉS.

Pierre est diminuée. Parmi les quatre cas possibles, ceux dans lesquels Pierre vaincu dans un coup est vainqueur dans l'autre sont moins vraisemblables que ceux dans lesquels ses deux boules ont le même sort.

4. Une remarque encore est nécessaire : l'infini n'est pas un nombre; on ne doit pas, sans explication, l'introduire dans les raisonnements. La précision illusoire des mots pourrait faire naître des contradictions. Choisir *au hasard*, entre un nombre infini de cas possibles, n'est pas une indication suffisante.

On demande, par exemple, la probabilité pour qu'un nombre, entier ou fractionnaire, commensurable ou incommensurable, choisi *au hasard* entre 0 et 100, soit plus grand que 50. La réponse semble évidente : le nombre des cas favorables est la moitié de celui des cas possibles. La probabilité est $\frac{1}{2}$.

Au lieu du nombre, cependant, on peut choisir son carré. Si le nombre est compris entre 50 et 100, le carré le sera entre 2500 et 10000.

La probabilité pour qu'un nombre choisi *au hasard* entre 0 et 10000 surpasse 2500 semble évidente : le nombre des cas favorables est les trois quarts du nombre des cas possibles. La probabilité est $\frac{3}{4}$.

Les deux problèmes sont identiques. D'où vient la différence des réponses? Les énoncés manquent de précision.

Les contradictions de ce genre peuvent être multipliées à l'infini.

5. On trace *au hasard* une corde dans un cercle. Quelle est la probabilité pour qu'elle soit plus petite que le côté du triangle équilatéral inscrit?

On peut dire : si l'une des extrémités de la corde est connue, ce renseignement ne change pas la probabilité; la symétrie du cercle ne permet d'y attacher aucune influence, favorable ou défavorable à l'arrivée de l'événement demandé.

L'une des extrémités de la corde étant connue, la direction doit être réglée par le hasard. Si l'on trace les deux côtés du triangle équilatéral ayant pour sommet le point donné, ils forment entre eux et avec la tangente trois angles de 60°. La corde, pour être

CHAP. I. — ÉNUMÉRATION DES CHANCES.　5

plus grande que le côté du triangle équilatéral, doit se trouver dans celui des trois angles qui est compris entre les deux autres. La probabilité pour que le hasard entre trois angles égaux qui peuvent le recevoir le dirige dans celui-là semble, par définition, égale à $\frac{1}{3}$.

On peut dire aussi : si l'on connaît la direction de la corde, ce renseignement ne change pas la probabilité. La symétrie du cercle ne permet d'y attacher aucune influence, favorable ou défavorable à l'arrivée de l'événement demandé.

La direction de la corde étant donnée, elle doit, pour être plus grande que le côté du triangle équilatéral, couper l'un ou l'autre des rayons qui composent le diamètre perpendiculaire, dans la moitié la plus voisine du centre. La probabilité pour qu'il en soit ainsi semble, par définition, égale à $\frac{1}{2}$.

On peut dire encore : choisir une corde au hasard, c'est en choisir au hasard le point milieu. Pour que la corde soit plus grande que le côté du triangle équilatéral, il faut et il suffit que le point milieu soit à une distance du centre plus petite que la moitié du rayon, c'est-à-dire à l'intérieur d'un cercle quatre fois plus petit en surface. Le nombre des points situés dans l'intérieur d'une surface quatre fois moindre est quatre fois moindre. La probabilité pour que la corde dont le milieu est choisi au hasard soit plus grande que le côté du triangle équilatéral semble, par définition, égale à $\frac{1}{4}$.

Entre ces trois réponses, quelle est la véritable? Aucune des trois n'est fausse, aucune n'est exacte, la question est mal posée.

6. On choisit au hasard un plan dans l'espace; quelle est la probabilité pour qu'il fasse avec l'horizon un angle plus petit que $\frac{\pi}{4}$?

On peut dire : tous les angles sont possibles entre 0 et $\frac{\pi}{2}$, la probabilité pour que le choix tombe sur un angle inférieur à $\frac{\pi}{4}$ est $\frac{1}{2}$.

On peut dire aussi : par le centre d'une sphère, menons un rayon perpendiculaire au plan en question. Choisir le plan au

図 19.2　ベルトランの弦の問題（『確率の計算』（Bertrand(1889, p.4)）からの抜粋）

おいて基調講演『数学の諸問題』を行い，当時の非常に重要な未解決数学問題のいくつかについて概略を与えた[4]．ヒルベルトは，厳密で整合的な確率理論の必要性を認識していた．というのも，彼の第 6 問題は次のように書かれていたからである（Yandell(2002, pp.159–160)）．

> 幾何学の基礎についての探求は次の問題を想起する：数学が重要な役割を担っている物理科学において，[ヒルベルトが幾何学を扱ったように] 公理を用いて同じように扱うこと，その第一位に位置するのは，確率と力学の理論である．

[4] これが後に，23 の問題からなる「ヒルベルトプログラム」の一部となった．

本来の弦の問題に戻ると，ベルトランはパラドックスの通説となった議論を与えている．彼自身の言葉によると（Bertrand(1889, p.4)），

> さらに注意が必要である．無限大は数値ではない．何ら説明もなしに，それを推論の中に取り入れるべきではない．正確さの錯誤は言葉によりもたらされ，矛盾した結果を引き起こす．無限に多くの可能性の中から無作為に選ぶということは，満足のいくように定義され得ない．

無限標本空間から選択する多くの方法が存在するという事実から，このようなパラドックスが生じる．したがって，問題の設定が不適切なのは明らかである．そこでは無作為な弦はどのように選ばれるべきかという点が指定されていない．したがって，**弦が選ばれる方法ごとに**，求められた解はどれも正しい．

異なる3つの解はまた，**無差別の原理**[5]の土台を深刻なほどに傷つけたように思える．この原理はヤコブ・ベルヌーイ (1654-1705) とピエール-シモン・ラプラス (1749-1827) によって初めて用いられた．それに拠ると，事象の起こり方に何も**事前**の知識がないようなら，任意の可能な起こり方に同じ確率を指定しなければならない．ここではその原理が矛盾する．なぜなら，それを応用する3つ異なる方法があり，そのどれも異なる結果を導くからである．Hunter and Madachy(1975, pp.100-102) はベルトランの弦の問題に4番目の可能な解を与え，弦が三角形の1辺よりも長くなる確率は近似的に $\frac{14}{23}$ であると求めた．Weaver(1982, p.355) はさらに2つの解 $\left(\frac{2}{3}\ \text{と}\ \frac{3}{4}\right)$ を与えている．Berloquin(1996, p.90) も7番目の解 $1 - \frac{\sqrt{3}}{2}$ に言及し，問題は無限に多くの解をもつという結果を導いている．

ベルトランが弦の問題を提出した後，幾何的確率は痛烈な一撃を喰らったように見えた．しかし，問題は数年の後，フランスの著名な数学者アンリ・ポアンカレ (1854-1912) による『確率の計算』（Poincaré(1912, p.118)）において再び取り上げられた[6]．ポアンカレは，無作為性を解釈する際の任意性を，

---

[5] **問題 14**（pp.172-174）を参照せよ．
[6] 奇妙なことに，ポアンカレはベルトランが与えた3つの解のうち最初の2つについてしか議論していない．

図 19.3 アンリ・ポアンカレ (1854-1912)

ユークリッド変換の下で不変である確率密度と関連付けることにより取り除くことができるという重要な貢献を行った（Poincaré(1912, p.130)）．つまり，円や三角形が回転や平行移動や拡大で変換されても同じ答えが得られるような確率密度を見つけることができるなら，問題は適切に設定されていることになる．ポアンカレそして後にジェインズ（Jaynes(1973)）は，そのような確率密度は無作為半径選択法に対してのみ存在すると結論付けた（図19.3と図19.4）．ここでは，ジェインズの考え方を説明して，不変性がいかに確率 $\frac{1}{2}$ を導くのか示そう[7]．円 C は中心 O と半径 R をもち，無作為に引かれた弦の中点を (X, Y) とする．(X, Y) の確率密度を $f(x,y), (x,y) \in C$ と仮定する．次に，中心は同じであり，半径は $aR, 0 < a \leq 1$ の小円 C' を描く．その内部での (X, Y) の密度を $h(x, y), (x, y) \in C'$ とおく．2つの密度 f と h は，定義

---

[7] Jaynes(2003, pp.388-393), Howson and Urbach(2006, pp.282-286), Székely(1986, pp.41-47) 等を参照せよ．

図 19.4 エドウィン・トンプソン・ジェインズ (1922-1998)

域が異なるので，定数倍を除いて同じであるとする．つまり，$(x, y) \in C'$ に対して，

$$h(x, y) = \frac{f(x, y)}{\iint_{C'} f(x, y) dx dy}$$

回転に対する不変性により，$f(x, y)$ と $h(x, y)$ は放射距離 $r = \sqrt{x^2 + y^2}$ を通して (x, y) に依存する．ゆえに，極座標 (r, θ) により，上の関係式は次のように表現してもよい．

$$\begin{aligned} h(r) &= \frac{f(r)}{\int_0^{2\pi} \int_0^{aR} r f(r) dr d\theta} \\ &= \frac{f(r)}{2\pi \int_0^{aR} r f(r) dr} \end{aligned}$$

よって，

$$f(r) = 2\pi h(r) \int_0^{aR} rf(r)dr \tag{19.1}$$

次に，尺度に関する不変性に訴えて，因数 $a, 0 < a \leq 1$ により大きな円が小さな円へ縮小されると考える．ゆえに，

$$f(r)rdrd\theta = h(ar)ard(ar)d\theta$$
$$= a^2 h(ar)rdrd\theta$$

よって，

$$f(r) = a^2 h(ar) \tag{19.2}$$

(19.1) 式と (19.2) 式により，任意の $0 < a \leq 1$ と $0 < r \leq R$ に対して

$$a^2 f(ar) = 2\pi f(r) \int_0^{aR} rf(r)dr$$

これを a について微分して，$a = 1$ とおくと次の微分方程式を得る．

$$2f(r) + rf'(r) = 2\pi R^2 f(r)f(R)$$

この一般解は次で与えられる．

$$f(r) = \frac{qr^{q-2}}{2\pi R^q}$$

ただし，q は正の定数である．ジェインズはさらに平行移動的不変性を仮定して，$q = 1$ であることを示している．ゆえに，最終的に次を得る．

$$f(r) = \frac{1}{2\pi Rr}, \quad 0 < r \leq R, \ 0 \leq \theta \leq 2\pi \tag{19.3}$$

以上の不変性を仮定することにより，弦が内接する三角形の一辺よりも大きくなる確率が次のように計算できる．

$$\int_0^{2\pi} \int_0^{R/2} f(r)rdrd\theta = \int_0^{2\pi} \int_0^{R/2} \frac{1}{2\pi Rr} rdrd\theta$$
$$= 2\pi \cdot \frac{R}{2} \cdot \frac{1}{2\pi R}$$
$$= \frac{1}{2}$$

したがって，不変性の原理を支持するならば，結果は $\frac{1}{2}$ である．さらに，円の中に藁を実際に投げ入れるという実験を行い，上の解と一致することも確かめている（Jaynes(1973)）．しかし，ジェインズも認めているように，無差別の原理が破綻するという状況では，ここで述べた不変的取り扱いが可能であるとは限らないことも忘れずに付け加えておこう[8]．さらに，弦の問題に関する議論はこれで終わったわけではない．2007 年にシャケルは，ジェインズの解に疑問を投げかける論文を出版した．弦の問題は依然として解かれてはいないという主旨であった（Shackel(2007)）．シャケルの主な主張によると，ジェインズの解は本来のベルトランの弦の問題に答えるものではなく，「一般的問題を制約した問題で置き換えたにすぎない」としている．

---

[8] 例えば，**問題 14**（p.173）で議論したフォン・ミーゼスの水とワインの例は不変性を用いて解決することはできない．

問題 20

3枚の硬貨とゴールトンのパズル（1894）

▶問 題

3枚の硬貨を投げる．3枚とも同じ面を出す確率はいくらか．

▶解 答

標本空間 $\Omega = \{HHH, HHT, ..., TTT\}$ は8つの同等な起こりやすいもので構成されている．これらの中で，すべての面が同じなのは HHH または TTT である．ゆえに，求める確率は $\frac{2}{8} = \frac{1}{4}$ である．

▶考 察

フランシス・ゴールトン卿 (1822-1911) は優生学の父であり，その時代の最も有名な統計学者の1人だと考えられている（図 20.1）．彼の名は通常は，相関と回帰効果[1]の概念と結びつけられる．ゴールトンは，1894年2月15日発行のネイチャー誌に上の問題の正答と意図的な誤答を掲載した（Galton

---

[1] または，平均への回帰として知られる．ゴールトンによれば，背の高い親からは背の高い子が生まれる傾向があるが，平均的には，親よりも背は低い．同様に，背の高い子の親は背の高い傾向がみられるが，平均的には，子よりも背は低い．したがって，回帰効果とは最初の測定で極端な値として選ばれた変数が，後の測定で分布の平均に近づく傾向があるという自然現象を表している．より詳しくは，例えば，全編この話題に捧げた Campbell and Kenny(1999) を参照せよ．

236　問題 20　3 枚の硬貨とゴールトンのパズル (1894)

図 20.1　フランシス・ゴールトン卿 (1822-1911)

(1894)).　誤答に関してゴールトンは次のように書いている.

> 最近次のような議論が実に真剣な様子で交わされていたのを聞いた. 硬貨の少なくとも 2 枚は同じ面を出す. そのとき, 残りの 3 枚目の硬貨が表を出すか裏を出すかは同じ確率である. それゆえに, すべての面が同じになる勝ち目は 2 つに 1 つであって, 4 つに 1 つではない. さて, 誤謬はどこに潜むのか.

　誤りなどまったくない論理での議論であるかのように見える. しかし, 誤謬は「少なくとも 2 枚の硬貨が同じ面を出したということが与えられたとき, 残りの硬貨もまた同じ面を出す可能性は五分五分である」という点にある. これは次のように示すことができる. 話を明確にするために, 表の場合を考えよう.

　「少なくとも 2 枚の硬貨が表である」という事象を U,「残りの硬貨が表で

表 20.1 3枚の硬貨投げにおいて少なくとも2枚の表が得られているとき，3枚とも表である確率が，$\frac{1}{2}$ ではなく，$\frac{1}{4}$ である理由の説明

	場合1	場合2	場合3	場合4	場合5	場合6	場合7	場合8
1枚目の硬貨	H	H	H	H	T	T	T	T
2枚目の硬貨	H	H	T	T	H	H	T	T
3枚目の硬貨	H	T	H	T	H	T	H	T

ある」という事象を V とおく．

$$P(V|U) = \frac{P(V \cap U)}{P(U)}$$
$$= \frac{P(3枚とも表である)}{P(2枚が表である)+P(3枚とも表である)}$$
$$= \frac{(1/2)^3}{3(1/2)^2(1/2)+(1/2)^3}$$
$$= \frac{1}{4}$$

裏の場合でも同様である．このように，少なくとも2枚の硬貨が同じ面であることが与えられたとき，残りの硬貨がそれと同じ面であることよりも別の面であることの方が3倍も起こりやすい．

より明示的な証明が Northrop(1944, p.238) に与えられている（表 20.1）．3枚のうち少なくとも2枚が表であると仮定する．表 20.1 に見られるように，8つの同等に起こりやすい場合の中の4つでそれは起こる．つまり 1, 2, 3, 5 番目の場合である．しかし，これら4つの場合の中の1つだけで，すべての硬貨が表である．つまり，1番目の場合である．このように，硬貨の少なくとも2枚が同じ面であるという事象で条件付けると，3番目の硬貨が同じ面であるという確率は $\frac{1}{4}$ であり，$\frac{1}{2}$ ではない．

問題 21

ルイス・キャロルの枕頭問題 No.72（1894）

▶問 題

袋の中に2つの小石が入っている．どちらも黒か白である確率は等しい．石を袋から取り出すことなくそれらの色を確定できるか．

▶解 答

問題の設定は不十分である．与えられた情報から石の色を確定することは不可能である．

▶考 察

この問題は，英国の有名な作家であり論理学者でもある数学者ルイス・キャロル[1]（1832-1898）による『枕頭問題集』[2]（Dodgson(1894)）において提出された（図 21.1，図 21.2）．そこにある総数 72 の問題の中で確率的なものは 13 個ある．これらの問題の中でも問題 72[3] は最も関心を呼んだ．「超自然的な確率」というかなり意味ありげな見出しをもっている．著書の序文で次のように

---

[1] チャールズ・ラトウィジ・ドジソンの筆名．
[2] キャロルが，夜ベッドの中でそれらを作り解いたことがよく知られていることからそのように呼ばれる．
[3] キャロルの枕頭問題 No.72 はまた，Weaver(1956), Seneta(1984, 1993), Pedoe(1958, p.43), Mosteller(1987, p.33), Barbeau(2000, p.81) 等で議論されている．

問題 21　ルイス・キャロルの枕頭問題 No.72（1894）　239

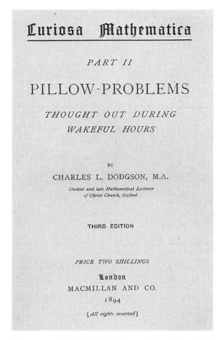

図 21.1　『枕頭問題集』の第 3 版の表紙

書いている（p.xiv）.

> 私の読者のだれであっても，私のことをいつもありきたりの場所でしか仕事をしないとか，踏み慣れた道から彷徨い出るような勇気を決してもてないなどと非難したくなるようなら，超自然的な確率についての —最も冒険心に富んだ数学的な探索者でさえもいまだにほとんど何も成し得ていない分野での— 問題を誇りをもって私は公表したい．それは普通の読者には異常だとかパラドックスでさえあるとか見えるのかもしれないが，そのような読者には率直に次のように自分自身に問うことを望みたい．人生そのものがパラドックスではないのかと．

キャロルは p.27 に**問題 21** の間違った答えを与えている.

1 つは黒で，もう 1 つは白である．

問題 21　ルイス・キャロルの枕頭問題 No.72（1894）

図 21.2　ルイス・キャロル (1832-1898)

　続いて彼は，袋には1個の黒石と1個の白石が入っているに違いないという誤った議論の提示へと進む．その証明は次の通りである（Dodgson(1894, p.109)）．

　　袋に3個の石，2個の黒石と1個の白石，が入っているとしたら，黒石を取り出す確率は $\frac{2}{3}$ であり，他のどの組み合わせからもこの確率が得られることはない，ということを知っている．さて，与えられた袋に $(\alpha)BB$, $(\beta)BW$, $(\gamma)WW$ が入っている確率は，それぞれ $\frac{1}{4}, \frac{1}{2}, \frac{1}{4}$ である．
　　これに，黒石を加える．
　　このとき，袋には $(\alpha)BBB$, $(\beta)BWB$, $(\gamma)WWB$ が入っていて，その確率は，それぞれ $\frac{1}{4}, \frac{1}{2}, \frac{1}{4}$ である．
　　ゆえに，このとき黒石を取り出す確率は

$$\frac{1}{4}\cdot 1+\frac{1}{2}\cdot\frac{2}{3}+\frac{1}{4}\cdot\frac{1}{3}=\frac{2}{3}$$

ゆえに，袋に入っているのは BBW である（なぜなら，他の状態だったらこの確率は得られないからである）．

これにより，黒石が追加される前に袋に入っていたのは BW である，つまり1個の黒石と1個の白石である．Q.E.F.[4]

キャロルのその証明には非難の嵐が浴びせられた．特にWeaver(1956)は実に辛辣であった．

> ドジソンのこの問題集の解答は概ね巧妙で正確である．しかし，その中の1つ［問題72］は滑稽なほどに彼の数学的思考力の限界をさらけ出すことになった….

それ以前に，Eperson(1933)にも

> しかし，この堅苦しさゆえに，著者［キャロル］は読者を使って少しからかい気味に楽しんでいるのでは，と疑ったことだろう．なぜなら，彼ほどの論理的な精神の持ち主がその解の誤謬を見逃すとはおかしなことだからである．

一方，ガードナーは，キャロルは意図的に問題No.72に冗談としての誤答を与えたのだと主張する（Gardner(1996, p.64)）．

> その［キャロルの］証明は明らかに間違っているので，最高の数学者たちのなかで，それを真剣に受け取り，キャロルが確率論をほとんど理解できていない例として引き合いに出した数学者がいたとは理解しがたい！ それどころか，キャロルがそれを冗談とみなしていたことに少しの疑いも挟み得ない．

---

[4] Q.E.F とは quod erat faciendum のことであり，「なされなければならなかったもの」という意味のラテン語である．ふつうは，Q.E.D. (quod erat demonstrandum) が用いられ，「示されなければならなかったもの」を意味する．（訳注）「証明終わり」の記号として使われていた．

最後の議論の可能性は少なさそうであるが，キャロルの推論が実に確信的にみえることは認めざる得ない．例を１つ挙げて，誤謬がどこに潜むのか見ることにしよう．袋には１個の石が入っていて，黒または白である確率は同じであるとしよう．袋が B と W を含む確率はそれぞれ $\frac{1}{2}$ である．袋に黒石を１個加えると，袋には２個の石がある．それが BB と BW である確率はそれぞれ $\frac{1}{2}$ である．ゆえに，黒石を取り出す確率は $1\cdot\frac{1}{2}+\frac{1}{2}\cdot\frac{1}{2}=\frac{3}{4}$ である．キャロルの推論を用いると，このことから，袋に４個の石があるときは，３個の黒石と１個の白石をもたなければならない．しかし，これは正しくない．袋にはわずか２個の石しか入っていないからである！　この例の誤謬は，確率が $\frac{3}{4}$ であるということから構成された推論の中にある．これは袋の中の実際の中身については何も教えてくれない．$\frac{3}{4}$ という確率が教えてくれるのは次のことだけである．袋に石をまず１つ入れる実験を繰り返す（半分の回数では黒石を，残りの半数では白石を）．ただし，その後，黒石を追加し，袋に２つの石が入った状態で，その袋から石を１つ取り出す．このような実験を繰り返すと，黒石はその回数の $\frac{3}{4}$ 程度で得られるだろう．

同様に，キャロルの場合も，黒石を取り出す $\frac{2}{3}$ という確率は，袋の中に２個の黒石と１個の白石が入っていることを意味しない．次の実験を多数回繰り返すと仮定しよう．袋にまず２個の石を入れる（ただし，どちらの石も黒であるか白であるかは同じ確率であるとする）．次に，黒石を追加して，袋の中の黒石の個数を数える．これを多数回繰り返すとき，数えられた黒石の個数は平均的に２個であるということができる．だからといって，その実験において，黒石の個数が必ず２個であるというわけではない．ゆえに，黒石を追加する前は袋には１個の白石と１個の黒石が入っていたに違いないと結論するのは不合理である．白石と黒石の期待できる数はそれぞれ１個であると言えるだけである．

Hunter and Madachy(1975, pp.98-99) と Northrop(1944, p.192) はキャロルのパズルに正しい説明を与えている．しかし，多くの著者はその間違った答えをなぞっているか，あるいはキャロルの推論は「明らかに」間違っていると述べることで満足しているだけある．例えば，Eperson(1933) には，

あなた自身でその誤謬を発見するという知的な優越感を楽しみたいだろうと思うので，それを指摘するのは控えることにして，「袋に黒か白か不明な 3 個の石を含む場合に同様の議論を当てはめると，袋は 3 個の石を含んでいないことになる」というさらにパラドックスな結論に至るという注意を与えて満足することにする．

同様に，Seneta(1984, 1993) と Székely(1986, p.68) にもこの問題の明確な解決策は与えられていない．最後に，Vakhania(2009) の主張を紹介しよう．

問題 No.72 に対するルイス・キャロルの証明は実に曖昧であり，証明は正しくないと暗に受け入れられている．しかし，正しくないと明確に確信できるような証明は与えられていないようである．「どこが誤謬なのか」という疑問は興味の対象であり，すでに幾年ものあいだ挑戦的でさえあり続けてきている．

しかしながら，$\frac{2}{3}$ という計算された確率は，石の期待数を与えているだけであって，実際の数を与えるのではないということを一旦理解できるなら，その誤謬は挑戦的であるという役目を終えることになる．

問題 22

ボレルともう1つの正規性 (1909)

▶ 問 題

区間 $[0,1)$ の中の実数が，与えられた基数で**正規**[1]であるとは，その実数をその基数で展開したときの表現に，任意の有限桁の数字がその期待される頻度で現れるときである．例えば，$[0,1)$ の中のある実数を基数 10 で展開するとき，$\{0,1,...,9\}$ の中のどの数字も $\frac{1}{10}$ の頻度で現れ，$\{00,01,...,99\}$ の中のどの数字も $\frac{1}{100}$ の頻度で現れ，…等々であるとき，その実数は基数 10 で正規である．$[0,1)$ の中のほとんどの実数がすべての基数に対して正規であることを示せ．

▶ 解 答

$x \in [0,1)$ の 10 進数展開での j 桁の数字を確率変数 ξ_j ($\xi_j = 0,1,...,9$, $j = 1,2,...$) とおく．つまり，

$$x = \frac{\xi_1}{10} + \frac{\xi_2}{10^2} + \cdots + \frac{\xi_j}{10^j} + \cdots$$

このとき，数字 $j = 0,1,...,9$ に対して，2 項確率変数を次のように定義する．

---

[1] 用語「正規」が統計学ではガウス分布に対して通常使われることと混同すべきではない．

$$\delta_{b\xi_j} = \begin{cases} 1, & b = \xi_j \ \left(\text{確率}\frac{1}{10}\text{で}\right) \\ 0, & b \neq \xi_j \ \left(\text{確率}\frac{9}{10}\text{で}\right) \end{cases}$$

ただし，$\delta_{b\xi_j}$, $j=1,2,...$ は独立同分布であると仮定してよい[2]．大数の強法則(SLLN)[3]を適用すると，

$$P\left(\lim_{n\to\infty}\frac{\delta_{b\xi_1}+\delta_{b\xi_2}+\cdots+\delta_{b\xi_n}}{n}=\frac{1}{10}\right)=1$$

を得る．つまり，$\frac{\delta_{b\xi_1}+\delta_{b\xi_2}+\cdots+\delta_{b\xi_n}}{n}$ は $\frac{1}{10}$ に確率1で収束する（確率0の集合を除いて）．つまり，数字 $b(=0,1,...,9)$ の相対頻度はほとんどすべての $x\in[0,1)$ に対して $\frac{1}{10}$ である．

次に x の10進数展開において，2つの数字の並びについて考える：$\delta_{b_1\xi_1}\delta_{b_2\xi_2}$, $\delta_{b_1\xi_2}\delta_{b_2\xi_3}$, ..., $\delta_{b_1\xi_j}\delta_{b_2\xi_{j+1}}$, ..., ただし $b_1,b_2=0,1,...,9$. ここでもSLLNが適用できて[4]，対 b_1b_2 の相対的頻度はほとんどすべての $x\in[0,1)$ において $\frac{1}{100}$ である．3つ以上の数字の並びについても同様に証明できる．他のすべての基数に対しても展開したときも同様の結果が従う．ゆえに，$[0,1)$ の中のほとんどすべての実数は正規であることが証明できたことになる．

▶ 考　察

エミール・ボレル(1871-1956)は確率の近代理論の発展に寄与した主要人物，測度論の父と認識されている（図22.1）．1909年にボレルは確率論におけるいくつかの重要な結果を含む画期的な論文を発表する（Borel(1909b)）．SLLN[5]（**大数の強法則**）についての初めての結果，連分数に関する定理，そしてボレルの正規則[6]などについてである．ボレルの正規則はSLLNの系とし

---

[2] これらの仮定が強すぎるのではと思えるようだったら，理論的な正当化としてChung(2001, p.60)を参照するとよい．
[3] pp.94-97を参照せよ．
[4] （訳注）ここでの確率変数列 $\delta_{b_1\xi_j}\delta_{b_2\xi_{j+1}}$, $j=1,2,...$ は互いに独立ではないけれども，偶数項だけあるいは奇数項だけの和を考えると独立なものの和となるので，SLLNを適用して大数の法則の結果を得，それらの和として考えると証明は難しくない．
[5] 問題8を参照せよ．
[6] ボレルの正規数はまた，Niven(1956, 8章), Kac(1959, p.15), Khoshnevisan(2006),

て求められ，ここでの興味の対象である．

2つの注意をここでは与えておく．第1に，ボレルの結果は画期的ではあったけれども，その証明には少々欠陥があった．ジョゼフ・レオ・ドゥーブ(1910-2004)は確率論における厳密さの歴史的な発展について記した際に，次のように述べている（Doob(1996)）（図22.2）．

> …しかし，大数の法則の数学的により強い結果は，ボレルにより導かれたが，この平均の列は（ルベーグ測度の意味で）ほとんどいたるところの x において $\frac{1}{2}$ に収束するというものである（修復不能の間違った証明付きで[7]）．

ボレルは自身の弱点に気づいていたようである．後に，Faber(1910)とHausdorff(1914)においてその証明の欠落部分は埋められた．

第2に，$[0,1)$ の中のほとんどすべての実数は正規なので，正規数は無限に多く存在するにもかかわらず，それらを見つけるのは難しい[8]．これは実に驚くべきことである．有理数からなる可算無限な集合について考えてみよう．すべての有理数の展開の末尾は0とか1の無限列であったり，周期的な列となるので，正規数ではない．例えば，$\frac{2}{3}$ は10進数展開なら0.666...であり，2進数展開なら0.101010...である．10進数展開の場合，$\frac{2}{3}$ に現れる有限桁の数字は $6, 66, 666, \ldots$ 等に限られるので $\frac{2}{3}$ は正規ではない．2進数展開の場合，0や1は同じ頻度で現れるが，$00, 11, 000$ などは現れない．ゆえに，$\frac{2}{3}$ は2進数展開でも正規ではない．しかしこのとき，0と1は0.5の相対頻度で現れるので，$\frac{2}{3}$ は基底2で**単純正規**[9]であると呼ばれる．それゆえに，ある実

Marques de Sá(2007, pp.117-120), Richards(1982, p.161), Rényi(2007 p.202), Billingsley(1995, pp.1-5), Dajani and Kraikamp(2002, p.159) 等で議論されている．

[7] 特に，ボレルは独立性について成り立つ結果を従属列に対しても仮定した．当時得られていた中心極限定理よりもさらに精緻な結果を用いてしまった（Barone and Novikoff(1978)）．

[8] π や e や $\sqrt{2}$ などは正規だろうと思われている．

[9] 一般に，ある実数の r 進数展開で数字 $0, 1, \ldots, r-1$ のどれもが相対頻度 $\frac{1}{r}$ で現れるとき，基底 r で単純正規であると言われる．Pillai(1940)では，ある実数が基底 r で単純正規であるための必要十分条件は，基底 $r, r^2, r^3, \ldots$ のどれにおいても単純正規であることを示している．

図 22.1 エミール・ボレル (1871-1956)

数が，与えられた基底で単純正規ではあるが，他の基底ではまったくそうでないこともあり得る．正規数の例は英国の経済学者デイビッド・チャンパーナウン (1912-2000) によって与えられている（Champernowne(1933)）．系統的に数字を繋げることにより，その基底の正規数を構成した．例えば，基底 10 と 2 の場合は，

$$C_{10} = 0.123456789\ 10\ 11\ 12\ 13\ 14\ 15\ 16\ 17...$$
$$C_2 = 0.1\ 10\ 11\ 100\ 101\ 110\ 111\ 1000\ 1001...$$

これらの系統的構成から分かるように正規性には必ずしも無作為性は必要ない．逆に，十分ではあるけれども（Kotz et al.(2004, p.5673)）．

$[0, 1)$ の中の実数を展開するためのいろいろな基数の中で，基数 2 には特別の興味がある．ボレルは，2 進数展開は正常な硬貨投げを模倣していることに

図 22.2 ジョゼフ・レオ・ドゥーブ (1910-2004)

気づいていた[10]．展開に現れる各 2 進数は，正常な硬貨を投げたときの結果を表す独立な確率変数と見なすことができる．この事実は次の古典的な問題[11]において役立つ．

2 人の賭博者 A と B は正常な硬貨を用いて，賞金を得るための賭けを行う．確率 $\frac{1}{\pi}$ で賭博者 A が勝利するための手続きを考案せよ．

数値 π が硬貨投げとどう関係しているのかと不思議だろうから，問題には興味深いものがある．それを解くために，$\frac{1}{\pi}$ は $[0,1)$ の中にあり，2 進数展開 0.01010001011... をもつことをまず確認する．ここで，0 は裏 T を，1 は表

---

[10] さらに正確に述べると，[0.1) のほとんどすべての数は基数 2 で展開すると，正常な硬貨投げの挙動を表すことができる．また，Billingsley(1995, pp.1-5) や Marques de Sá(2007, pp.117-120) を参照せよ．

[11] ブルース・レビンが初めてこの種の問題に注意を向けさせてくれた．また，Halmos(1991, p.57) を参照せよ．

H を表すとすると,展開は参照列 $THTHTTHTHH...$ を表すことになる.
$[0,1)$ から無作為に数を取り出し,それが $\frac{1}{\pi}$ よりも小さいとき,賭博者 A は確率 $\frac{1}{\pi}$ で勝利すると考えることができる[12]. これは 2 進数表記で $0.01010001011...$ よりも小さな数を得ることを意味する. したがって,上の問題への解は次のように得られる. 正常な硬貨を投げ,表と裏の実際列を記録に残す. 実際列と参照列が異なるやいなや終了する(例えば,$THTT$ であれば,4 回目に投げた時点で終了する). 参照列が H で実際列が T で終了するとき,$[0,1)$ から数を取り出し,それが 2 進数の $0.01010001011...$ よりも小さいことと同値である. この手続きは,A が正確に確率 $\frac{1}{\pi}$ で勝つことを保証する. もちろんここでの $\frac{1}{\pi}$ は任意にそう設定してみただけである. 同様の 2 進数展開を利用すると,勝つ確率を $[0,1)$ のどのような値 $\left(\text{例えば},\frac{1}{e}\text{ や }\frac{1}{\sqrt{2}}\text{ など}\right)$ に設定したとしても,そのような手続きは構成できるのである.

最後に,ボレルの正規数とボレルの大数の強法則(SLLN)との関係を説明するために,$[0,1)$ の実数の 2 進数展開を利用しよう[13]. 表の出る確率が p であるような硬貨を投げ続け,表と裏の列を得ると考える. また,実験は何回も繰り返され,そのような多くの列が得られていると考える. p.95 において,ボレルの SLLN に従えば,表の割合が p に等しくない無限列の集合の確率は 0 であると述べた. そこでの疑問は,「このように挙動する列の型はどのようなものなのか,つまり,表の割合が p に等しくないものとは(そしてそれらの集合の確率が 0 に等しいものとは)」というものである. その答えは次の通りである:$[0,1)$ の実数の 2 進数展開で 1 の割合が p でないような実数に対応する. そのような表と裏からなるすべての列の集合は確率 0 である.

正常な硬貨 $\left(p=\frac{1}{2}\right)$ の場合,表と裏からなる「はぐれた」列は,$[0,1)$ の実数の 2 進数展開においてボレルの意味での単純正規でないものに対応する列のことである. **つまり,正常な硬貨が投げられるとき,ボレルの SLLN に従わない列の集合は,単純正規でないような $[0,1)$ の実数の 2 進数展開の集合に対応する.**

---

[12] $X \sim U(0,1)$ ならば,任意の $0 \leq x \leq 1$ に対して $P(X \leq x) = x$ であることによる.
[13] 問題 8 を参照せよ.

問題 23

ボレルのパラドックスとコルモゴロフの公理 (1909, 1933)

▶ 問 題

確率変数 X と Y は次の同時密度関数に従うとする．

$$f_{(X,Y)}(x,y) = \begin{cases} 4xy, & 0 < x < 1, 0 < y < 1 \\ 0, & その他 \end{cases}$$

$X = Y$ が与えられたときの X の条件付き密度関数を求めよ．

▶ 解 答

$U = X$ と $V = Y - X$ とおく．このとき，目的は $f_{U|V}(u|0)$ を求めることである．(U, V) の同時密度関数は次で与えられる．

$$f_{(U,V)}(u,v) = f_{(X,Y)}(x,y)|J|^{-1}$$

ただし，J はヤコビアンである．

$$J = \begin{vmatrix} \dfrac{\partial u}{\partial x} & \dfrac{\partial u}{\partial y} \\ \dfrac{\partial v}{\partial x} & \dfrac{\partial v}{\partial y} \end{vmatrix} = \begin{vmatrix} 1 & 0 \\ -1 & 1 \end{vmatrix} = 1$$

ゆえに，$0 < u < 1, -u < v < -u+1$ に対して

$$f_{(U,V)}(u,v) = 4xy \cdot 1 = 4u(u+v)$$

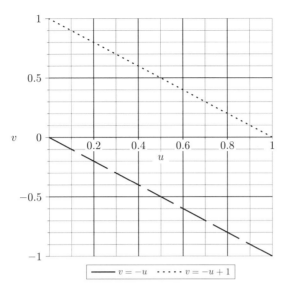

図 23.1 (U, V) は領域 $0 < u < 1$, $-u < v < -u + 1$ に出現する．

を得る．V の周辺密度は，$-1 < v < 0$ に対して

$$f_V(v) = 4\int_{-v}^{1}(u^2 + uv)du = \frac{2}{3}(1+v)^2(2-v)$$

$0 < v < 1$ に対して，V の周辺分布は

$$f_V(v) = 4\int_{0}^{1-v}(u^2 + uv)du = \frac{2}{3}(v-1)^2(v+2)$$

どちらの密度を用いても $f_V(0) = \frac{4}{3}$ である．ゆえに，

$$f_{U|V}(u|0) = \frac{f_{(U,V)}(u,0)}{f_V(0)} = \frac{4u^2}{4/3} = 3u^2$$

ゆえに，$Y = X$ が与えられたときの X の条件付き密度は $3x^2 (0 < x < 1)$ である．

▶ 考 察

代わりに別の確率変数 $U = X$ と $W = \dfrac{Y}{X}$ を用いたとすると,解は異なったものになるのだろうか.調べてみよう.目的は $f_{U|W}(u|1)$ を求めることである.まず,$f_{(U,W)}(u,w) = f_{(X,Y)}(x,y)|J|^{-1}$,$J = \dfrac{1}{x}$ である.ゆえに,$0 < u < 1, 0 < w < \dfrac{1}{u}$ に対して $f_{(U,V)}(u,w) = 4u^3 w$ を得る.W の周辺密度は $0 < w < 1$ に対して $f_W(w) = w$ であり,$w > 1$ に対して $f_W(w) = \dfrac{1}{w^3}$ である.どちらの密度関数から求めても,$f_W(1) = 1$ なので,$f_{U|W}(u|1) = \dfrac{f_{(U,W)}(u,1)}{f_W(1)} = 4u^3$,$0 < u < 1$ である.したがって,異なる解が得られたようである:$X = Y$ が与えられたときの X の条件付き密度は $4x^3 (0 < x < 1)$ である.

条件を付ける同じ事象をどのように記述するかによって 2 つの異なる条件付き密度が得られる.厄介なことが起こっているように見えるかもしれない.どちらの場合も条件を付けるときのその事象の確率が 0 である.つまり $P(V = 0) = P(W = 1) = 0$ であるためにパラドックスは起きている.A と B が事象で $P(B) \neq 0$ であるときの条件付き確率の定義は $P(A|B) = \dfrac{P(A \cap B)}{P(B)}$ であるが,その観点からみると,読者は**確率 0 の事象で条件付けるとき,条件付き期待値は定義できるのか**といぶかしく思うかもしれない.この**考察**の終わりで,この疑問への答えは肯定的であり,どちらの条件付き密度も妥当であることの数学的根拠を与える.

このパラドックスの歴史的な起源はジョゼフ・ベルトランの『確率の計算』(Bertrand(1889, pp.6-7))に遡る.ベルトランは次の疑問を呈した.

> 球面上に 2 点を無作為に選ぶとき,球の中心となす 2 点の角度が 10°以下である確率はいくらか.

この問いに続けて,ベルトランは異なる 2 つの解を与えている.第 1 の解は,球面上のある与えられた部分が 2 点を含む確率はその部分の面積に比例するという仮定に基づいていた.一方,第 2 の解は,大円の与えられた弧が 2 点を含む確率はその弧の長さに比例するという仮定に基づいている.問題は

正しく設定されていないので,どちらの解も正しいというのがベルトランの結論であった.後に,ボレルはこのパラドックス[1]の再検討を行っている(Borel(1909a, pp.100-104)).ボレルは,ベルトランの2番目の仮定は(ゆえに,解は)正しくないと結論した.その数年後コルモゴロフは,そのパラドックス[2]に通常よく引用される説明を与えた(Kolmogorov(1933, p.51)).

> …単独で与えられた条件によって規定されていて,その確率が0であるような仮説に関しては,条件付き確率という概念を適用できない.つまり,全球面を与えられた2極をもつ子午線へと分解したとして,その要素としてその子午線を見做したときにのみ,その子午線上での Θ [緯度]に対する確率分布を得ることができるのである.

問題23で $V = Y - X = 0$ と $W = \dfrac{Y}{X} = 1$ を用いたときに正確にどういうことが起きているのか,その理解を上の引用が助けてくれる.事象 $\{Y - X = 0\}$ は $\lim_{\varepsilon \to 0}\{|Y - X| < \varepsilon\}$ と書け,事象 $\left\{\dfrac{Y}{X} = 1\right\}$ は $\lim_{\varepsilon \to 0}\left\{\left|\dfrac{Y}{X} - 1\right| < \varepsilon\right\}$ と書ける.領域 $A = \{(x, y) : |y - x| < \varepsilon\}$ は2つの平行線の間にあり(図23.2(a)),領域 $B = \left\{(x, y) : \left|\dfrac{y}{x} - 1\right| < \varepsilon\right\}$ は2つの放射線の間にある(図23.2(b))(Bartoszynski and Niewiadomska-Bugaj(2008, p.194), Proschan and Presnell(1998)).この2つにおいて極限の事象 $\{Y = X\}$ への接近の仕方は異なるので,それぞれの条件付き密度である $f_{U|V}(u|0)$ と $f_{U|W}(u|1)$ は異なることになる.さらに,条件 $W = 1$ は条件 $V = 0$ に比べて,$x(= u)$ の値が1に近づくとより起こりやすく,x が0に近づくとより起こりにくくなることを図23.2は表している.この事実は,それぞれの条件付き密度 $4x^3$ と $3x^2$ に反映されている(図23.3).

ボレルのパラドックスやベルトランにより提起された問題(**問題18**と**問題19**)はロシアの数学者アンドレイ・ニコラエビッチ・コルモゴロフ(1903-

---

[1] 現在,ボレルの**大円のパラドックス**と呼ばれることもある.
[2] ボレルのパラドックスはまた,ボレル–コルモゴロフのパラドックスと呼ばれることも多い.さらなる議論については,Bartozynski and Niewiadomska-Bugaj(2008, p.194), Proschan and Presnell(1998), DeGroot(1984, p.171), Casella and Berger(2001, pp.204-205), Jaynes(2003, p.467), Singpurwalla(2006, pp.346-347) 等を参照せよ.

254　問題 23　ボレルのパラドックスとコルモゴロフの公理（1909, 1933）

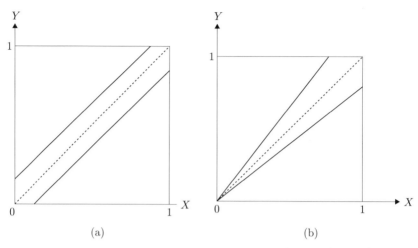

図 23.2　(a) $A = \{(x, y) : |y - x| < \varepsilon\}$,　(b) $B = \left\{(x, y) : \left|\dfrac{y}{x} - 1\right| < \varepsilon\right\}$

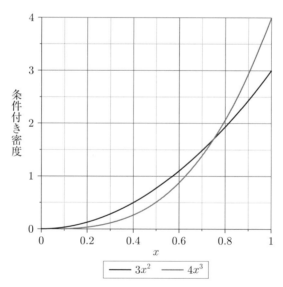

図 23.3　$Y = X$ が与えられたときの X の 2 つの条件付き密度．最初の $y = 3x^2$ は $Y - X = 0$ が与えられたときのもの，次の $y = 4x^3$ は $\dfrac{Y}{X} = 1$ が与えられたときのもの．

1987) をして彼の画期的著作『確率論の基礎』(Kolmogorov(1933))[3]において公理論的確率論の構成へと向かわせた大きな理由であった．次はコルモゴロフが公理論をいかに導入したかを述べている (Kolmogorov(1956, p.1))．

> 確率論は，数学の専門分野として，幾何や代数と同じように公理から正確に構築することができるし，しなければならない．これは次のことを意味する：研究されるべき対象とそれらの基本的な関係を定義し，それらの関係が従うべき公理を設定した後は，これらの対象と関係が日常生活でもつ具体的な意味とは無関係に，それ以後のすべての説明はこれらの公理に例外なく基づかなければならない．

> …確率体の概念は，ある条件を満足する集合の体系として定義される．この集合の要素が何を意味しているかということは，確率論の純粋に数学的な構築において何ら重要ではない（幾何学の基礎としてヒルベルトによる基本的幾何的概念の導入や抽象代数における群や環や体の定義を参照せよ）．

コルモゴロフは全部で6つの公理を明らかにした．最初の5つは事象の有限集合に関している．Kolmogorov(1956, p.2) は次のように書いている．

> E を，基本的事象と呼ばれる要素 $\xi, \eta, \zeta, \ldots$ の集まりとする．E の部分集合からなる集合を $\mathfrak{F}$ とする；集合 $\mathfrak{F}$ の要素は確率事象と呼ばれる．
> (I) $\mathfrak{F}$ は集合体である．
> (II) $\mathfrak{F}$ は E を含む．
> (III) $\mathfrak{F}$ の任意の集合 A には実数 $P(A)$ が指定される．この実数 $P(A)$ は事象 A の確率と呼ばれる．
> (IV) $P(E)$ は1である．
> (V) A と B が共通する要素をもたないとき，$P(A+B) = P(A) + P(B)$

---

[3] コルモゴロフのその著作はグラッタン・ギネス編集の『西洋数学における画期的著作』において画期的論文の1つとして取り上げられている．この本の中での Kolmogorov(1933) の解説は Plato(2005) で与えられている．

である[4].

実数 $P(A)$ への明確な指定を伴った集合の体系 $\mathfrak{F}$ が公理 I-V を満足するとき，それは確率体と呼ばれる．

公理 V は特に重要であり，**有限加法性の公理**と呼ばれる．有限標本空間を扱うにはこれら 5 つの公理で十分なので，確率の基本的な結果はそれらから得られる．例えば，確率の古典的な定義は次のように得られる．Ω が N 個の同等に起こりやすい結果 $w_1, w_2, ..., w_N$ からなると仮定する．基本的結果は定義により排反なので，有限加法性の公理を用いると，次を得る．

$$P(\{w_j\}) = \frac{1}{N}, \quad j = 1, 2, ..., N$$

いま，事象 A が n_A 個の基本的結果からなると仮定すると，A の確率は

$$P(A) = \frac{1}{N} \times n_A = \frac{n_A}{N}$$

となり，確率の古典的な定義である．2 つ目の例として，2 つの任意の事象 A と B に対して次の等式を証明できる．

$$P(A \cup B) = P(A) + P(B) - P(A \cap B) \tag{23.1}$$

まず，事象 $A, B, A \cup B$ は排反な事象の和事象として表現できる．

$$A = (A \cap B^c) \cup (A \cap B)$$
$$B = (A \cap B) \cup (A^c \cap B)$$
$$A \cup B = (A \cap B^c) \cup (A \cap B) \cup (A^c \cap B)$$

有限加法性の公理を用いると

$$P(A) = P(A \cap B^c) + P(A \cap B)$$
$$P(B) = P(A \cap B) + P(A^c \cap B)$$
$$P(A \cup B) = P(A \cap B^c) + P(A \cap B) + P(A^c \cap B)$$

上の最初の 2 つの式を加えて，3 番目の式を引くと，(23.1) 式が得られる．

---

[4] $A + B$ は本書の記法では $A \cup B$ のことである．

問題 23　ボレルのパラドックスとコルモゴロフの公理（1909, 1933）

コルモゴロフの 6 番目の公理は，基礎中の基礎と言うべきものであり，次のように述べられる（Kolmogorov(1956, p.14)）．

(VI) $\mathfrak{F}$ の事象の単調減少列

$$A_1 \supset A_2 \supset \cdots \supset A_n \supset \cdots$$

が次を満たすとき[5]

$$\bigcap_{n=1}^{\infty} A_n = 0$$

次が成り立つ．

$$\lim P(A_n) = 0, \ n \to \infty$$

公理 VI は**連続性の公理**と呼ばれているが，次の**可算加法性の公理**と同値である[6]．$A_1, A_2, A_3, \ldots$ が互いに排反な事象列であるとき，

$$P\left(\bigcup_{j=1}^{\infty} A_j\right) = \sum_{j=1}^{\infty} P(A_j)$$

コルモゴロフは無限標本空間を扱うために可算加法性の公理を導入したが，これは彼の公理論が貢献することになった 2 つの重要なものの 1 つである．しかし，無限標本空間を扱うためにはもう 1 つの重要な道具，すなわち測度論を必要とした．なぜなら，標本空間 Ω が無限であるとき，例えば $[0,1]$ から点を選ぶような場合，Ω のすべての部分集合を事象として認めることができず，確率を指定できないからである[7]．確率を $[0,1]$ 上の測度として見做すとき，すぐに説明するように，確率を指定できないという問題を回避することが

---

[5] ここでの 0 は，本書の記法での空集合 $\emptyset$ を表す．
[6] ゆえに今後，公理 VI を可算加法性の公理として参照する．
[7] すべての集合を用いようとすると，かなりに悩ましいバナッハ–タルスキーパラドックスに遭遇することになる．それによると，単位円を有限個の部分に分解して，2 つの単位円に組み直すことができる．詳細については，Kac and Ulham(1968, pp.48-52), Bewersdorff(2005, pp.48-49), Kardaun(2005, pp.8-9) 等を参照せよ．

できる．測度論的用語を用いるならば，任意の与えられた集合 Ω に対して次の条件を満足する Ω の部分集合からなる **σ-集合族**[8]を定義できる．

- $\Omega \in \mathfrak{F}$
- $A \in \mathfrak{F} \Rightarrow A^c \in \mathfrak{F}$
- $A_1, A_2, ... \in \mathfrak{F} \Rightarrow \bigcup_{i=1}^{\infty} A_i \in \mathfrak{F}$

Ω が標本空間であるとき，3つ組 $(\Omega, \mathfrak{F}, P)$ は**確率空間**と呼ばれる．標本空間の集合族 $\mathfrak{F}$ に属する可測集合に対してのみ確率を定義することにより，確率を定義できないという無限標本空間で生じる問題を避けることができた．さらに，コルモゴロフの枠組みにおいては，与えられた実験に応じて正確な確率空間が指定されなければいけないので，ベルトランの問題[9]等で生じたパラドックスは起こらない．

確率空間 $(\Omega, \mathfrak{F}, P)$ を定義したのち，コルモゴロフは次のように**確率変数**の定義へと進む（Kolmogorov(1956, p.22)）．

> 基本集合 E の上で定義される実一価関数 $x(\xi)$ は，任意な実数 a の選択に対して，不等式 $x < a$ を満足するようなすべての ξ の集合 $\{x < a\}$ が集合族 $\mathfrak{F}$ に所属するとき，確率変数と呼ばれる．

簡単に言えば，確率変数 X は標本空間 Ω を定義域とする**実可測関数**であり，次のように表記される．

$$X : (\Omega, \mathfrak{F}, P) \longrightarrow (R, \mathfrak{F}_X, P_X)$$

ただし，R は実空間，$\mathfrak{F}_X$ は R に関する σ-加法族[10]，P_X は X により導入される確率であり，X の**確率分布**として知られる．

標本空間 Ω が無限であるとき，Ω のすべての部分集合を事象として認めることができないために確率を指定できないと前に述べたが，では**有限標本空間**に非可測な事象は存在し得るのだろうか．以下の例はその答えが肯定的であることを示している．正常な硬貨を3回投げるが，最初に投げた結果しか

---

[8] （訳注）σ-集合族の要素である集合は**可測**であると呼ばれる．
[9] **問題18, 19** を参照せよ．
[10] このときの σ-加法族は**ボレル σ-加法族**と呼ばれる．

観測しなかったという実験を考えてみよう ($\Omega = \{H, T\}$). 事象が可測であるという要請とは，その実験が行われたら，その事象が起きたか起きなかったかという質問に，はい・いいえで答えられるべきだというものである．A を「2個の表が得られた」という事象とする．この場合，事象 A は可測ではないので，それに確率を指定することはできない．このように，与えられた $\omega \in \Omega = \{H, T\}$ に対して，$\omega \in A$ であるかどうか決めることはできない．

コルモゴロフの可算加法性の公理が少々議論を呼んだことについても記述しておく必要があるだろう．著名な主観的確率論者であるブルーノ・ド・フィネッティ (1906-1985) は断定的に反対し，代わりに有限加法性を支持した (de Finetti(1972, pp.86-92)). ハエックはド・フィネッティの主要な論点[11]を的確に要約している（Hájek(2008, p.326)).

> 正の整数を無作為に選ぶと考えよう．どの正の整数も1枚だけのくじ札に書かれているようなくじ引きであると考えてよい．これを正の整数上の一様分布であると解釈することもできる（実際，無差別の原理の支持者達はそれに強く賛意を示しているようである）．しかし，可算加法性を仮定すると，それは不可能なのである．どの数字でもそれが取り出されることに確率 0 を指定すると，これらすべての確率の和は再び 0 である．しかし，これらすべての事象の和集合は確率 1 をもち（ある数は必ず取り出されると保証されているので），$1 \neq 0$ である．一方，どの数字に対してもそれが取り出されることに正の確率 $\varepsilon > 0$ を指定すると，これらの確率の和は ∞ に発散して，$\infty \neq 0$ である．しかしながら，可算加法性を外すと，矛盾することなく，それらの事象に 0 を指定して，それらの和事象に 1 を指定することができる．

しかし，可算加法性の公理を，つまり同値である連続性の公理を外せば便利だと考える確率論者は少なかった．この公理は根本的な重要性を担っていた．なぜなら，分けてもそれは確率分布の極限や微分を可能にしたからである．

---

[11] Bingham(2010) は全編，有限加法性と可算加法性との問題に捧げられている．

コルモゴロフの公理系は確率に関する何か特別な哲学を支持することを強要するものではなかった．それは彼の理論の大いなる利点の1つとみることができる．Chaumont et al.(2007, pp.42-43) には次のようにある．

> コルモゴロフの論文のもつ力強さは，有限確率の場合を延長して確率論の応用面に橋渡そうと考えずに，完全に抽象的な枠組みの中で自足的に考えたところにある．一般に，そのような繋がりを求めることは，避けようもなく微妙で哲学的な疑問に直面することになり，数学的な塑像に暗い影を落としがちである．有限確率に捧げられた部分のみにおいて応用問題を考えている限り，コルモゴロフはこの軛から解放され，フォン・ミーゼスが常に迂回し得なかった陥穽から免れ得たのである．

しかしながら，コルモゴロフは公理論的理論を発展させる際に，フォン・ミーゼスの頻度論を念頭においていたようにみえる．というのも，彼は次のように書いているからである（Kolmogorov(1956, p.3)）．

> …ここでは，確率論の公理系がどのように生じたか，実世界での確率概念についての深く哲学的な論述をいかに排除したか，このことの単純な説明に話を限ろう．現実の事象の世界に確率論を応用できるために必要な前提を確立できるよう，著者はR.V.Mises[1]のpp.21-27の箇所を大いに利用した．

以前に，コルモゴロフの『確率論の基礎』の重要な貢献の1つは無限標本空間を扱える枠組みを提供できたことにあったと述べた．コルモゴロフの仕事の2番目の基礎的な特徴は，条件の確率が0であるときでも**条件付き期待値（条件付き確率）**のための厳密な理論を確立したところにある．コルモゴロフは**ラドン-ニコディウムの定理**を介して条件付き期待値を定義することができた．その定理によれば，$(\Omega, \mathfrak{F}, \mu)$ が **σ-有限**であり，ν が $(\Omega, \mathfrak{F})$ 上の測度で，μ に関して**絶対連続**であるとき（つまり，任意の $A \in \mathfrak{F}$ に対して $\mu(A) = 0 \Rightarrow \nu(A) = 0$），$\Omega$ 上の次のような実可測関数 f が存在する．

問題 23 ボレルのパラドックスとコルモゴロフの公理（1909, 1933） 261

$$\nu(B) = \int_B f d\mu$$

このとき，f は μ に関する ν の**ラドン–ニコディウム微分**と呼ばれる（$f = d\nu/d\mu$）．このように，**ラドン–ニコディウムの定理**は f の存在を保証する．この定理の簡単な応用として，絶対連続な確率分布関数 $F_X(x)$ には密度関数 $f_X(x)$ が存在する．つまり，

$$F_X(x) = \int_{-\infty}^{x} f_X(u) du$$

あるいは

$$f_X(x) = \frac{d}{dx} F_X(x)$$

条件付き期待値の話に戻ると，I_B を集合 B の定義関数とおき，$F_Y(y)$ を Y の分布関数とし，

$$E(X I_B(Y)) = \int_B Z dF_Y(y)$$

と書き表して，コルモゴロフは Y が与えられたときの X の条件付き期待値としての確率変数の存在を確立できた．つまり，$Z = E(X|Y)$ である．さらに，A を事象とし，$X = I_A$ とおくことにより，条件付き確率 $P(A|Y)$ の存在と見做せる同様の結果も得られる．ここで重要なのは，ラドン–ニコディウムの定理の帰結として，条件付き期待値 $E(X|Y)$ は，確率 0 の集合上で修正することはできるが，そのことを除けば一意に定義できる点である．つまり，Y が与えられたときの X の条件付き期待値 $E(X|Y)$ は，$P(Y=y) = 0$ であるとき，y に対する値を任意に書き換えても妥当なのである．

問題 24

ボレルと猿と新創造論（1913）

▶問 題

ロボット猿がタイプライターの前に座り，無作為にキーを打ち続ける．その独立試行により，文字の無限列が印字される．理論的には，最終的に確率1でシェイクスピアの全作品を打ち出せることを証明せよ．

▶解 答

キーボード上のキーの個数を K とおき，シェイクスピアの全作品からなる文字列は長さ S であるとする．このとき，K も S も有限である．猿により印字された文字列を長さ S の区分列 $\mathrm{Seg}_1, \mathrm{Seg}_2, ...$ に切り分ける．猿が打った i 番目の文字とシェイクスピア全作品の i 番目の文字とが一致する確率は $\frac{1}{K}$ である．ゆえに，第1の区分 Seg_1 がシェイクスピア全作品からなる文字列と一致する確率は，つまり Seg_1 が「成功」する確率は $\frac{1}{K^s}$ である．ここで，猿によって印字された最初の G 個の区分列 $\mathrm{Seg}_i, i = 1, 2, ..., G$ のどれもが「失敗」する確率は $\left(1 - \frac{1}{K^s}\right)^G$ である．ゆえに，G 個の区分列の少なくとも1個が「成功」する確率は

$$p_G = 1 - P(G \text{個の部分列がすべて「失敗する」})$$
$$= 1 - \left(1 - \frac{1}{K^s}\right)^G$$

猿は無限の文字列を打ち出すので，

問題 24 ボレルと猿と新創造論（1913） 263

$$\lim_{G \to \infty} p_G = \lim_{G \to \infty} \left(1 - \left(1 - \frac{1}{K^s}\right)^G\right)$$

ここで，$0 < 1 - \frac{1}{K^S} < 1$ なので，

$$\lim_{G \to \infty} \left(1 - \frac{1}{K^s}\right)^G = 0$$

これにより，次を得る．

$$\lim_{G \to \infty} p_G = 1 - 0 = 1$$

ゆえに，理論的には，猿は最終的にシェイクスピア全作品を確率1で打ち出す．

▶ 考 察

ここで証明した結果は，いわゆる**無限の猿定理**である[1]．この結果も，実はこれよりも強い結果も，次の**ボレル-カンテリの第2補題**の直接的な応用として証明できる．$A_1, A_2, \ldots$ を独立な事象列とし，

$$\sum_{j=1}^{\infty} P(A_j) = \infty$$

を満足するとき，次が成り立つ．

$$P(A_j \text{は無限回起こる}) = 1$$

ボレル-カンテリの第2補題を無限の猿定理に適用するために，猿が打った部分列 Seg_j が成功である，つまりシェイクスピア全作品の文字列に一致する事象を A_j とおく．このとき，

$$P(A_j) = \frac{1}{K^S} > 0, \quad j = 1, 2, \ldots$$

ゆえに，

---
[1] 無限の猿定理はまた，Gut(2005, p.99), Paolella(2007, p.141), Isaac(1995, p.48), Burger and Starbird(2010, p.609) 等で議論されている．

$$\sum_{j=1}^{\infty} P(A_j) = \sum_{j=1}^{\infty} \frac{1}{K^S} = \infty$$

したがって，ボレル-カンテリの第2補題から，猿は最終的にシェイクスピア全作品を1回ならず無限回（つまり，無限個の区分で）打ち出す．無限の猿定理はフランスの数学者エミール・ボレル (1871-1956) まで遡ることができる．論文 Borel(1913) は次のように述べている[2]．

> タイプライターのキーを無作為に打つ百万匹の猿が集められたと想像しよう．読み書きのできない監視員たちの管理の下で，百万台のタイプライターを使ってこれら猿たちは1日10時間休むことなく打ち続ける．無学の監視員たちは黒く印字された紙を集め，本にまとめる．1年後，それらの本の中には，世界中の大図書館に収められているすべての言語による，すべての種類の正確な記録のコピーが書き込まれていることだろう．

同じ見解が後に，英国の天文学者アーサー・エディントン卿[3](1882-1944) により表明された．彼の著書『物質界の性質』（Eddington(1929, p.72)）には次のようにある．

> タイプライターのキーの上で指を徒に彷徨わせるとき，それで得られる長たらしい文が意味のある文章になっているかもしれない．猿の軍隊が各々タイプライター上ででたらめに叩くとき，英国博物館のすべての本を書き上げてしまうかもしれない．そうなる確率はコップの半分に分子が戻る確率よりも明らかに大きい．

無限の猿定理が数学的に成立する理由は，猿が打つ長さ S の文字列がシェイクスピア全作品に一致する確率 $\frac{1}{K^S}$ が 0 でないからである．しかし，この確率は非常に小さいので，現実的なことを言えば，どのように素早い猿にお

---

[2] ボレルは後に，著書『偶然』（Borel(1920, p.164)）でも同じ例を与えている．
[3] ボレルとエディントンの両者が，気体運動論の文脈の中で共に無限の猿の例を挙げているのは興味深い．

いてでもシェークスピア全作品を正確に印字するまでには永遠と言えるほどの時間を要することだろう．このことを確かめるために簡単な計算を行ってみよう．例えば，$K = 44$, $S = 5.0 \times 10^6$ と仮定すると，シェークスピアの作品を正確に印字する確率は $\frac{1}{K^S} \approx 4.1 \times 10^{-8217264}$ である．ゆえに，初めての成功区分を得るまでに猿が打つべき期待区分数は K^S である．これは SK^s 個の文字数に相当する．猿が1秒で1000文字印字すると仮定すると，シェークスピアの全作品が初めて現れるまでに期待される時間はおおよそ

$$\frac{S \times K^S}{1000 \times 60 \times 60 \times 24 \times 365} \approx 3.8 \times 10^{8217259} \text{ (年)}$$

参考までに，宇宙の年齢はおおよそ 1.4×10^{10} 年である．

さらに，ロボット猿は今後100万年間，無作為に1秒当たり1000文字印字するようにプログラムされていると仮定する．シェークスピアの全作品を印字するのに成功する確率はいくらか．100万年は 3.2×10^{13} 秒，あるいは 3.2×10^{16} 文字に相当する．これにより，猿は 6.3×10^9 個の区分を作成することができる．1つの区分が成功する確率は $\frac{1}{K^S}$ なので，少なくとも1つの成功を得る確率は

$$1 - P(\text{すべて不成功}) = 1 - \left(1 - \frac{1}{K^S}\right)^{6.3 \times 10^9} \approx 0$$

最後に，ロボット猿はシェークスピアの作品の最初の1ページ目のみの印字に挑戦すると仮定する．$K = 44$ は前と同じだが，今回の S は600である．前と同じ推論により，1ページ目の印字に成功する確率は 8.5×10^{-984} である．（1秒当たり1000文字の速さで打つとすると）第1ページが最初に現れるまでに必要な平均時間は 2.2×10^{978} 年である．同様に，1秒で1000文字の速さで100万年間無作為に打ち続けた場合でも，少なくとも1枚の成功を得るための確率は今回も0である．

非常に小さな確率のもつ性質と意味については，ヤコブ・ベルヌーイの時代からの興味の対象であった．『推測法』(Bernoulli(1713)) の第IV部のまさに第1章で，ベルヌーイは次のように述べている．

266　問題 24　ボレルと猿と新創造論（1913）

確率がすべての確かさそのものにほぼ等しいものは，事実上確かなのであり，事実上確かな事象が起こらないと受けとられることはない．一方，失敗する確かさが事実上の確かさであると見做されるほどの確率しかもたないものは，事実上の確かさで起こらない．したがって，$\frac{999}{1000}$ の確かさをもつものが事実上確かなのなら，わずか $\frac{1}{1000}$ の確かさしかもたないものは事実上の確かさで起こらないのである．

フランスの大数学者であるジャン・ル・ロンド・ダランベール (1717-1783) もまた，小さな確率に興味があった．ダランベールは「形而上的確率」と「形而下的確率」の区別を設けていた．ダランベールによると，事象の確率が 0 でないときその事象は形而上的に（または，数学的に）起こり得る．一方，その確率がほとんど 0 であるというほどには希でない場合には，その事象は形而下的に起こり得る．d'Alembert(1761, p.10) には次のようにある．

> **形而上的**に可能であることと**形而下的**に可能であることは区別されるべきである．前者には，その存在が不合理でないようなすべてのものが含まれる．後者にはその存在が不合理でないにしても，極めて異例で普通に起こらないものは含まれない．2 つのサイコロで 6 のゾロ目を 100 回連続で出すことは形而上的には可能であるが，形而下的には不可能である．なぜならそれは決して起こらなかったし，今後も起こらないからである．

事象が形而下的には不可能であると判断できるための確率がどの程度の小さなのか，その境界値をダランベールは与えていない．しかし，形而下的に不可能であるという概念を説明するために 100 回の硬貨投げの例を挙げている[4]（これは形而下的に不可能であるための確率として $p \leq \frac{1}{2^{100}}$ を与える）．

小さな確率の問題はビュフォン (1707-1788) も取り上げた．彼の『道徳算術の試論』（Buffon(1777, p.58)）には次のようにある．

　…一言でいえば，確率が $\frac{1}{10000}$ よりも小さい場合は，それは在るに

---

[4] d'Alembert(1761, p.9) を参照せよ．

違いないが，現実的には絶対的に無いに等しい．同じ理屈で，確率が 10000 よりも大きい場合は[5]，私たちに最も完璧な事実上の確かさを保証する．

小さな確率を解釈するためのそれなりに基準となる指針は，かなり後になってボレルによる『確率と生活』(Borel(1962, pp.26-29)) において与えられた．ボレルは次のような確率を定義した．

- 10^{-6}：人間の規模で無視できる．つまり，最も慎重深く合理的な人物は，その確率が 0 であるかのように振る舞うに違いない．
- 10^{-15}：地球規模で無視できる．我々の関心が個人に対してではなく，生存する人間の全集団に向けられるとき，この種の確率は考慮されるに違いない．
- 10^{-50}：宇宙規模で無視できる．ここでは，地球に対してではなく，天文学的な物理測定機器を通して知ることのできる宇宙の一部に関心が向けられる．
- 10^{-500}：超宇宙規模で無視できる．つまり，全宇宙が考慮されるときである．

名誉あるフランス科学学士院の会長であったこともあるボレルは，後にこの確率についての指針が，非常に影響力をもった集団の行動計画を進めるために利用されるとは考えもしなかった．その集団とは，インテリジェント・デザイン (ID) 運動のことである．その運動は，米国最高法廷における裁判 Edwards v. Aguillard(482 U.S. 578(1987)) の裁定などで「科学的」創造論が公立学校で教えることを禁止されて以来，そこから発展してきた．ID 運動は米国の法学教授フィリップ・E・ジョンソン (1940-) により設立された．その考えは『裁判にかけられたダーウィン』(Johnson(1991)) によって広められた．Rieppel(2011, p.4)[6]によると，

---

[5] (訳注) 10000 という確率はビュフォンの原文のままである．10000 : 1 の確かさの意味であろう．
[6] 進化論と創造論の論争はまた，Pennock(2001), Ruse(2003), Forrest and Gross (2004), Skybreak(2006), Scott(2004), Ayala(2007), Seckbach and Gordon(2008), Young and Largent(2007), Lurguin and Stone(2007), Moore(2002), Manson (2003), Bowler(2007), Young and Strode(2009) 等で議論されている．

インテリジェント・デザインの教義の主な論点は，その支持者たちが「還元不能な生物学的複雑性」と呼ぶものにある．ウイリアム・ペーレイによる 1802 年の悪名高い「自然神学」で詳細されている古い「時計職人のアナロジー」にまで戻って，インテリジェント・デザインの支持者たちは細菌の鞭毛のような生物学的構造に注目する．ダーウィンの自然選択の理論ではその進化を満足的に説明できないほどにその機械論的複雑性は非常に洗練されていると考えている[7]．

ID 支持者は，知的デザイナーの存在を信じている．しかし，公式的にはその存在を特定してはいない．さらに，Phy-Olsen(2011, p.xi) では次のように付け加えられる．

> ID は，その運動では知られているように，宗教的用語を用いないし，聖書からの引用で訴えることもない．学校から進化論を締め出すことを求めもしない．それはただ，進化論を教える時間と同じ長さで，宇宙と人間の起源についての解釈を教えることを要求する．

ID 支持者の幾人かは，小さな確率に関するボレルの考えに飛びついた．特に，宇宙規模で無視できる確率に対する指針 10^{-50} を進化論への反証に利用した．例えば，ID に関連した文書では，次のような文章にしばしば出会う (Lindsey(2005, p.172))．

> フランスの確率論の専門家エミール・ボレルは，偶然には 1 回法則が存在していて，それを超えると，いかに時間を費やそうともそれが起こる可能性はないと述べている．ボレルは，それは 10^{50} 回に 1 回起こる偶然であると計算した．それを超えると，時が永遠に過ぎようとも，いかなるものも起こらない（10 億回に 1 回とは 10^9 回に 1 回である）．10^{50} 回に 1 回の偶然がどれほどのものなのか理解するために，そのような大きさを数え上げるとしたら数百万年を要するだろう．人間の DNA 列が自分自身を無作為に符号化するため必要な偶然

---

[7] 自然選択とは，遺伝子型の多様多種な適合に拠る，多様多種な個体の多様多種な再生として理解することができる．

は $10^{1000000000000}$ 回に1回であることを思い起こせば，45億年では，言わせてもらえば永遠に，人間の進化は決して起こり得ないだろう．したがって，無限の時間を得ても不可能なものは起こり得ず，進化論者の主張はボレルの法則を用いた統計・確率的研究によって成り立たないことが示されている．

このように，ID支持者たちはロボット猿がシェークスピアの全作品を印字する可能性よりも進化は希であると主張する．しかし，この議論は正しくないことを示そう．自然選択による進化は，上に述べられているような完全に無作為なやり方では起こらないからである．

遺伝子[8] Ge が30個のヌクレオチド[9]からなる次の列であると仮定する．

Ge: AGGGT CCTAA AATAG TATCA AGCGT AGTCA

Ge はその生物をうまく再生し，次世代にその遺伝子を伝達することができて，その生物の適合に貢献していると仮定する．さらにまた，Ge はそのときの環境にその生物にとって最適な適合を達成させていると仮定する．いま，本来の DNA 列は次のような（Ge の変形である）Ge_1 であり，非常に低い適合性しかもっていなかったとしよう．

Ge_1: AG**AA**T CCTAA **GACAG CG**TGA AGCGT A**A**TCA

ある特定種のすべての生物が最初は Ge_1 をもっているが，突然変異により，Ge_1 よりも高い（しかし，Ge よりはまだまだ低い）適合性をもった変形 Ge_2 の子孫が生まれたとする．

Ge_2: AG**AA**T CCTAA **AA**TAG **CG**TGA AGCGT A**A**TCA

Ge_2 は Ge_1 よりも高い適合性を示すので，次世代でのその割合はますます増えていくだろう．すなわち，自然選択がその生物種に働き，進化を導く．

---
[8] 遺伝子とは，ある制御機能をもった RNA 分子に暗号化される DNA 列であると考えられている．
[9] ヌクレオチドとは DNA の小単位であると考えられている．4種類のヌクレオチドが存在する：アデニン (A)，チミン (T)，グアニン (G)，シトシン (C)．

270　問題 24　ボレルと猿と新創造論 (1913)

図 24.1　リチャード・ドーキンス (1941-)

将来さらなる突然変異が起こり，Ge_2 よりも高い適合性を示す変形（例えば Ge_3）を導くことになる．自然選択により，世代を重ねると，Ge_1 や Ge_2 に比較して Ge_3 は圧倒的な数を占めるようになるだろう．自然選択による進化は，たとえ最適な変形 Ge が結局現れなかったとしても，集団はもっとも高い適合性をもつ変形に落ち着くという形で進行する．それゆえに，自然選択は以前の変形を**編集しながら働くような累積的な過程**なのである．最良の列（Ge）が得られるまでヌクレオチドをその都度混ぜ合わせるような確率過程そのものであると ID 支持者が通常描くようなものではない．

　最後の議論は本質的には，有名な進化論生物学者であるリチャード・ドーキンス (1941-)（図 24.1）が著書『盲目の時計職人』(Dawkins(1987, p.46)) で論じたものである．その p.49 においてドーキンスは書いている．

　　累積的選択を用いたときに要する時間，あるいは同じ速さで作動し続

ける同じコンピュータで一段階選択というもう1つの手続きを用いるように強いられたときに目的の文字列に到達するのに要する時間，この2つの時間の違いはどれほどだろうか：おおよそ100万の100万の100万の100万年．同じ仕事を達成するために累積的選択を行うように強いられた無作為的に作動するコンピュータ，それが要する時間は11秒から昼食をとるための時間のように人間が普通に理解できるような長さである．

このとき，累積的選択（どの改良も，例え僅かであったとしても，次の進歩の基礎として利用される）と一段階選択（どの「試み」も常に新しい），そこには大いなる違いが存在する．進化論上の進歩が一段階選択に依存していたのなら，それはどこでも起こらなかったに違いない．しかしながら，累積的選択に必要な条件が自然の見えざる手により準備されるということがあり得たならば，その結果とは奇妙で素晴らしいものとなるに違いない．結局それがこの星で起こったことなのであり，たとえ最も奇妙で最も素晴らしいものではないとしても，その結果のさなかに我々はあるのである．

進化論の科学的価値を議論することは少しも不自然ではないけれども，Lindsey(2005)や同類の書物にあるような確率論的議論に基づいて攻撃を加えることに妥当性が認められることはない．

問題 25

クライチックのネクタイとニューカムの問題
（1930，1960）

▶問題

ポールは2つの封筒を差し出され，1つにはもう1つの2倍の金額が入っていると告げられる．ポールは1つを選ぶが，それを開ける前に，もう1つと取り換えてもよいと提案される．ポールは次の推論に基づいて取り換えることにする．

> 初めに選んだ封筒に D ドル入っていると仮定する．この封筒には確率 $\frac{1}{2}$ で少ない方の金額が入っていて，取り換えると，$2D$ ドル手に入ることになり，D ドルの増加である．一方，この封筒には，再び確率 $\frac{1}{2}$ で多い方の金額が入っているかもしれない．このとき取り換えると，$\frac{D}{2}$ ドルしか手に入らないので，$\frac{D}{2}$ ドルの減少である．ゆえに，取り換えることによる期待利得は $D \cdot \frac{1}{2} + \frac{-D}{2} \cdot \frac{1}{2} = \frac{D}{4}$ の増加となるので，取り換えるべきだ．

ポールの推論は正しくないことを簡潔に述べよ．

▶解答

ポールが取り換えたとして，そのもう1つの封筒に同じ推論を働かせると，元の封筒と取り換えなおすことになる．その推論を何回も繰り返すことにな

り，永遠に取り換え続けなければならない．ゆえに，ポールの推論は正しいとは言えない．

▶考　察

この小さな問題は通常ベルギーの数学者マリウス・クライチック (1882-1957) に帰せられる．『遊びの数学・数学の楽しみ』(Kraitchik(1930, p.253))[1]の中のパズル「ネクタイのパラドックス」として現れる．

> BとSは相手よりも良いネクタイをもっていると言い合っている．2人はZに次のようなゲームのやり方で仲裁を頼んだ．Zがどちらのネクタイが良いか決めたら，勝者は自分のネクタイを敗者に進呈する…．これに関してSは考えた：「私は自分のネクタイの価値を知っている．それを失うかもしれないが，より良いものを手に入れられるかもしれない．ゆえに，ゲームは私に有利だ．」しかし，問題は対称的なので，Bも同様に考えたんだ．ゲームがどちらにも有利だなんて不思議じゃない[2]．

クライチックは，ドイツの数学者エトムント・ランダウ (1877-1938) による数学娯楽についての1912年の講義の中で問題は作られていたことを認識していた．

ポールの推論が間違っていることは分かったが，疑問は残る．その間違いは明確にどこにあるのだろうか．それを明らかにするために，封筒の1つには a ドル入っていて，もう1つには $2a$ ドルであると仮定する．ポールによって初めに選ばれた封筒には D ドル入っている．

$$D = \begin{cases} a, & \left(確率\frac{1}{2}で\right) \\ 2a, & \left(確率\frac{1}{2}で\right) \end{cases}$$

---
[1] 英訳第2版 (Kraitchik(1953, p.133)) にもこの問題は現れる．
[2] この問題は実は**問題**そのものとは少し異なっている．ポールは選んだ封筒を開けないので，その価値を知ることはないが，Sは自身のネクタイの価値を知っている．

ポールが小さい金額の方を選んだとすると ($D = a$),取り換えることにより $2a(= 2D)$ を得て,a の利得である.しかし,大きい方を選んでいたら ($D = 2a$),取り換えることにより $a\left(= \dfrac{D}{2}\right)$ を得て,a の損失である.利得も損失も a である.しかしポールの推論においては,利得を D,損失を $\dfrac{D}{2}$ と書き,異なる値をもたせている.そのため,取り換えることによる誤った期待利得 $D \cdot \dfrac{1}{2} + \dfrac{-D}{2} \cdot \dfrac{1}{2} = \dfrac{D}{4}$ を得ることになる.利得と損失が同じ a であることをポールが理解していたなら,取り換えによる損得の期待値は $a\dfrac{1}{2} + (-a)\dfrac{1}{2} = 0$ であると正しく結論できていただろう.それゆえに,ポールが取り換えてもそうでなくても影響はない.D は定数ではなく,確率変数であると正しく扱っていたなら,誤った推論に陥ることはなかっただろう.

前に言及したように,クライチックが初めに考えた問題は少し異なっている.S は自分のネクタイの価値を知っていたが,ポールは封筒の中にいくら入っているか知らなかった.クライチックの問題へ 1939 年に彼が与えた解答の概略を紹介しよう.B と S のネクタイの価値はそれぞれ b と s であると仮定する.G を S の利得とする.

$$G = \begin{cases} -s, & b = 1 \\ -s, & b = 2 \\ \vdots & \vdots \\ -s, & b = s-1 \\ 0, & b = s \\ b, & b = s+1 \\ b, & b = s+2 \\ \vdots & \vdots \\ b, & b = x \end{cases}$$

この式において,クライチックはネクタイの値段の上限を x とおいている.いま,b の値はどれも同等に起こりやすく,確率 $\dfrac{1}{x}$ である.ゆえに,S の得る条件付き期待利得は

問題 25　クライチックのネクタイとニューカムの問題（1930, 1960）　275

$$E(G|S=s) = \frac{1}{x}\left(-s(s-1) + \sum_{b=s+1}^{x} b\right)$$
$$= \frac{1}{x}\{-s(s-1) + (s+1) + (s+2) + \cdots + x\}$$
$$= \frac{x+1}{2} - \frac{3s^2 - s}{2x}$$

さらに，s も確率 $\frac{1}{x}$ で値 $1, 2, ..., x$ をとるとすると，条件を付けないで得られる S の期待利得は

$$E(G) = E_S(E_G(G|S))$$
$$= \frac{x+1}{2} - \frac{1}{x}\sum_{s=1}^{x}\frac{3s^2-s}{2x}$$
$$= \frac{x+1}{2} - \frac{1}{4x^2}\{x(x+1)(2x+1) - x(x+1)\}$$
$$= 0$$

2 通の封筒問題は見かけ通り単純であるにもかかわらず，統計学者や経済学者や哲学者による，かくも膨大な文献[3]が生み出されたことには驚かされる．その議論にベイジアンや決定論者や因果論研究者達が飛び込んでいき，いまだに論争は荒れ狂っている．ここでは，問題のいくつかの変形と提案された解答の概略を与えよう[4]．1989 年，Nalebuff[5](1989) はクライチックが実際に考えた問題に近い変形を考えた．

　ピーターは 2 つの封筒を差し出され，1 つにはもう 1 つの 2 倍の金額
　が入っていると告げられる．ピーターは 1 つを選び，開いて，x ド

---

[3] 例えば，Barbeau(2000, p.78), Jackson et al.(1994), Castell and Batens(1994), Linzer(1994), Broome(1995), McGrew et al.(1997), Arntzenius and McCarty(1997), Scott and Scott(1997), McGrew et al.(1997), Clark and Shackel(2000), Katz and Olin(2007), Sutton(2010) 等で議論されている．
[4] 驚くべきことに，パズル界の巨匠マーチン・ガードナーが『アッ！ 分かった』(Gardner(1982, p.106)) において 2 通の封筒問題に解答を与え損なっている．そこには次のようにある．「このこと［つまり，2 人の競技者の推論の間違い］を簡単なやり方で明らかにできないでいる．」
[5] ナレブフはクライチックの問題の「封筒」型の変形を考えた最初の人物である．

ルを見つける.そこで,もう1つと取り換えてもよいと提案される.
ピーターはどうすべきか.

問題 25 のポールと同様にピーターも,もう1つの封筒には $2x$ または x がそれぞれ確率 $\frac{1}{2}$ で入っていると考え,取り換えると期待利得は $\frac{x}{4}$ になると間違った結論を導く.しかし,ナレブフはベイズ流の議論を用いて,ピーターが封筒の中に x ドルを見つけると,もう1つの封筒に $2x$ または $\frac{x}{2}$ を含む確率が $\frac{1}{2}$ であるのは,x が $[0,\infty)$ の上で同等に起こりやすい場合のみであることを示した.そのような x の確率密度は不適切で許容的ではないので,ナレブフは交換する方が良いとしたピーターの議論は間違っていると結論した.

しかし,このパラドックスに対する完全に近い解答は,同様のベイズ流の議論を用いて Brams and Kilgour(1995) によって与えられた[6].ベイズ流解析が好ましく見える理由は,ピーターの見つけた金額が非常に大きいときは,非常に小さいときに比べて交換したがらないだろうと考えられるからである.これには,金額に事前分布を設定したベイズ流解析が魅力的に見える.では,封筒の1つには大きい方の金額 L が,もう1つには小さな金額 S が入っていると仮定する $(L = 2S)$.L の事前分布を $f_L(l)$ とおくと,S の事前分布は自動的に決まる.

$$P(L \leq l) = \left(S \leq \frac{l}{2}\right)$$

分布関数で表現すると,

$$F_L(l) = F_S\left(\frac{l}{2}\right)$$

微分して,次を得る.

$$f_L(l) = \frac{1}{2} f_S\left(\frac{l}{2}\right)$$

ピーターが最初に選んだ封筒の中の金額を X,その確率密度関数を $p(x)$ とお

---

[6] また,Christensen and Utts(1992) を参照せよ.この論文には誤りがあったので,修正論文 Blachman et al.(1996) が書かれた.これらにおいては,2通の封書パラドックスは**交換パラドックス**と呼ばれている.

く．いったん封筒が開けられると，ピーターは金額 x を観測する．ピーターが大きい金額の封筒を開ける条件付き確率はベイズの定理[7]を用いて与えられる．

$$P(X=L|X=x) = \frac{P(X=L)f_L(x)}{p(x)}$$
$$= \frac{P(X=L)f_L(x)}{P(X=L)f_L(x) + P(X=S)f_S(x)}$$

ここで，$P(X=L) = P(X=S) = \frac{1}{2}$ なので，次を得る．

$$P(X=L|X=x) = \frac{f_L(x)}{f_L(x) + 2f_L(2x)} \tag{25.1}$$

同様に，

$$P(X=S|X=x) = \frac{2f_L(2x)}{f_L(x) + 2f_L(2x)} \tag{25.2}$$

$x = L$ のとき，ピーターは交換によって $S = \frac{x}{2}$ を得るので，$\frac{x}{2}$ の減少となる．また，$x = S$ のとき，ピーターは交換によって $L = 2x$ を得るので，x の増加である．ゆえに，期待利得の増加は

$$EG^* = \frac{f_L(x)}{f_L(x) + 2f_L(2x)} \times \left(-\frac{x}{2}\right) + \frac{2f_L(2x)}{f_L(x) + 2f_L(2x)} \times x$$
$$= \frac{x(4f_L(2x) - f_L(x))}{2(f_L(x) + 2f_L(2x))} \tag{25.3}$$

この式は，$4f_L(2x) > f_L(x)$（いわゆる連続型の場合の**交換条件**）が事前に与えられるようなら，交換した方が良いことを示している．Brams and Kilgour(1995) は**任意**の事前密度 $f_L(x)$ に対して交換条件が成り立つような x が存在することを示した．そこでは例が幾つか挙げてある．

- **L に対する一様事前分布**：$f_L(l) = 1, 0 \le l \le 1$．交換条件は $l \le \frac{1}{2}$ である．
- **L に対する指数事前分布**：$f_L(l) = e^{-l}, l \ge 0$．交換条件は $l \le \log 4 \approx 1.39$ である．

---

[7] **問題 14** を参照せよ．

- $f_L(l) = (1-k)l^{-2+k}$, $l \geq 1, 0 < k < 1$. 交換条件は $l \geq 1$ である．つまり，この分布からの可能なすべての値に対して成り立つ．

次に，クライチックのネクタイと同じ趣向のさらに進んだ問題を2つ検討しよう．ただし，どちらの解も非常に異なったものとなっている．最初の問題は[8]

> 2つの同じ封筒が提示され，1つには金額 x が，もう1つには金額 y が入れてある．ただし，x と y は異なる整数である．封筒を無作為に1つ選んで開き，中の金額を W とおく（W は x か y である）．W が2つの金額の安い方であることを $\frac{1}{2}$ よりも大きい確率で推測する方法を考案せよ[9]．

その方法は次のように得られる．正常な硬貨を投げ，表が初めて現れるまで投げた回数 N を記録する．$Z = N + \frac{1}{2}$ と定義する．このとき，$Z > W$ なら W は2つの金額の小さい方であると決める．逆に $Z < W$ なら W は2つの金額の大きい方であると決める．この方法が $\frac{1}{2}$ よりも大きな確率で正しい判断を導くことを示すために，まず次を確認しておく．

$$P(N = n) = \left(\frac{1}{2}\right)^{n-1}\left(\frac{1}{2}\right) = \frac{1}{2^n}, \quad n = 1, 2, ...$$

ゆえに，

$$P(Z < z) = P\left(N < z - \frac{1}{2}\right) = P(N \leq z - 1)$$
$$= \sum_{n=1}^{z-1} \frac{1}{2^n} = \frac{(1/2)(1 - (1/2)^{z-1})}{1 - 1/2}$$
$$= 1 - \frac{1}{2^{z-1}}$$

---

[8] また，Grinstead and Snell(1997, pp.180-181)，Winkler(2004, pp.65, 68) を参照せよ．後者はこの問題を Cover(1987, p.158) によるものとしている．
[9] もちろん，正しい確率がちょうど $\frac{1}{2}$ であるようにしたいなら，単純に硬貨を投げて決定すればよい．

Z は定義により整数値はとらないので，
$$P(Z > z) = 1 - P(Z < z) = \frac{1}{2^{z-1}}, \quad z = 1, 2, ...$$

$x < y$ とおいて，話を進めよう．小さな金額は確率 $\frac{1}{2}$ で選ばれ，$W = x$ である．このとき，正しく判断するのは $Z > x$ のときである．同様に，大きい金額も確率 $\frac{1}{2}$ で選ばれ，$W = y$ であり，正しく判断するのは $Z < y$ のときである．それゆえに，正しく判断できる確率は

$$\frac{1}{2} P(Z > x) + \frac{1}{2} P(Z < y) = \frac{1}{2} \cdot \frac{1}{2^{x-1}} + \frac{1}{2} \cdot \left(1 - \frac{1}{2^{y-1}}\right)$$
$$= \frac{1}{2} + \left(\frac{1}{2^x} - \frac{1}{2^y}\right) > \frac{1}{2}$$

$x < y$ なので，証明は終わる．N が（ポアソン分布のような）正の離散点に無限に出現する任意の離散分布であっても，同様の計算で上の結果は成り立つ．また，V が（指数分布のような）正の領域で狭義の単調増加分布関数をもつ任意の連続分布であっても，$Z = V$ と定義して，同じ判定法を用いることができる．

2番目の問題である**ニューカムのパラドックス**[10]は決定理論における古典的な問題である．次のように与えられる．

> 2つの箱がある．1つは透明で（箱A），もう1つは不透明である（箱B）．あなたは両方の箱を開けるか，箱Bのみを開けることが許され，中にある賞金を手に入れられる．非常に信頼のおける預言者が，前もって中身を次のように設定している．まず箱Aには1000ドル入れる．さらに預言者は，あなたが箱Bのみを開けると判断した場合は，箱Bに1000000ドル入れる．あるいは，あなたが両方の箱を開けると判断した場合は，箱Bには何も入れない．あなたはどちらを選ぶべきか．

---

[10] ニューカムのパラドックスはまた，Resnick(1987, p.109)，Shackel(2008)，Sloman(2005, p.89)，Sainsbury(2009, 4章)，Lukowski(2011, pp.7-11)，Gardner(2001, 44章)，Campbell and Sowden(1985)，Joyce(1999, p.146)，Clark(2007, p.142) 等において議論されている．

問題 25 クライチックのネクタイとニューカムの問題（1930, 1960）

表 25.1 ニューカムのパラドックスの決定行列

決定	自然の真の状態	
	箱 B は空	箱 B は空でない
箱 B だけを開ける	$U = 0$ (確率 $1-p$)	$U = 1000000$ (確率 p)
両方の箱を開ける	$U = 1000$ (確率 p)	$U = 1001000$ (確率 $1-p$)

では，2 つの選択肢にどのような議論があり得るのか紹介しよう．

まず，最大期待効用の原理を用いて，箱 B のみを開ける場合を扱う．表 25.1 にあるニューカムのパラドックスに関する決定行列について考えよう．行列は，預言者が正しかったかどうかで場合分けしたときの各決定の効用 U を要素にもつ．

預言者が正しい場合の確率を p とおくと，p は仮定によりかなり大きい（例えば，$p \approx 0.9$）．あなたが両方の箱を開けると預言者が預言していた場合に（このとき，箱 B は空）箱 B のみを開けるときの効用は $U = 0$ であり，両方の箱を開けるときの効用は $U = 1000$ である．ゆえに，箱 B のみを開ける場合の期待効用は

$$E(U_{箱B}) = 0 \times (1-p) + 1000000 \times p = 1000000p$$

両方の箱を開ける場合の期待効用は

$$E(U_{両方}) = 1000 \times p + 1000000 \times (1-p) = 1001000 - 1000000p$$

2 つの効用のどちらが大きいだろうか．$E(U_{箱B}) > E(U_{両方})$ を解くと，$p > \dfrac{1001}{2000} \approx 0.5$ である．p は 0.5 よりもかなり大きいと仮定されているので（預言者は非常に信頼がおけるので），箱 B のみを選ぶ方が大きな期待効用をもつことが分かる．

次に，両方の箱を開ける場合も支持できることを示そう．預言者が箱 B に 1000000 ドル置くとき，両方の箱を選んだ場合は 1001000 ドルを，箱 B のみの場合は 1000000 ドルを獲得できる．このとき，両方の箱を選ぶ方が有利である．一方，預言者が箱 B に何も置かないとき，両方の箱を選んだ場合は 1000 ドルを獲得できるが，箱 B のみの場合は 0 ドルである．このように，ど

問題 25　クライチックのネクタイとニューカムの問題（1930, 1960）　281

表 25.2　ニューカムのパラドックスの修正された決定行列

決定	自然の真の状態	
	箱 B は空（確率 α）	箱 B は空でない（確率 $1-\alpha$）
箱 B だけを開ける	$U = 0$	$U = 1000000$
両方の箱を開ける	$U = 1000$	$U = 1001000$

ちらの場合でも両方の箱を選ぶ方が「優越」しているので，箱 B のみを選ぶよりも常に好ましく思える（表 25.1 の第 2 行にあるどちらの効用も第 1 行にある対応する効用よりも大きい）．ここでの議論は，いわゆる優越原理を用いたものである．

ゆえに，最大期待効用原理を用いた場合と優越原理を用いた場合とで対立する行動方針が勧められることになった．正しくはどちらの原理が適用されるべきだろう．解答としては，最大効用原理は間違って応用されているので優越原理に従って行動すべきだ（つまり，2 つの箱を選ぶべきだ）というものが支配的である．その理由を説明しよう．まず確認すべきは，あなたが開ける箱を選択する前に，預言者は（箱 B に入れるか入れないかを）前もって決定しているという点である．しかし，表 25.1 を見ると，箱 B が空であるかどうかがあなたの選択に依存している．したがって，表 25.1 の間違いは**逆因果の誤謬**というものである．条件付きでない「箱 B が空である」確率を α とおくと，正しい決定行列は表 25.2 で得られる．このときの箱 B のみを開くときの期待効用は

$$E(U_{箱\mathrm{B}}) = 0 \times \alpha + 1000000 \times (1-\alpha) = 1000000 - 1000000\alpha$$

両方の箱を開ける場合の期待効用は

$$E(U_{両方}) = 1000 \times \alpha + 1001000 \times (1-\alpha) = 1001000 - 1000000\alpha$$

今回は，任意の $0 < \alpha < 1$ に対して $E(U_{両方}) > (EU_{箱\mathrm{B}})$ となり，これは優越原理に一致する．このように，**因果を考慮した決定理論**を用いてニューカムのパラドックスを扱うことができ，2 つの箱を開けるという結論が導かれる．しかし，互いに討論で白熱している最中にこれが決定打となるとは限らない．例

えば，Bar-Hillel and Margalit(1972) には次のようにある．

> 要約すると，ニューカムの問題にはただ1つの「理性的な」戦略があるだけであり，2つではないことを示そうと努めてきた…それは不透明の箱のみを選ぶという戦略である．そのことが，その箱に百万ドルあることを起こしやすくするという主張から正当化されるのではない（そのように見えはするが）．そのことが，その箱に金額が存在することと驚くほど関連していることが帰納的に分かるからである．

さらに近年では，『信念が動機づける』（Blackburn(2001, p.189)）に

> 2つの箱がそこにあり（例えば丸見えであっても），2番目の箱に余分にわずかな金額が入っていたとしても，それは我慢することを学んで1つの箱を選ぶような人にあなたはなる必要がある．そうできたなら，この種の奇矯な実験者のいる世界に順応することができ，あなたの性格は理性的要因が望むようなものとなる．あなたの行動は理性的性格が望むような結果となる．いかなる批判にも耐える必要はない．というのも，結局はあなたは大きな金額を手に入れられるのだから．偽りの理性により誤れる「2箱派」はわずかな金額を手にするのみである．

ニューカムのパラドックスは，アメリカの理論物理学者ウイリアム・A・ニューカム (1927-1999) にちなんで名づけられた．彼が1960年にこの問題を提出したからである．問題はデイビッド・クラスカルによりアメリカの政治哲学者ロバート・ノジック (1938-2002)，(図25.1) に伝えられた．彼ら3人は互いに友人である．ノジックは1969年に『カール・G・ヘンペル記念論文集』に寄稿して，このパラドックスと2つの解を紹介したが，明確な解は与えなかった (Nozick(1969))．

問題 25　クライチックのネクタイとニューカムの問題（1930, 1960）　283

図 25.1　ロバート・ノジック (1938-2002)

問題 26

フィッシャーと紅茶をたしなむ婦人（1935）

▶問題

ある婦人がお茶会で，ミルク（M）と紅茶（T）のどちらを先に入れた紅茶なのか飲めば分かると主張した．彼女の主張を確かめるために，ある統計家が8杯の紅茶を無作為に提供して彼女に飲んでもらった．ただし，4杯はMのタイプで，4杯はTのタイプであることを彼女には告げた．彼女はMのタイプである4杯を正しく言い当てた（したがって，Tのタイプの4杯も）．統計家は彼女の主張が正しいとどうやって確かめられるだろうか．

▶解答

紅茶の試飲での婦人の結果を示す表 26.1 で考えよう．

真の状態がTまたはMであるときに応じて，夫人がTと答える確率をそれぞれ p_1 と p_2 とおく．夫人の主張が間違っているのは $p_1 = p_2$ のとき，つまりオッズ比 $\theta = \dfrac{p_1/(1-p_1)}{p_2/(1-p_2)}$ が1のときである．帰無仮説 $H_0 : \theta = 1$ の下で，4つのTのタイプのそれぞれに対してTと正しく答え，4つのMのタイプのそれぞれに対してはTと答えない確率は，4個のTから4個のTを取り出す場合の数と4個のMから0個のTを取り出す場合の数の積を8個の中から4個を取り出す場合の数で割ったものである．つまり，

表 26.1 フィッシャーの紅茶の実験における婦人の反応

		婦人の反応		和
		T	M	
紅茶の真の状態	T	4	0	4
	M	0	4	4
	和	4	4	8

$$p_{\text{obs}} = \frac{\binom{4}{4}\binom{4}{0}}{\binom{8}{4}} = 0.0143$$

読者は，上の確率が**超幾何分布**に基づいていると理解できているに違いない[1]．この 2×2 表よりも極端なものは存在しないので，検定の p 値は $p = 0.0143$ である．有意水準 $\alpha = 0.05$ においては，夫人は間違っているという帰無仮説は棄却される．

▶考 察

紅茶の試飲実験における統計家とは，20 世紀の統計学者の頂点に立つロナルド・アイルマー・フィッシャー卿[2](1890-1962)（図 26.1）に他ならない．ジョアン・フィッシャー・ボックスによる父親の伝記 Box(1978, p.134) には，

> 彼［フィッシャー］がロザムステッドに赴任してきて間もない頃であったが，彼がいることでありきたりのお茶会が歴史的なものに変わることになった事件はすでに起きていた．それは，彼が茶沸かし器から紅茶をカップに注ぎ，隣にいた婦人に勧めた午後のことであった．その藻類研究者の B・ムリエル・ブリストル博士はそれを丁寧に断り，最初にミルクが注がれた紅茶以外は好まないと告げた．「ばかな！」とフィッシャーは笑いながら答えた．しかし，彼女は力を込めて「だ

---

[1] 超幾何分布は Johnson et al.(2005, 6 章) で詳しく議論されている．また，この**考察**の後半も参照せよ．
[2] フィッシャーは最高の遺伝学者でもある．S. ライトや J.B.S. ホールデン等と共同で進化論の新ダーウィン主義を構築した．

問題26 フィッシャーと紅茶をたしなむ婦人 (1935)

図 26.1 ロナルド・アイルマー・フィッシャー卿 (1890-1962)

ってそうなんですから」と言い張った. そのとき後ろから「彼女に試してもらいましょうよ」と提案する声が聞こえた. その声のもち主であるウイリアム・ローチは, その後間もなくミス・ブリストルと結婚している. そこですぐさま, 彼らは実験の準備に取り掛かり, ローチはカップを準備した. そして, 紅茶を先に注いだカップをミス・ブリストルが完璧に正しく選び分けて, 彼女が正しいことを証明すると, ローチは小躍りして喜んだ[3].

明らかに, ブリストル博士は自身が語っていることについて精通していた.

---

[3] しかし, ケンドールは, フィッシャーはその実験が実際に行われたことを否定していると報告している. 「『実験計画』の初版は 1935 年に出版された. 統計科学の発展におけるもう 1 つの記念碑であるお茶の試飲実験は, 思うに, 世界中で最もよく知られた実験である. かつてフィッシャーが私に告げたように, それは決して行われることはなかったとしても, それを理由に驚きが失われることはない」(Kendall(1963)).

なぜなら，8つのカップを正しく選び分けたのだから．

はたして，フィッシャーは1935年の記念碑的著書『実験計画』(Fisher(1935))において，第2章をそのときの実験に言及することから始めた．

> ある婦人が，ミルクを入れた1杯の紅茶を飲むとき，カップにミルクと紅茶のどちらを先に入れたか飲み分けられると言っていた．この言明をどのような実験を使って確かめるべきか，それを計画する問題を考えることにしよう．うまく発展できるなら，その実験手法の本質と思われるもの，補助的で本質的ではないもの，それらの限界と特徴を調べることを目的として，まずは単純な形式の実験を考案する．

その章の残りで，フィッシャーは実験をかなり詳細に記述し，**帰無仮説**と**有意水準**の概念について議論している[4]．フィッシャーは，実験計画の主要な原理の1つである**無作為化**の重要性に光を当てた．彼の利用した，超幾何分布に基づいた統計的検定は後に**フィッシャーの正確検定**として知られるようになった．ここでの2×2表の2つの周辺は固定されているが，フィッシャーの正確検定は，1つの周辺だけの固定でも，どちらも固定されてなくても用いることができる．計画そのものは，今でいう無作為化単一被検者計画というものに基づいている．フィッシャーの試飲実験は疑いもなく「世界で最も知られた実験」(Kendall(1963))であり，統計学の無数の教科書で取り上げられるものとなった[5]．

ブリストル博士の試飲実験において正当な確率が求められているのかということに興味がある．Tのタイプの4つの中で3つしか正しく当てることがで

---

[4] David(1995, 1998)によると，「帰無仮説」という用語はフィッシャーが『実験計画』(Fisher(1935, p.18))において初めて用いた．一方，「有意水準」はすでに『研究者のための統計的方法』(Fisher(1925, p.43))において用いられていた．また，「p値」は後に『データの統計的修正』Deming(1943, p.30)において初めて用いられている．

[5] 少し例を挙げると，Edgington(1995), Maxwell and Delaney(2004, p.37), Schwarz(2008, p.12), Hinkelmann and Kempthorne(2008, p.139), Rosenbaum(2010, p.21), Fleiss et al.(2003, p.244), Senn(2003, p.54), Todman and Dugard(2001, p.32), Agresti(2002, p.92), Cherniek and Friis(2003, p.329) 等も参照するとよい．デイビッド・サルスバーグは20世紀の統計学の歴史についてのすばらしい著書『紅茶をたしなむ婦人：20世紀に統計学はいかに科学に革命を起こしたか』(Salsburg(2001))をものにしている．

表 26.2 4つの真のカップのうち3つのみを正しく婦人が当てたとする仮説的な場合

		婦人の反応		和
		T	M	
カップの中の真の状態	T	3	1	4
	M	1	3	4
	和	4	4	8

きなかったとしたら，彼女の主張を支持することができるだろうか．表 16.2 で考えてみよう．その観測された表の確率は今回は，

$$p^*_{\text{obs}} = \frac{\binom{4}{3}\binom{4}{1}}{\binom{8}{4}} = 0.2286$$

表 26.2 にあるものよりも極端な 2×2 表は 1 つだけであり，表 26.1 に与えられている．ゆえに，このときの p 値は $0.0143 + 0.2286 = 0.2429$ となり，「紅茶が先」か「ミルクが先」かを飲み分けられるという婦人の主張は棄却される．ブリストル博士の主張が統計的に確認できるためには 4 つある正解を完璧に 4 つとも見つけなければいけないので，この実験はいささか不公平な気分にさせる．しかし，実験が「公平」かどうかという問題への適切な統計的解答は，フィッシャーが熟慮したかった範囲から外れた概念を必要とした．つまり，検定の統計的検出力についてである[6]．

統計的検出力の説明のために，有意検定に関するフィッシャーの手続きについて簡単な要約を与えておこう[7]．まず第 1 段階として，帰無仮説 H_0 を設定する．これはたいてい現在の状態を表していて，研究者が棄却したい仮説である．第 2 段階として，検定統計値を計算する．これは標本統計量が帰無仮説の下での母数値からどれほど異なっているか，その程度を表す．検定統計量は通常，**枢軸量**（pivotal quantitiy）と呼ばれる確率変数に基づくことになる．

---

[6] これは，フィッシャーがこの問題について無関心であったということではない．『実験計画』（Fisher(1935)）の 2 章において計画の鋭敏性についても議論されている．

[7] より専門的で歴史的な詳細については，Spanos(2003, 14 章)，Cowles(2001, 15 章)，Howie(2004, pp.172-191) 等を参照せよ．

枢軸量とは検定される母数と標本との関数であるが，その分布は母数に依存しない．最後の段階として，観測された検定統計値と同等かそれ以上にさらに極端な検定統計量が観測される確率が計算される（帰無仮説が正しいという仮定の下で）．これが p 値，あるいは達成された有意水準である．

フィッシャーが対立仮説（H_a）を明示的に用いることはなかったことは特に注意しておきたい．しかし，検定の統計的検出力を計算できるためには，対立仮説を明確に設定する必要がある．そのとき，検定の検出力 $1-\beta$ は，対立仮説が正しいときに帰無仮説を棄却する確率である．つまり，

$$1-\beta = P(\text{帰無仮説 } H_0 \text{を棄却する} | H_a)$$

この式において，β は検定の**第2種の過誤**の確率と呼ばれる．さらには，検定の有意水準あるいは**第1種の過誤**の確率と呼ばれるもう1つの関連した量も考慮する必要がある．これは，H_0 が実は正しいにもかかわらず H_0 を棄却してしまう確率である．つまり，

$$\alpha = P(\text{帰無仮説 } H_0 \text{を棄却する} | H_0)$$

これら2つの量 α と β は，検定統計量のもつ性能の2つの異なる特徴を表している．α は，正しい帰無仮説を棄却してしまうという間違える可能性を測る量である．一方，β は，正しくない帰無仮説を棄却し損なうという間違える可能性を測る量である．

第1種の過誤の確率 α と p 値との関係は何だろうか．α は通常，検定が実際に実行される前に指定される固定量（例えば，0.05または0.01）であることを思い出してほしい．一方，p 値は計算された統計値に基づいて求められる．

p 値は，有意水準 α を変化させて，それでも H_0 が棄却されるような最小値として定義できる．つまり，

$$p \text{ 値} \leq \alpha \iff H_0 \text{が棄却される}$$

明確な対立仮説の概念や，第1種と第2種の過誤の概念は，フィッシャーの考え方に対抗するための取り組みの最重要点であった．著名なイェジー・ネ

図 26.2　イェジー・ネイマン (1894-1981)

イマン (1894-1981)（図 26.2）とエゴン・S・ピアソン (1895-1980)（図 26.3）が 20 年代終わりから 30 年代初めにかけて前面に押し出した考え方であった（Neyman and Pearson(1928a, 1928b, 1933)）．さらに，フィッシャーの形式的に少々曖昧であった主要な手法に抗して，ネイマンとピアソンは最適な統計検定を構成する方法を提供した．最終的にはネイマンとピアソンは，統計的決定を表現するために，p 値よりもむしろ棄却域の利用を提唱した．言うまでもなく，ネイマンとピアソンの処方箋はフィッシャーの不興を買い，両陣営間でしばしば激しい論争が生じた．帰無・対立仮説と p 値の両者の使用に関しては，両陣営が賛同しないであろう合成物と化している現在の潮流は皮肉というしかない．

　帰無仮説が棄却されるべきかどうか決めるために利用する有意水準 $\alpha = 0.05$（ときには，0.01）は統計理論的に深い理由があってのことなのだろうと信じている人々がいる．しかし，これは正しくはない．実のところ，5% と

図 26.3　エゴン・S・ピアソン (1895-1980)

いう値に神聖な理由など何もない．慣例に従っているだけであり，フィッシャーには正当であったからという理由で彼自身が提唱したにすぎないというのは確かである．フィッシャーが 5% の慣例[8]を初めて利用したのは 1925 年の著書である『研究者のための統計手法』(Fisher(1925, p.79)) の初版においてである．次のように述べている．

> P が 0.1 と 0.9 の間にあるときに，検定すべき仮説を疑う理由がないのは確かである．それが 0.02 よりも小さいときは，その仮説ではすべての事実を説明できていないと強く示すことになる．0.05 で慣例的な線を引いて，X^2 の大きな値が実際上の矛盾を表すと考えても，そう迷うこともないだろう．

---

[8] しかし，フィッシャー以前の有意水準 0.05 の利用についての非常に興味深い論文 Cowles and Davis(1982) も参照するとよい．

表 26.3 婦人の紅茶の実験の一般的な設定

		婦人の反応 T	M	和
	T	N_{11}	$4 - N_{11}$	4
カップの中の真の状態	M	$4 - N_{11}$	N_{11}	4
	和	4	4	8

20回に1回が十分に高い賭率であるとは思えないときは，（望むなら）50回に1回（2%点），あるいは100回に1回（1%点）で線を引いてもよい．個人的には著者は，5%点での緩い基準の有意性を設定することを好む．この水準に到達しないすべての結果は完全に無視される．科学的事実が実験を通して確立されたと判断されるのは，ある適切に計画された実験がこの有意水準を与えることに滅多に失敗しないときにのみである．

フィッシャーの実験がブリストル博士に対して本当に「公平」であったのかという問題に戻ると，ある適切な対立仮説の下でのフィッシャーの正確検定の統計的検出力を計算する必要がある．つまり，ブリストル博士がTとMを飲み分けるそれ相応の能力をもっていたとしても，利用する統計的検定の特質や標本数や第1種の誤差の確率などの下で，彼女の主張が正しいことを統計的に立証するできるのはどの程度なのだろうか．表26.3を考えよう．

（判別する能力はない）$H_0 : \theta = 1$ の下で，N_{11} は超幾何分布に従う．

$$P(N_{11} = n_{11} | H_0) = \frac{\binom{4}{n_{11}} \binom{4}{4 - n_{11}}}{\binom{8}{4}}, \quad n_{11} = 0, 1, 2, 3, 4 \tag{26.1}$$

一方，$H_a : \theta (\neq 1)$ の下で，N_{11} は非心超幾何分布に従う．

$$P(N_{11} = n_{11} | H_a) = \frac{\binom{4}{n_{11}} \binom{4}{4 - n_{11}} \theta^{n_{11}}}{\sum_{j=0}^{4} \binom{4}{j} \binom{4}{4-j} \theta^j}, \quad n_{11} = 0, 1, 2, 3, 4 \tag{26.2}$$

まず，$\alpha = 0.05$ とおく．検出力を計算する前に，次を満足する n_{11} を見つ

ける．

$$P(N_{11} \geq n_{11}|H_0) \leq \alpha = 0.05$$

解答の計算により，$n_{11} = 4$ を得る．これで，検出力を計算するための準備はほとんど整ったことになる．あとは H_a を指定するだけである．ブリストル博士がタイプ T の紅茶に T と答える確率を $p_1 = 0.9$，タイプ M の紅茶に T と答える確率を $p_2 = 0.2$ とする．このとき，$H_a : \theta = \dfrac{p_1/(1-p_1)}{p_2/(1-p_2)} = 36.0$ である．H_a の下での N_{11} は非心超幾何分布に従うので，(26.2) 式により，検定の検出力は次で与えられる．

$$\begin{aligned}P(N_{11} \geq 4|H_a : \theta = 36) &= P(N_{11} = 4|H_a : \theta = 36)\\ &= \frac{\binom{4}{4}\binom{4}{0}36^4}{\sum_{j=0}^{4}\binom{4}{j}\binom{4}{4-j}36^j}\\ &= 0.679\end{aligned}$$

良好な検出力をもつ研究に対しては通常 80% ほどは欲しいところではあるが，それよりもかなり小さい．ここで設定した仮定の下では，ブリストル博士が試飲実験で優れた判別能力をもっていたとしても，彼女には分の悪い勝ち目である．

最後に，超幾何分布の出自についても補足しておこう．この分布は，ド・モアブルの『くじの測定』(de Moivre(1711)) にまで遡ることができる (Hald(1984))．その p.235 にある問題 14[9] には次のようにある．

> 白石 4 個と黒石 8 個からなる 12 個の石から目をつぶって 7 個取り出すとき，そのうちの 3 個は白石であるということで A は B と争っている．B の期待値に対する A の期待値の比を求めよ．

ド・モアブルは最初に，12 個の中から 7 個選ぶ場合の数を計算する．

$$\frac{12}{1} \cdot \frac{11}{2} \cdot \frac{10}{3} \cdot \frac{9}{4} \cdot \frac{8}{5} \cdot \frac{7}{6} \cdot \frac{6}{7} = 792$$

---

[9] これは，ホイヘンスが以前に著書『偶然のゲームでの計算について』(Huygens(1957)) の問題 4 で問いかけていた問題と同じものである．

次に，4個の白石から3個を選び，7個の黒石から4個を選ぶ場合の数を計算する．

$$4 \cdot \left(\frac{8}{1} \cdot \frac{7}{2} \cdot \frac{6}{3} \cdot \frac{5}{4}\right) = 280$$

また，4個の白石から4個を選び，7個の黒石から3個を選ぶ場合の数を計算する．

$$1 \cdot \left(\frac{8}{1} \cdot \frac{7}{2} \cdot \frac{6}{3}\right) = 56$$

したがって，ド・モアブルはAが少なくとも3個の白石を取り出す確率 $\frac{280+56}{792} = \frac{14}{33}$ を得る．ド・モアブルが超幾何分布を実質的に利用していたことが分かる．現代の記法では，X を白石の個数とすると，

$$P(X \geq 3) = \frac{\binom{4}{3}\binom{8}{4} + \binom{4}{4}\binom{8}{3}}{\binom{12}{7}} = \frac{14}{33}$$

『くじの測定』(de Moivre(1711, p.236)) でド・モアブルは一般的な公式を与えている．一般的には，a 個の白石と b 個の黒石が入った壺があり，元に戻すことなく無作為に n 個の石を取り出すと仮定する．取り出された標本の中の白石の個数を X とおく．このとき，X は母数 n, a, b をもつ超幾何分布に従うといわれ，その確率関数は次で与えられる．

$$P(X = x) = \frac{\binom{a}{x}\binom{b}{n-x}}{\binom{a+b}{x}}, \ \max(0, n-b) \leq x \leq \min(n, a)$$

問題 27

ベンフォードと先頭数字の奇妙な振る舞い（1938）

▶問題

自然界に起こる数値データに関する多くの数表において，（左端の）先頭数字は $\{1, 2, ..., 9\}$ 上の一様分布には従わない．小さな数字の方が大きな数字よりもより起こりやすい．特に，数字 1 は 30% 近くの確率で起こりやすいが，数字 9 はわずか 4% 程度でしか起こらない．これを説明せよ．

▶解答

与えられたデータセットにおける先頭数字の分布 $p(x)$ は，測定単位を変更しても変わらないという事実を用いる[1]．つまり，この分布は尺度変換に関して不変である．

$$p(kx) = Cp(x)$$

ただし，k と C は定数である．両辺を積分して

$$\int p(kx)dx = C \int p(x)dx$$

これにより

---

[1] （訳注）以下においては，$p(x)$ は先頭数字を取り出す対象の数値そのものの分布として扱っている．

$$\frac{1}{k}\int p(kx)d(kx) = C$$

つまり

$$C = \frac{1}{k}$$

ゆえに，$kp(kx) = p(x)$ であるが，これを k について微分すると，

$$\frac{d}{dk}(kp(kx)) = p(kx) + k\frac{d}{dk}p(kx) = p(kx) + kxp'(kx) = 0$$

$u = kx$ と置き換えると，$up'(u) = -p(u)$ となり，

$$\int \frac{p'(u)}{p(u)}du = -\int \frac{1}{u}du$$

により，次を得る．

$$p(u) = \frac{1}{u}$$

10 進数での先頭数字を D とおくと，その確率関数は

$$\begin{aligned}P(D=d) &= \frac{\int_d^{d+1}\frac{1}{u}du}{\int_1^{10}\frac{1}{u}du}\\ &= \frac{\log(1+d) - \log d}{\log 10}\\ &= \frac{\log(1+1/d)}{\log 10}\\ &= \log_{10}\left(1+\frac{1}{d}\right), \quad d = 1, 2, ..., 9 \end{aligned} \quad (27.1)$$

表 27.1 により，先頭数字は小さいほど起こりやすいことが分かる．特に，数字 1 が 30.10％ という理論的な確率をもつのに対して，数字 9 の理論的確率は 4.58％ である．

▶ 考 察

先頭数字の奇妙な振る舞いは**先頭数字の法則**あるいは**ベンフォードの法則**と

表 27.1 (27.1) 式で計算された，10 進数での先頭数字が d となる確率

d	$P(D=d)$
1	0.3010
2	0.1761
3	0.1249
4	0.0969
5	0.0792
6	0.0669
7	0.0580
8	0.0512
9	0.0458

呼ばれる[2]．フランク・ベンフォード (1883-1948)（図 27.1）はアメリカの物理学者であり，1938 年にこの法則を再発見し広めた（Benford(1938)）．この論文において，ベンフォードは自然に起こる 20229 種のデータの先頭桁の数字の生起確率表を与えている．そこには河川の面積，人口，物理定数などが含まれている．ベンフォードは，どのデータも先頭数字の法則に驚くほど適合していることを示した．

一方，ニューカムの法則もそれ以前に観察されていた．ベンフォードの法則に先んじることおおよそ 60 年前にカナダ系アメリカ人の数学者で天文学者のサイモン・ニューカム (1835-1909)（図 27.2）が 1881 年の短い論文で明らかにした（Newcomb(1881)）[3]．

> 10 個の数字が同じ頻度で起こらないということは，対数的な表をよく扱っていて，そして最初のページほど最後のページよりも摩耗しやすいと分かっている人間には明らかに違いない．先頭の数字としては 1 が他の数字よりも起こりやすい．その頻度は 9 に近づくと小さくなる．

---

[2] ベンフォードの法則はまた，Krishnan(2006, pp.55-60)，Havil(2008, 16 章)，Richards (1982, 6 章)，Tijms(2007, p.194)，Hamming(1991, p.214)，Frey(2006, p.273)，Pickover(2005, p.212) 等でも議論されている．
[3] スティグラーの命名の法則のもう 1 つの例だろうか．

図 27.1　フランク・ベンフォード (1883-1948)

ニューカムは次のように結論している．

> 数字の出現の確率法則はその常用対数の小数部が一様に起こりやすいというものである．

この法則は本質的に式 (27.1) を意味する．しかし，ニューカムはその発見の統計的な証拠を何も与えていない．この法則が公表されて以来，ベンフォードの法則はいくつかの論文で議論されていて，その多くは Raimi(1976) で言及されている．特に，Pinkham(1961) は先頭数字の分布 $\log_{10}\left(1+\frac{1}{d}\right)$ が尺度不変な唯一の分布であること，つまり（この章での解答を導いたように）尺度不変性がベンフォードの法則を導くことを示している．しかし，ヒルの 1995 年の論文まで，先頭数字の振る舞いについての満足のいくような統計的説明は現れなかった (Hill(1995a))．その論文においてヒルは次を証明した．

図 27.2　サイモン・ニューカム (1835-1909)

分布が（ある「不偏な」やり方で）無作為に選ばれ，それらの分布から確率標本が選ばれるとき，その混合された標本の先頭桁数字は対数（ベンフォード）分布に収束する．

したがって，ベンフォード分布は分布の分布である．しかし，自然界で起こる数字の分布のすべてがベンフォード分布に従うわけではない．狭い範囲で変化する数字は，例えば人の身長や指定された月間での航空事故数などは，従わないだろう．しかし，大きさの次数が幾段階も変化するような測定値，湖の広さや株価などは従うだろう．「べき法則」に従う数字はたいていベンフォード分布に従っていることが知られている（Pickover(2009, p.274)）．幾何的に増加する数字や，フィボナッチ数列的な数字などである[4]．数表 27.2 にはフィボ

---

[4] フィボナッチ数列とは，$f_1 = f_2 = 1$ から始まり $f_n = f_{n-1} + f_{n-2}$ で定義されるような数列のことである．さらに詳しくは，例えばこの話題のみに捧げられた Posamentier an Lehmann(2007) を参照せよ．

表 **27.2** フィボナッチ数の最初の 100 個

1	121,393	20,365,011,074	3,416,454,622,906,707
1	196,418	32,951,280,099	5,527,939,700,884,757
2	317,811	53,316,291,173	8,944,394,323,791,464
3	514,229	86,267,571,272	14,472,334,024,676,221
5	832,040	139,583,862,445	23,416,728,348,467,685
8	1,346,269	225,851,433,717	37,889,062,373,143,906
13	2,178,309	365,435,296,162	61,305,790,721,611,585
21	3,524,578	591,286,729,879	99,194,853,094,755,497
34	5,702,887	956,722,026,041	160,500,643,816,367,088
55	9,227,465	1,548,008,755,920	259,695,496,911,122,585
89	14,930,352	2,504,730,781,961	420,196,140,727,489,673
144	24,157,817	4,052,739,537,881	679,891,637,638,612,258
233	39,088,169	6,557,470,319,842	1,100,087,778,366,101,931
377	63,245,986	10,610,209,857,723	1,779,979,416,004,714,189
610	102,334,155	17,167,680,177,565	2,880,067,194,370,816,120
987	165,580,141	27,777,890,035,288	4,660,046,610,375,530,309
1,597	267,914,296	44,945,570,212,853	7,540,113,804,746,346,429
2,584	433,494,437	72,723,460,248,141	12,200,160,415,121,876,738
4,181	701,408,733	117,669,030,460,994	19,740,274,219,868,223,167
6,765	1,134,903,170	190,392,490,709,135	31,940,434,634,990,099,905
10,946	1,836,311,903	308,061,521,170,129	51,680,708,854,858,323,072
17,711	2,971,215,073	498,454,011,879,264	83,621,143,489,848,422,977
28,657	4,807,526,976	806,515,533,049,393	135,301,852,344,706,746,049
46,368	7,778,742,049	1,304,969,544,928,657	218,922,995,834,555,169,026
75,025	12,586,269,025	2,111,485,077,978,050	354,224,848,179,261,915,075

ナッチ数の最初の 100 個が与えられる．先頭には数字 1 が 2 よりも多く，また 3 よりも多く，等々と分かるだろう．図 27.3 のヒストグラムは先頭数字の分布を示していて，その頻度は数表 27.1 に与えられた確率と驚くほどに一致している．

ここで 2 つの注意を与えておくのがよいだろう．第一に，尺度不変は底不変を意味し，そしてそれはベンフォードの法則を意味する（Hill(1995a, 1995b)）．つまり，数字の従う分布が，用いる測定単位に対して不変であるなら，数字を表現するための底の変更に対して不変である．そのことから，その

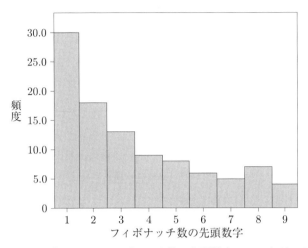

図 27.3 表27.2のフィボナッチ数の先頭数字のヒストグラム

数字がベンフォードの法則に従わなければならないということが導かれる．第二に，ここでの解法と同様の議論を用いると，先頭数字だけではなく，他の有効数字の確率関数もまた得られる．底 b のときの i 番目の有効数字を $D_b^{(i)}$ で表すと，$D_b^{(1)}, D_b^{(2)}, ..., D_b^{(k)}$ の確率関数は

$$P\left(D_b^{(1)} = d_1, D_b^{(2)} = d_2, ..., D_b^{(k)} = d_k\right)$$
$$= \log_b \left(1 + \frac{1}{d_1 b^{k-1} + d_2 b^{k-2} + \cdots + d_k}\right) \qquad (27.2)$$

等式 (27.2) を用いると，条件付き分布や周辺分布を求めることができる．例えば，$D_{10}^{(2)}$ の周辺確率関数を求めると，

$$P\left(D_{10}^{(1)} = d_1, D_{10}^{(2)} = d_2\right) = \log_{10}\left(1 + \frac{1}{10d_1 + d_2}\right), \quad d_1, d_2 = 1, 2, ..., 9$$

により次を得る．

$$P\left(D_{10}^{(2)} = d_2\right) = \sum_{d_1=1}^{9} \log_{10}\left(1 + \frac{1}{10d_1 + d_2}\right), \quad d_2 = 1, 2, ..., 9$$

最後に，『科学者と技術者のためのデジタル信号処理入門』(Smith(1999, 34章)) に読者の注意を惹いてこの話題を終わろう．スミスは，シミュレーショ

ンを用いて，1よりも大きな標準偏差をもつ**対数正規分布**[5]はベンフォードの法則を極めて正確に満足すると述べている．一般に，標準偏差が大きくなれば，その適合度も大きくなる．スミスはさらに次のように付け加えている (Smith(1999, p.721))．

> …CLT［中心極限定理］は，多数の乱数の和をとると正規分布が生成されると述べる．科学や工学において正規分布が普通に観測されることをこのことが説明している．しかし，ある種の乱数は掛け合わせることにより，対数尺度での正規分布が得られる．したがって，自然界において対数正規分布も普通に見出される．これが，いくつかの分布がベンフォードの法則に従っていたり，そうでなかったりする，たぶん唯一の最も重要な理由である．正規分布はベンフォードの法則に従うほどには十分に広域に広がってはいない．一方，広域に広がる対数正規分布は非常に高次の適合性を示すのである．

同様の結果は Scott and Fasli(2001) でも報告されている．両著者はさらに，正値をとる現実の分布が平均よりもかなり 0 に近いメディアンをもつとき，「広域に広がる」対数正規分布に従う傾向があり，ゆえにベンフォードの法則を満足すると述べている．

---

[5] $\log X$ が正規分布に従うとき，X は対数正規分布に従うといわれる．詳しくは Johnson et al.(1995) を参照せよ．

問題 28

誕生日問題（1939）

▶問 題

ある一室に人が集合している．誕生日の一致する2人がその部屋にいる確率が50%を超えるために必要な人数はいくらか．どの年も365日であり，どの誕生日も同等に起こりやすいと仮定する．

▶解 答

部屋にはn人いると仮定する．だれの誕生日も365通りの可能性があり，n人の可能な誕生日の起こり方は$N = 365^n$通りである．「n人のだれもが異なる誕生日である」という事象をAとおく．このとき，ある人物が365通りの中のある誕生日をもつとすると，次の人物には364通りの可能性があり，さらに次の人物には…と続く．ゆえに，事象Aの起こり得る場合の数は

$$n_A = 365 \times 364 \times \cdots \times (365 - n + 1)$$

古典的な確率の定義を用いると，n人のだれもが異なる誕生日である確率は

$$p_A = \frac{n_A}{N}$$
$$= \frac{365 \times 364 \times \cdots \times (365 - n + 1)}{365^n} \quad (28.1)$$
$$= \left(\frac{365}{365}\right)\left(\frac{364}{365}\right)\cdots\left(\frac{365 - (n-1)}{365}\right)$$
$$= \left(1 - \frac{1}{365}\right)\left(1 - \frac{2}{365}\right)\cdots\left(1 - \frac{n-1}{365}\right)$$

両辺の自然対数をとって，次を得る[1]．

$$\log p_A = \log\left(1 - \frac{1}{365}\right) + \log\left(1 - \frac{2}{365}\right) + \cdots + \log\left(1 - \frac{n-1}{365}\right)$$
$$\approx -\frac{1}{365} - \frac{2}{365} - \cdots - \frac{n-1}{365}$$
$$= -\frac{1 + 2 + \cdots + (n-1)}{365}$$
$$= -\frac{n(n-1)}{730}$$

したがって，$p_A \approx \exp\left(-\dfrac{n(n-1)}{730}\right)$ である．少なくとも2人の誕生日が同じになる確率は

$$q_A = 1 - p_A$$
$$= 1 - \left(1 - \frac{1}{365}\right)\left(1 - \frac{2}{365}\right)\cdots\left(1 - \frac{n-1}{365}\right) \quad (28.2)$$
$$\approx 1 - \exp\left(-\frac{n(n-1)}{730}\right)$$

不等式 $1 - \exp\left(-\dfrac{n(n-1)}{730}\right) \geq 0.5$ を解いて $n \geq 23$ を得る．不等式を解くのに q_A についての近似式を用いたので，この解に確証はもてない．$n = 22, 23, 24$ について q_A の正確な式 (28.2) を用いて（小数点以下3位まで）評価すると，$q_A = 0.476, 0.507, 0.538$ を得る．ゆえに，誕生日が重なる確率が少なくとも50%となるためにはその部屋に少なくとも23名必要である．

---

[1] 以下においては，x が小さいときの近似式 $\log(1 + x) \approx x$ と，公式 $1 + 2 + \cdots + m = \dfrac{m(m+1)}{2}$ を用いている．

表 28.1 1 部屋に n 人いるとき，少なくとも 2 人が同じ誕生日となる確率

1 部屋の人数 n	少なくとも 2 人が同じ誕生日となる確率 q_A
10	0.117
20	0.411
23	0.507
30	0.706
57	0.990
366	1.000

▶考 察

　この問題は von Mises(1939) において初めて提出された[2]．わずか 23 人だけで五分五分よりも少し大きな確率を得るという事実は興味を引いたようである[3]．鳩の巣論法[4]を用いると，少なくとも 2 人が同じ誕生日である確率が 1 であるためには 366 人必要である．素朴に考えると，少なくとも半分の確率を得るためには 183 人程度必要だろうと思える．なぜ 23 人で十分なのか理解するには，この人数なら誕生日の比較を $\binom{23}{2}$ 回行うことになり，その 1 つ 1 つから誕生日の一致を得る可能性があるからである．表 28.1 には n と q_A がいくつか与えてある．

　誕生日問題を解くときに犯しやすい解釈が存在する．多くは，ある特定の人物が 23 人の中から選ばれ，残りの 22 人の中の少なくとも 1 人と同じ誕生日である確率が 50% より大きいと解釈しがちである．これは正しくない．Paulos(1988, p.36) は典型的な情景を描いてみせる．

---

[2] しかし，初めて提案したのはハロルド・ダベンポートであると Ball and Coxeter(1987, p.45) にはある．
[3] 誕生日問題はまた，Weaver(1982, p.9), DasGupta(2010, p.23), Gregersen(2011, p.57), Mosteller(1987, p.49), Terrell(1999, p.100), Finkelstein and Levin(2001, p.45), Hein(2002, p.301), Sorensen(2003, p.353), Andel(2001, p.89), Woolfson (2008, p.45), Stewart(2008, p.132) 等で議論されている．
[4] n 個のものが p 個の箱に入れられているとき，$n > p$ であるとすると，2 個以上のものが入っている箱が少なくとも 1 つ存在する，というのが鳩の巣論法である．

問題 28　誕生日問題 (1939)

2, 3年前のことである．ジョニー・カーソンの番組で，あるゲストがこのことを説明しようとしていた．ジョニー・カーソンはそれを信じず，このスタジオにはおおよそ120人の参加者がいるけれど，彼らの何人が私の誕生日3月19日と同じなのかとみんなに尋ねた．誰もいなかったので，数学者ではなかったそのゲストは取り繕って意味不明のことをしゃべっていた．

ここでの解答は，2人以上の人物が同じ誕生日である確率を問題にしているのであって，ある特定の人物の誕生日が他の人物の誕生日と同じになるかということではない．それは次の古典的な問題に他ならない．

> ある特定の人物の誕生日が，少なくとも0.5の確率で他の少なくとも1人の人物の誕生日と同じになるためには最低何人必要か．

n 人について考える．ある特定の人物が他の誰とも誕生日は同じでないという事象 A^* の確率を計算しよう．可能な誕生日の総数は前と同じ $N = 365^n$ である．しかし今回は，事象 A^* が起こり得る場合の数は

$$n_{A^*} = 365 \times 364 \times 364 \times \cdots \times 364 = 365(364)^{n-1}$$

ゆえに，$p_{A^*} = \dfrac{n_{A^*}}{N} = \left(\dfrac{364}{365}\right)^{n-1}$ であり，

$$1 - \left(\frac{364}{365}\right)^{n-1} \geq 0.5$$

を解いて，$n \geq 253.65$ を得る．ゆえに，ある特定の人物の誕生日が他の少なくとも1人の誕生日と同じになる確率が0.5以上であるためには少なくとも254人必要である．古典的な誕生日問題を少しひねった変形である2つの問題もまた紹介する価値がある．最初は，**概誕生日問題**ともいえる問題である (Naus(1968))．

> 少なくとも2人の誕生日が連続した k 日以内にある確率が0.5以上であるためには何人必要か[5]．

---

[5] 例えば，2人の誕生日が3月3日と3月7日であったなら，連続した5日以内である．

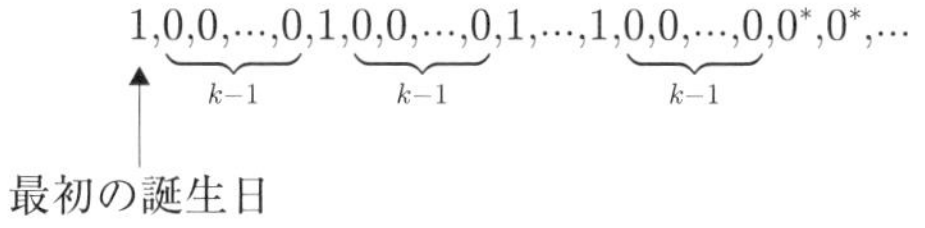

$$1,\underbrace{0,0,\cdots,0}_{k-1},1,\underbrace{0,0,\cdots,0}_{k-1},1,\cdots,1,\underbrace{0,0,\cdots,0}_{k-1},0^*,0^*,\cdots$$

↑ 最初の誕生日

図 28.1 概誕生日問題の例示

これを解くために，n 人について考え，少なくとも 2 人の誕生日が連続した k 日以内にある事象を A_k とおく．このとき，

$$P(A_k) = 1 - P(A_k^c) = 1 - P(A_k^c|A_1^c)P(A_1^c) \tag{28.3}$$

上記において，A_1^c はどの 2 人の誕生日も一致しない事象である．式 (28.1) により

$$P(A_1^c) = \frac{365!}{(365-n)!\,365^n}$$

n 個の異なる誕生日のどれもが互いに k 日離れているような配置を考える（図 28.1）．この配置は，与えられた年の 365 番目の日と次の年の最初の日が隣り合っている（つまり，$k=2$ の連続日である）円周状であると考える．円周に配置されているので，円周に沿って異なった位置にものが置かれていたとしても，互いの相対的な位置は同じであるという冗長な順列が起こる．それら冗長な順列を避けるために，最初の誕生日を固定して考える．追加される $n-1$ 個の 1 は残りの $n-1$ 個の誕生日に対応する．また，「誕生日とそれに続く $k-1$ 日の誕生日でない日」以外の誕生日でない日を，星印の付いた 0^* で表す．先頭の 1 と「星印の付かない」誕生日でない $k-1$ 日は固定しておき，$n-1$ 個の 1 と $(365-1)-(n-1)-n(k-1) = 365-kn$ 個の 0^* を並べ替えると，任意の「k 日以上離れて隣り合った」配置が得られる．そのような並べ替えの総数は

$$\binom{n-kn+364}{n-1}$$

これにより

表 28.2 少なくとも 2 人の誕生日が連続した k 日間の中に出現する確率が 0.5 以上になるために必要な最小人数

連続した日数 k	必要な最小人数 $\lceil n_k \rceil$
1	23
2	14
3	11
4	9
5	8
6	7
11	6

$$P(A_k^c | A_1^c) = \frac{\binom{n-kn+364}{n-1}}{\binom{364}{n-1}}$$

式 (28.3) を用いて,

$$P(A_k) = 1 - \frac{\binom{n-kn+364}{n-1}}{\binom{364}{n-1}} \cdot \frac{365!}{(365-n)!365^n}$$

$$= 1 - \frac{(364-kn+n)!}{(365-kn)!365^{n-1}} \quad (28.4)$$

少なくとも 1 組の誕生日が連続した k 日間の中に出現する確率が 0.5 以上になるために必要な人数を見つけるために式 (28.4) を利用できる. また, その人数の近似が $\lceil n_k \rceil$ で与えられることも示すことができる (Diaconis and Mosteller(1989))[6].

$$n_k = 1.2\sqrt{\frac{365}{2k-1}}$$

表 28.2 に k と $\lceil n_k \rceil$ の値が与えてある.

古典的な誕生日問題を少しひねった 2 番目の変形は**多重誕生日問題**である.

少なくとも m 人が同じ誕生日をもつ確率が 0.5 以上であるためには何人必要か.

---

[6] $\lceil n_k \rceil$ は n_k 以上で最小の整数である.

この問題はセル占有問題として扱うことができる．N 個のものを $c = 365$ 個のセルまたは分類に無作為に等確率で振り分ける．このとき，少なくとも1つのセルに m 個以上のものが含まれる確率が 0.5 以上であるために必要な個数はいくらか．この問題に答えるために，Levin(1981) による手法を利用する．最初に，母数 $(N; p_1, p_2, ..., p_c)$ をもつセル数 c の多項分布を考える．次に，j 番目のセルにある個数を $X_j \sim \mathrm{Po}(sp_j)$[7]とおき，$X_j$ は互いに独立とする．ただし，$s > 0$ である[8]．ベイズの定理[9]を用いると，

$$P\left(X_1 \leq n_1, ..., X_c \leq n_c \middle| \sum_{j=1}^{c} X_j = N\right)$$
$$= \frac{P(\sum_{j=1}^{c} X_j = N | X_1 \leq n_1, ..., X_c \leq n_c) P(X_1 \leq n_1, ..., X_c \leq n_c)}{P(\sum_{j=1}^{c} X_j = N)}$$
$$= \frac{P(W = N) P(X_1 \leq n_1, ..., X_c \leq n_c)}{P(\sum_{j=1}^{c} X_j = N)} \quad (28.5)$$

式 (28.5) において，左辺は母数 $(N; p_1, p_2, ..., p_c)$ をもつ**多項分布**[10]の分布関数であり，右辺の分母は平均 s をもつ**ポアソン分布**の確率であり，確率変数 W は**打ち切りポアソン分布**（TPo）に従う確率変数の和である（つまり，$0, 1, ..., n_j$ の上だけに確率をもつ $Y_j \sim \mathrm{TPo}(sp_j)$ の和 $W = Y_1 + Y_2 + \cdots + Y_c$ である）．多項分布の各セルの値を $(N_1, N_2, ..., N_c)$，その和を $N = \sum_{j=1}^{c} N_j$ とおくと，式 (28.5) は

$$P(N_1 \leq n_1, ..., N_c \leq n_c) = \frac{N!}{s^N e^{-s}} \left[\prod_{j=1}^{c} P(X_j \leq n_j)\right] P(W = N) \quad (28.6)$$

---

[7] これらのポアソン確率変数を用いるのは，すぐに説明するように，それらの和で条件付けたときの条件付き分布が多項分布になるからである．
[8] 理論的には，s は任意の正の実数であればよいが，Levin(1981) は $s = N$ を勧めている．それで十分であるばかりでなく，$sp_i = Np_i$ がセルの期待頻度であるという直感的解釈をもっているからである．
[9] **問題 14** を参照せよ．
[10] 一般に，$V_1, V_2, ..., V_c$ をそれぞれ期待値 $t_1, t_2, ..., t_c$ をもつ独立なポアソン確率変数とするとき，$\sum_{i=1}^{c} V_i = N$ が与えられたときの $V_1, V_2, ..., V_c$ の条件付き同時分布は，母数 $\left(N; \frac{t_1}{t}, \frac{t_2}{t}, ..., \frac{t_c}{t}\right)$ をもつ多項分布である．ただし，$t = \sum_{i=1}^{c} t_i$ である．詳しくは Johnson et al.(1997, 5 章) を参照せよ．

表 28.3 少なくとも m 人が同じ誕生日となる確率が少なくとも 0.5 以上となるために必要な最小の人数 N

m	N
2	23
3	88
4	187
5	313
6	460
7	623
8	798
9	985
10	1181

レビンの方法を実際の計算に用いることもできるが，c が大きいため，$P(W=N)$ を求めるための畳み込みの計算で苦労するときは，$P(W=N)$ のいわゆる**エッジワース近似**もレビンは与えている．式 (28.6) を用いれば，多重誕生日問題を解く準備は整うことになる．N 人の中で，少なくとも m 人が同じ誕生日をもつ確率は

$$1 - P(N_1 \leq m-1, ..., N_c \leq m-1)$$
$$= 1 - \frac{N!}{s^N e^{-s}} \left[\prod_{j=1}^{c} P(X_j \leq m-1) \right] P(W=N) \quad (28.7)$$

このとき，m が与えられると，この確率が 0.5 よりも大きくなるような最小の N を見つけることができる．$m-1$ までにすでに計算した結果を用いて，次の m に対する N を予測することができる．レビンはこの手法を利用して具体的に計算することにより，表 28.3 にある値を求めた（この結果は個人的に提供された）．

問題 29

レビと逆正弦法則（1939）

▶問 題

正常な硬貨を連続的に投げる．j 番目の結果が表のときは $X_j = 1$，裏のときは $X_j = -1$ と定義する．j 回投げたときの表と裏の数の差は $S_j = X_1 + X_2 + \cdots + X_j$ である．$2n$ 回投げて，それまでに出た表と裏の回数が同数になる最後の時刻が $2k$ である確率は $P(S_{2k} = 0) \cdot P(S_{2n-2k} = 0)$ であることを示せ．

▶解 答

$p_{2j}^{(k)} = P(S_{2j} = k) = \dfrac{N_{2j}^{(k)}}{2^{2j}}$ と定義する．ただし，$N_{2j}^{(k)}$ は事象 $S_{2j} = k$ が実現するような場合の数である．最初に，ある重要な結果を導く．硬貨は正常なので，まず次を得る．

$$P(S_1 \neq 0, S_2 \neq 0, ..., S_{2j} \neq 0) = 2P(S_1 > 0, S_2 > 0, ..., S_{2j} > 0) \quad (29.1)$$

また，

$$P(S_1 > 0, S_2 > 0, ..., S_{2j} > 0)$$
$$= \sum_{r=1}^{\infty} P(S_1 > 0, S_2 > 0, ..., S_{2j-1} > 0, S_{2j} = 2r)$$

なので，**投票問題**[1]の結果を応用すると，

$$P(S_1 > 0, S_2 > 0, ..., S_{2j-1} > 0, S_{2j} = 2r) = \frac{N_{2j-1}^{(2r-1)} - N_{2j-1}^{(2r+1)}}{2^{2j}}$$

$$= \frac{1}{2} \cdot \frac{N_{2j-1}^{(2r-1)} - N_{2j-1}^{(2r+1)}}{2^{2j-1}}$$

$$= \frac{1}{2}\left(p_{2j-1}^{(2r-1)} - p_{2j-1}^{(2r+1)}\right)$$

ゆえに，

$$P(S_1 > 0, S_2 > 0, ..., S_{2j} > 0) = \frac{1}{2}\sum_{r=1}^{\infty}\left(p_{2j-1}^{(2r-1)} - p_{2j-1}^{(2r+1)}\right)$$

$$= \frac{1}{2}\left(p_{2j-1}^{(1)} - p_{2j-1}^{(3)} + p_{2j-1}^{(3)} - p_{2j-1}^{(5)} + \cdots\right)$$

$$= \frac{1}{2}p_{2j-1}^{(1)}$$

$$= \frac{1}{2}p_{2j}^{(0)}$$

ゆえに，式 (29.1) は次のように書ける．

$$P(S_1 \neq 0, S_2 \neq 0, ..., S_{2j} \neq 0) = P(S_{2j} = 0) = p_{2j}^{(0)} \tag{29.2}$$

これが求めたかった重要な性質であり，以下で利用する．では，証明を完成させる準備は整った．$2n$ 回投げて表と裏の数が同数になる最後の時刻が $2k$ である確率は次のように書ける．

$$P(S_{2k} = 0, S_{2k+1} \neq 0, ..., S_{2n} \neq 0)$$
$$= P(S_{2k+1} \neq 0, S_{2k+2} \neq 0, ..., S_{2n} \neq 0 | S_{2k} = 0)P(S_{2k} = 0)$$
$$= P(S_1 \neq 0, ..., S_{2n-2k} \neq 0)P(S_{2k} = 0)$$
$$= P(S_1 \neq 0, ..., S_{2n-2k} \neq 0)p_{2k}^{(0)}$$

等式 (29.2) を用いると，最終的に次を得るが，これが求めたかった結果であ

---

[1] **問題 17** を参照せよ．

る．

$$P(S_{2k}=0, S_{2k+1}\neq 0,...,S_{2n}\neq 0) = p^{(0)}_{2n-2k}p^{(0)}_{2k}$$

▶考 察

　実に興味深く魅惑的な結果を導くために，上の結果はさらに深めることができる．**問題8**により，j が適度に大きいときは $p^{(0)}_{2j} \approx \dfrac{1}{\sqrt{\pi j}}$ なので，次を得る．

$$P(S_{2k}=0, S_{2k+1}\neq 0,...,S_{2n}\neq 0) = p^{(0)}_{2n-2k}p^{(0)}_{2k} \approx \frac{1}{\pi\sqrt{k(n-k)}}$$

表と裏が同数になる最後に投げた回数を T とおき，その最後の同数を与えた T と投げた総数との比を X とおく．つまり，$X = \dfrac{T}{2n}$ とおくとき，X の分布関数は

$$\begin{aligned}
P(X\leq x) &= P(T\leq 2xn) \\
&= \sum_{k\leq xn} \frac{1}{\pi\sqrt{k(n-k)}} \\
&\approx \int_0^{xn} \frac{1}{\pi\sqrt{u(n-u)}} du \\
&= \frac{2}{\pi}\arcsin\sqrt{x} \qquad (29.3)
\end{aligned}$$

投げた回数 $2n$ が大きいとき，X の密度関数は次で与えられる．

$$f_X(x) \approx \frac{d}{dx}\left(\frac{2}{\pi}\arcsin\sqrt{x}\right) = \frac{1}{\pi\sqrt{x(1-x)}}, \quad 0<x<1 \qquad (29.4)$$

式 (29.4) の分布は母数 $\left(\dfrac{1}{2},\dfrac{1}{2}\right)$ の**ベータ分布**であり，$x=\dfrac{1}{2}$ に関して対称である（図 29.2）．この結果は著名なフランスの数学者ポール・レビ (1886-1971)（図 29.1）により**ブラウン運動**に関して初めて与えられ（Lévy(1965)），

図 29.1 ポール・ピエール・レビ (1886-1971)

第 2 逆正弦法則[2]と呼ばれている[3]．ブラウン運動とは，対称的な**確率遊歩**の連続時間版と見做すことができる．対称的な確率遊歩の一例がここで考えている硬貨投げの実験である．表と裏の回数の差は確率遊歩の位置を表し，投げた回数は時刻を表す．大まかに言えば，対称的な確率遊歩が素早く小幅に変動するようになると，ブラウン運動が得られる．

一見明らかではないかもしれないが，図 29.2 のグラフが意味するところはかなり当惑させるものである．その密度は，$x = 0$ の近くで（つまり，硬貨投

---

[2] ここでの逆正弦という用語は X の密度関数ではなく，分布関数からの命名である．また，読者に注意してほしいのは，逆正弦法則は他にもいろいろとあるので，ここで第 2 逆正弦定理として参照しているものが他の教科書においては別の名前で呼ばれているかもしれないということである．逆正弦分布に関する詳細は，Johnson et al.(1995, 25.7 節) を参照せよ．また，第 2 逆正弦法則についてはまた，Feller(1968, p.78)，Lesigne(2005, p.61)，Mörters and Peres(2010, p.136)，Durrett(2010, p.203) を参照せよ．

[3] レビはまた，ブラウン運動に対する彼の結果と硬貨投げの実験に対応する結果との関連についても言及している．

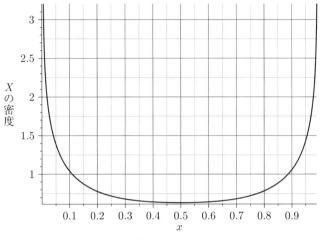

図 29.2 母数 $\left(\dfrac{1}{2}, \dfrac{1}{2}\right)$ をもつベータ分布.

げの始まりにおいて)また $x = 1$ の近くで(つまり,硬貨投げの終わりにおいて)最大値をとる.表と裏の最後の同数が,その硬貨投げの終わりに近づくほど起こりやすくなるということは驚くべきことではないが,その最後の同数がまたその硬貨投げの始まりに近づくほど起こりやすくなるということはかなり直感に反している.したがって,正常な硬貨を 1000 回投げたとすると,表と裏の最後の同数が 100 回以前である確率は近似的に $\dfrac{2}{\pi}\arcsin\sqrt{0.1} = 0.20$ であり,500 回以前に起こる確率は近似的に 0.5 である.ゆえに,後半の 500 回で表と裏の同数が起こらない確率も同じであり,表と裏の回数が等しくなることは希なのである.これらは疑いもなく期待を裏切る結果である.Feller (1968, p.79) は次のように書いている.

> 1 年間続く学習実験において,ある子供はたぶん第 1 週目を除けば恒常的に劣っていた.また別の子供はたぶん最後の週を除けば恒常的に優れていた.この 2 人の子供は同等であると判断できるだろうか.しかし,11 人からなる子供たちが同様の学習実験を受けて,その実験は知性とは関係なく,偶然のみに関係していると仮定してみよう.11 名のなかの 1 人は 1 週を除いて優れているように,またもう 1 人

は 1 週を除いて遅れているように見えるかもしれない．

おおかたの常識的な判断では，最初の子供よりももう 1 人の子供が優秀であると判定するだろうというのがフェラーの論点である．しかし，偶然性の当然の帰結により，子供たちは同等な能力を有していても，近似的確率 $\frac{2}{\pi}\arcsin\sqrt{\frac{51}{52}} \approx 0.9$ で 51 週の間優れた子供がいることだろう．つまり，11 人の同等に優秀な子供たちの中に，最後の週を除いていつも優れた子が約 1 人いるかもしれないし，最後の週を除いていつも劣った子が約 1 人いるかもしれない．

実は**第 1 逆正弦法則**[4]も，第 2 逆正弦法則に先立つことほぼ 25 年前にレビにより独創的な論文 Lévy(1939) において与えられていた．その論文において，確率遊歩が正値をとる（表の数が裏の数よりも大きい）時間の割合を Y とおくとき，確率遊歩の実行時間が長くなると Y の分布関数が次で与えられるとする結果を本質的にレビは証明した．

$$P(Y \leq y) \approx \frac{2}{\pi}\arcsin\sqrt{y}, \quad 0 < y < 1 \tag{29.5}$$

式 (29.5) は第 1 逆正弦法則と呼ばれ，平均 0 と分散 1 の独立な確率変数の和に対する一般的な結果は Erdös and Kac(1947) で証明された．第 1 逆正弦法則も第 2 逆正弦法則と同様に直感に反する．というのも，その時間のおおよそ半分で確率遊歩は正値をとり（表が裏よりも多く出る），もう半分で負値をとると期待してしまうからである．つまり，Y は $\frac{1}{2}$ の近くでかなり起こりやすいと期待してしまう．しかし，図 29.2 を見るだけでそうではないことが分かる．実際は Y の値として最も起こりやすいのは 0 と 1 に近い値である．この意味するところは奇妙で興味深いだろうが真実なのである．高い確率で，確率遊歩が正値をとる時間の割合は非常に低いか非常に高い（つまり，$\frac{1}{2}$ には近くない）．したがって，正常な硬貨が 1000 回投げられるとき，表が裏を上回る時間の割合が 10% 以下である確率はおおよそ $\frac{2}{\pi}\arcsin\sqrt{0.1} \approx 0.20$ である．表が裏を上回る時間が 90% 以上である確率も同様である．一方，表

---

[4] 第 1 逆正弦法則はまた，Feller(1968, p.82), Lesigne(2005, p.60), Mörters and Peres (2010, p.136), Tijms(2007, p.25), Durrett(2010, p.204) 等を参照せよ．

が裏を上回る時間が 45% と 55% の間にある確率はわずか $\frac{2}{\pi}$(arcsin $\sqrt{0.55}$ − arcsin $\sqrt{0.45}$) = 0.06 である.

少なくとももう 1 つの逆正弦法則[5]も存在する. これも Lévy(1965) による結果である. $Z \in [0,1]$ が確率遊歩の最大値が初めて起こる時間であるとき, Z はまた逆正弦分布に従う.

---

[5] 例えば, Mörters and Peres(2010, pp.136-137) を参照せよ.

問題 30

シンプソンのパラドックス (1951)

▶ 問 題

事象 X, Y, Z について考え,次が成り立つと仮定する.

$$P(X|Y \cap Z) > P(X|Y^c \cap Z), \quad P(X|Y \cap Z^c) > P(X|Y^c \cap Z^c)$$

このとき,$P(X|Y) < P(X|Y^c)$ が成り立つこともあり得ることを示せ.

▶ 解 答

全確率の公式を用いると,

$$\begin{aligned}
P(X|Y) &= P(X|Y \cap Z)P(Z|Y) + P(X|Y \cap Z^c)P(Z^c|Y) \\
&= sP(X|Y \cap Z) + (1-s)P(X|Y \cap Z^c) \quad (30.1)
\end{aligned}$$

$$\begin{aligned}
P(X|Y^c) &= P(X|Y^c \cap Z)P(Z|Y^c) + P(X|Y^c \cap Z^c)P(Z^c|Y^c) \\
&= tP(X|Y^c \cap Z) + (1-t)P(X|Y^c \cap Z^c) \quad (30.2)
\end{aligned}$$

ただし,$s = P(Z|Y)$,$t = P(Z|Y^c)$ である.したがって,

$$\begin{aligned}
P(X|Y) - P(X|Y^c) &= (sP(X|Y \cap Z) - tP(X|Y^c \cap Z)) \\
&\quad + ((1-s)P(X|Y \cap Z^c) - (1-t)P(X|Y^c \cap Z^c)) \quad (30.3)
\end{aligned}$$

(30.3) 式の符号について考える.$\delta = t - s$ とおくと,$-1 \leq \delta \leq 1$ である.ま

た，$u = P(X|Y\cap Z) - P(X|Y^c\cap Z) > 0$, $v = P(X|Y\cap Z^c) - P(X|Y^c\cap Z^c) > 0$ とおくと，

$$P(X|Y) - P(X|Y^c) = s\left(P(X|Y\cap Z) - P(X|Y^c\cap Z)\right) - \delta P(X|Y^c\cap Z)$$
$$+ (1-s)\left(P(X|Y\cap Z^c) - P(X|Y^c\cap Z^c)\right) + \delta P(X|Y^c\cap Z^c)$$
$$= su + (1-s)v - \delta w$$

ただし，$w = P(X|Y^c\cap Z) - P(X|Y^c\cap Z^c)$ である．ゆえに，$su + (1-s)v < \delta w$ であれば，$P(X|Y) - P(X|Y^c)$ は負になる．

▶ 考察

計算だけでは，**問題 30** で与えられた 3 つの不等式が実際に意味するところを理解するのは難しい．次の例を考えよう[1]．大学 1 では，1000 名の男子学生の 200 名が，そして 1000 名の女子学生の 150 名が経済学を学ぶ．一方，大学 2 では，100 名の男子学生の 30 名が，そして 4000 名の女子学生の 1000 名が経済学を学ぶ．どちらの大学でも，男子学生の方が女子学生よりも経済学を学んでいる（1：20％ 対 15％，2：30％ 対 25％）．しかし，大学を統合すると，1100 名の男子学生の 230 名（20.9％）が，5000 名の女子学生の 1150 名（23％）が経済学を学ぶ．まとめて統合すると，男子学生よりも女子学生が多く経済学を学ぶのは明らかである．学生が経済学を学ぶという事象を X，学生が男子であるという事象を Y，学生が大学 1 に所属するという事象を Z とおくと，**問題 30** における直感を裏切る 3 つの不等式が得られる．これが**シンプソンのパラドックス**[2] の本質である：2 つの変数（性別と経済学の受講）の関連の向きが，3 番目の変数[3]（大学）で条件付けられることによって逆転する．

---

[1] Haigh(2002, p.40) からの引用．
[2] Blyth(1972) によって初めて名付けられた．このパラドックスはまた，Dong(1998), Rumsey(2009, p.236), Rabinowitz(2004, p.57), Albert et al.(2005, p.175), Lindley (2006, p.199), Kvam and Vidakovic(2007, p.172), Chernick and Friis(2003, p.239), Agresti(2007, p.51), Christensen(1997, p.70), Pearl(2000, p.174) 等で議論されている．
[3] しばしば潜伏変数とも呼ばれる．

問題 30 シンプソンのパラドックス (1951)

表 30.1 「大学のデータ」を用いたときのシンプソンのパラドックス

	大学1				大学2				統合			
	X	X^c	和	受講率	X	X^c	和	受講率	X	X^c	和	受講率
女性	150	850	1000	0.15	1000	3000	4000	0.25	1150	3850	5000	0.230
男性	200	800	1000	0.20	30	70	100	0.30	230	370	1100	0.209

シンプソンのパラドックスが直感的にはなぜ起こるのか．まず，大学2では大学1に比較して男性でも女性でも経済学を受講する割合は高い（表30.1）．しかし，1100名の男子学生のうち，わずか9％程度（100名）が大学2に進学するだけであるが，5000名の女子学生の80％（4000名）が大学2に進学している．したがって，相対的に言えば，経済学を高い割合で学ぶ大学は，つまり大学2は，男性よりもより多くの女性をとっている．統合されたデータを見るとき，経済学を受講する割合が男性よりも女性の方が高いのは驚くべきことではない．

シンプソンのパラドックスは，統合したデータでの2つの変数に関連した解析を実行する前に，その第3の変数を注意深く確かめておくことの重要性を示している．ここでの例においては，大学で条件付けられなければ，男性よりも女性の方が経済学を受講するという誤った印象を得てしまう．さらには，(30.1) 式と (30.2) 式により，$s = t$ の場合は $P(X|Y) > P(X|Y^c)$ なので，性別 (Y) が大学 (X) と独立ならば（つまり，大学によって性別の割合に違いが無ければ）シンプソンのパラドックスは起こり得ない．そのとき，両大学の表は統合できる．

シンプソンのパラドックスの興味ある別の説明が，グラフを描くことにより得られる[4]．表30.2のデータを考えてみよう．

$$\frac{a}{b} < \frac{A}{B}, \quad \frac{c}{d} < \frac{C}{D} \tag{30.4}$$

であるときに，次が成り立つこともあることを示したい．

---

[4] Kocik(2001) と Alsina and Nelson(2009, pp.33-34) を参照せよ．

問題 30 シンプソンのパラドックス (1951)　321

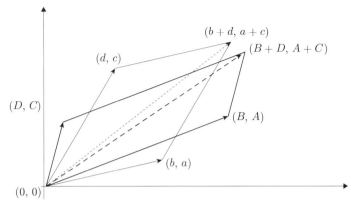

図 30.1 図を用いた，シンプソンのパラドックスの説明

$$\frac{a+c}{b+d} > \frac{A+C}{B+D} \tag{30.5}$$

　学生たちの経済学を学ぶ割合が直線の傾きに等しくなるように，デカルト平面上のベクトルで表してみる（図 30.1）．例えば，大学 1 で経済学を学ぶ女子の割合は $\frac{a}{b}$ なので，この割合を $(0,0)$ から (a,b) へ結ぶベクトルで表す．$\frac{a}{b} < \frac{A}{B}$ により，$(0,0)$ と (a,b) を結ぶ線分の傾きは，$(0,0)$ を (A,B) を結ぶ線分の傾きよりも小さい．$\frac{c}{d} < \frac{C}{D}$ に対しても同様に描く．ベクトルの和を用いて，$(0,0)$ から $(b+d, a+c)$ へ結ぶベクトルの傾きが，$(0,0)$ から $(B+D, A+C)$ へ結ぶベクトルの傾きよりも大きくなるようにできる．つまり，$\frac{a+c}{b+d} > \frac{A+C}{B+D}$ である．

　ここで自然な疑問が残る．女性と男性においてそれぞれ経済学を学ぶ「正しい」割合を得るには 2 つの大学からのデータをどのように組み合わせるべきなのか．明らかに，両大学の人数をただ加えるだけでは適切ではない．男性と女性に対して 2 つの比 $\frac{a+c}{b+d}$ と $\frac{A+C}{B+D}$ が得られるだけだからである（表 30.2）．Tamhane and Dunlop(2000, p.132) に従うと，2 つの大学を通した女性の経済学を学ぶ「修正」割合を求めるには，各大学の女性の割合の重み付き平均をとるとよいというものである．ただし，その重みは大学の相対的な大きさとする．すなわち，

表 30.2 大学と性別についての頻度分布

	大学1			大学2			統合		
	X	X^c	和	X	X^c	和	X	X^c	和
女性	a	$b-a$	b	c	$d-c$	d	$a+c$	$(b+d)-(a+c)$	$b+d$
男性	A	$B-A$	B	C	$D-C$	D	$A+C$	$(B+D)-(A+C)$	$B+D$

$$\frac{a}{b}\left(\frac{b+B}{b+B+d+D}\right)+\frac{c}{d}\left(\frac{d+D}{b+B+d+D}\right)=\frac{a(b+B)/b+c(d+D)/d}{b+B+d+D}$$

同様に，2つの大学を通した男性の経済学を学ぶ「修正」割合は

$$\frac{A}{B}\left(\frac{b+B}{b+B+d+D}\right)+\frac{C}{D}\left(\frac{d+D}{b+B+d+D}\right)$$
$$=\frac{A(b+B)/B+C(d+D)/D}{b+B+d+D}$$

先に挙げたデータでは，これらの式から女性に対しては16.8%，男性に対しては20.1%が得られる．ここでは，関係の方向は保存されていることが分かる（つまり，各大学において女性よりも男性の方が高い割合であるということが「修正」割合でも保たれている）．

シンプソンのパラドックスの名称はエドワード・H・シンプソン(1922-)(Simpson(1951))に由来する．しかし，同様の現象はイギリスの著名な統計学者カール・ピアソン(1857-1936)（図30.2）と彼の同僚により初めて報告されていた(Pearson et al.(1899))．そこには，

> このように，異質な群を混合させると，そのどちらにおいても構造上の相関を内在させていなくても，大なり小なりの相関を示すという結論に至らざるを得ない．正しくはその相関は見せかけのものだと言ってよい．しかし，どの群においてもその絶対的な同質性を保証できるというのはほとんど無理なので，相関に関する我々の導く結論は過ちを犯しやすく，その程度を前もって知ることはできない．すべての相関を因果関係と見做そうとする人たちには，2つの非常に親近的な種を人為的に混合して，まったく相関のない2つの特性AとBの間に相関が作り出されるという事実はかなり衝撃的であるに違いない．

図 **30.2** カール・ピアソン (1857-1936)

4年後,以前にピアソンの助手であったイギリスの著名な統計学者ジョージ・ウドニイ・ユール[5](1871-1951)(図 30.3) はこの問題をさらに正確に描写した (Yule(1903)).ユールは3つの特質を表す事象 A, B, C について,C または C^c が与えられたとき A と B は互いに独立である場合を考えた.このとき,ユールは次のことを証明した.

> …A または B が C と独立でないようなら,一般に全体として A と B の間には明らかな関連が存在する.

ここに挙げた2つの例が**問題 30** で与えた確率の不等式関係と真に合致しているわけではない.というのも,関連の方向が逆転していないからである.実際的な逆転が起こっているとき,強いシンプソンのパラドックスが得られる.

---

[5] シンプソンのパラドックスは,**ユールのパラドックス**あるいは**ユール・シンプソンのパラドックス**と呼ばれることもある.

図 30.3 ジョージ・ウドニイ・ユール (1871-1951)

一方，次の3つの関係式が成り立つとき，弱いシンプソンのパラドックスが得られる．

$$P(X|Y \cap Z) = P(X|Y^c \cap Z)$$
$$P(X|Y \cap Z^c) = P(X|Y^c \cap Z^c)$$
$$P(X|Y) < P(X|Y^c)$$

（もちろん，最後の不等式の方向は逆にもなり得る）

強いシンプソンのパラドックスの最初の実例はコーエンとナーゲルによる評判高い『論理と科学的手法への入門』（Cohen and Nagel(1934, p.449)）で与えられた．彼らはその著書において，1910年のリッチモンドとニューヨークにおける結核での死亡率の数表を演習として与えた．そこにおいて，

白人と黒人における死亡率はニューヨークよりもリッチモンドの方が

表 30.3 Cohen and Nagel(1934, p.449) で用いられた 1910 年のリッチモンド市とニューヨーク市の肺結核割合

	人口		死亡数		10万人当たりの死亡数	
	ニューヨーク	リッチモンド	ニューヨーク	リッチモンド	ニューヨーク	リッチモンド
白色	4675174	80895	8365	131	179	162
有色	91709	46733	513	155	560	332
列和	4766883	127628	8881	286	187	226

低いにもかかわらず，統合したときの死亡率は逆転する．2つの母集団は本当に比較できるのだろうか，つまり同質だと言えるだろうか．

シンプソン自身の 1951 年の論文は部分的にはケンドールの『統計学の高等理論』（Kendall(1945, p.317)）にあるいくつかの 2×2 表により動機付けられている．その中の1番目の 2×2 表においてケンドールは，ある母集団の2つの特性に対する頻度を与え，独立であることを示している．さらにケンドールは，その 2×2 表を男性に対するものと女性に対するものへと2つに分割して，男性のみの部分母集団では2つの特性の間に正の相関が，女性のみの部分母集団では負の相関が存在することを示し，次のように結論している．

その2つの間に存在する明らかな独立性は，2つの部分母集団に見られる相関が互いに打ち消し合ったせいである．

この例に動機付けられてシンプソンは，2つの 2×2 表のどちらにおいても2つの特性が正の相関をもつような状況を考えた（Simpson(1951)）．そのとき，統合した 2×2 表には最終的に相関が存在しないことを示した（表 30.4）.

このとき，オスとメスのどちらでも処理と生存の間には正の相関が存在すると言える．しかし，表を統合すると，その合わせた母集団においては処理と生存の間に相関は見られなくなる．このとき，「意味のある」解釈とは何だろうか．ある処理がオスに対しても，またメスに対しても役立っているとして応用されるとき，その種全体に対しては無価値であるとしてその処理が棄却されることはほとんどありえない．

表 30.4　Simpson(1951) で考察された 2×2 表

	男性		女性	
	未処理	処理	未処理	処理
生存	$\dfrac{4}{52}$	$\dfrac{8}{52}$	$\dfrac{2}{52}$	$\dfrac{12}{52}$
死亡	$\dfrac{3}{52}$	$\dfrac{5}{52}$	$\dfrac{3}{52}$	$\dfrac{15}{52}$

　最後に，シンプソンのパラドックスは小さな標本数の場合の結果ではないことを強調しておく．実際それは，数式 (30.4) と (30.5) の代数的な不等式に見られるように，統計的というよりは数学的な現象である．

問題 31

ガモフとスターンとエレベーター (1958)

▶問題

ある人物がビルの a 階から下に降りるためにエレベーターを待っていた．そのビルには b 階存在する $(b>a)$．また，そのエレベーターは 1 日中休むことなく上下に移動している．エレベーターがその階に来たとき，下に向かっている確率を求めよ．

▶解答

エレベーターは，その人物のいる階へ上の $b-a$ 階のどこからか降りてくるか，下の $a-1$ 階から昇ってくるかのどちらかである．ゆえに，エレベーターが降りてくる確率は

$$\frac{b-a}{(b-a)+(a-1)} = \frac{b-a}{b-1} \tag{31.1}$$

▶考察

この興味ある小さな問題は物理学者ジョージ・ガモフ (1904-1968)（図 31.1）とマービン・スターン (1935-1974) によって提出され，その名をとっ

328   問題 31　ガモフとスターンとエレベーター (1958)

図 31.1　ジョージ・ガモフ (1904-1968)

てガモフ-スターンのエレベーター問題[1]と呼ばれている．彼らの著書『パズルと数学』（Gamow and Stern(1958)）で初めて扱われた．伝えられるところでは，ガモフは 7 階建てのビルの 2 階に研究室をもち，スターンはそのビルの 6 階に研究室をもっていた．ガモフがスターンを訪ねるとき，おおよそ 6 回に 5 回はエレベーターが降りてきて止まった．一方，スターンがガモフを訪ねるときは，おおよそ 6 回に 5 回はエレベーターが昇ってきて止まった．これは 2 人には直感を少し裏切るように思えた．というのも，ガモフにはエレベーターは降りて来るのが多そうな気がしていたし，スターンには昇って来るのが多そうだと考えていたからである．

　ガモフとスターンは**解答**と同様の理屈で，彼らの経験したことを説明することができた．ガモフに関しては $a = 2, b = 7$ なので，降りてくる確率は

---

[1] ガモフ-スターンのエレベーター問題はまた，Knuth(1969)，Havil(2008, p.82)，Gardner(1978, p.108)，Weisstein(2002, p.866)，Nahin(2008, p.120) によって議論された．

$\frac{7-2}{7-1} = \frac{5}{6}$ であり，スターンに関しては $a=6, b=7$ なので，昇ってくる確率は $1 - \frac{7-6}{7-1} = \frac{5}{6}$ である．ここまでは問題なかったが，次でガモフとスターンは口を滑らせた．彼らは，ビルに何台もエレベーターがあるときでも，ガモフのいる階に最初に来るエレベーターが下に行く途中である確率は変わらずに $\frac{5}{6}$ だろうと推論した．同様にスターンに対する確率も変わらないと考えた．ガモフとスターンはさらにロサンゼルスとシカゴ間の東行き列車と西行き列車という同様の状況についても考えた．著書の3章において，次のように述べている．

> ここからロサンゼルスへ向かう軌道はシカゴへ行くよりも3倍の長距離である．そのため，あなたから見て列車が東よりも西にある可能性は 3:1 である．列車が西にあったとすると，それが初めて通り過ぎるとき東に向っていることになる．同様に，シカゴとロサンゼルスを行き交う複数の列車があるときも，もちろん状況は変わらない．ある特定の時刻以降に，われわれの市を初めて通り過ぎる列車は東に向かっている可能性が非常に高いのである．

実際は，シカゴとロサンゼルスの間に複数の列車がある場合に状況が変わらないということはない．この事実を初めて指摘したのは Knuth(1969) である．ここでは，そのことを証明しよう．式 (31.1) により，エレベーターが1台の場合，そのエレベーターが下に向かっている確率は次で与えられる．

$$P_1 = \frac{b-a}{b-1} = 1 - p \tag{31.2}$$

ただし，$p = \frac{a-1}{b-1}$ である．

では，2台のエレベーターの場合を考えてみよう（図 31.2）．ここでは一般性を失わずに，$p \leq \frac{1}{2}$ であると仮定する．つまり，人物 G はビルの下側半分の階にいる．G のいる階に初めてきたエレベーターが下に向かっているには2つの排反な場合がある．

(i) 2台のエレベーターのどちらも G よりも上にある：この確率は $\frac{(b-a)^2}{(b-1)^2}$ である．

(ii) 1 台は G よりも下にあり，もう 1 台は G より上で $a-1$ 階内のところにある[2]：この確率は次のように求められる．

$$2 \times \frac{a-1}{b-1} \times \frac{a-1}{b-1} = 2\frac{(a-1)^2}{(b-1)^2}$$

ただし，この 2 台の競い合うエレベーターが a 階に最初に到達する確率は半々である．

したがって，下向きのエレベーターがくる確率は

$$\begin{aligned} P_2 &= \frac{(b-a)^2}{(b-1)^2} + \frac{1}{2} \cdot 2\frac{(a-1)^2}{(b-1)^2} \\ &= \frac{(b-a)^2 + (a-1)^2}{(b-1)^2} \\ &= \frac{((b-1)-(a-1))^2 + (a-1)^2}{(b-1)^2} \\ &= 1 - 2\frac{a-1}{b-1} + 2\frac{(a-1)^2}{(b-1)^2} \\ &= 1 - 2p + 2p^2 \end{aligned} \tag{31.3}$$

式 (31.2) と式 (31.3) により，P_1 と P_2 は次のように表現できる．

$$P_1 = \frac{1}{2} + \frac{1}{2}(1-2p)$$
$$P_2 = \frac{1}{2} + \frac{1}{2}(1-2p)^2$$

これにより，n 台のエレベーターがある場合は下りのエレベーターがくる確率は

$$P_n = \frac{1}{2} + \frac{1}{2}(1-2p)^n \tag{31.4}$$

となりそうである．

この (31.4) 式を数学的帰納法を用いて証明しよう．明らかに，$n=1$ の場

---

[2] そうでない場合は，2 台のエレベーターは競い合う状態にはなく，最初にくるエレベーターは常に上に向かっている．（訳注）G がその階でボタンを押したとたんに，それらのエレベーターが G のいる階へ即座に向かうのであればここでの説明でよいが，エレベーターが列車の運行のように上下に巡回的に移動し続けているのなら，この説明では不十分である．しかし，その場合でも，確率は同じ計算になると示せるだろう．

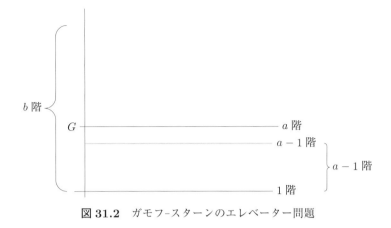

図 31.2 ガモフ-スターンのエレベーター問題

合は正しい．n の場合に正しいと仮定して，$n+1$ の場合でも正しいことを証明すればよい[3]．

$$\begin{aligned}
P_{n+1} &= P\,(n+1\,\text{台のエレベーターの中の1台が初めに降りてくる})\\
&= P\,(n\,\text{台のエレベーターの中の1台が初めに降りてくる},\\
&\qquad \text{かつ}\,n+1\,\text{番目のエレベーターが降りてくる})\\
&\quad + \frac{1}{2} P\,(n\,\text{台のエレベーターの中の1台が初めに昇ってくる},\\
&\qquad \text{かつ}\,n+1\,\text{番目のエレベーターが降りてくる},\\
&\qquad \text{かつそのエレベーターは}\,G\,\text{の階から}\,a-1\,\text{階内にある})
\end{aligned}$$

上の式における $\dfrac{1}{2}$ は，G に最初に到達するすぐ上とすぐ下のエレベーターには同じ勝ち目があることに拠っている（式 (31.3) における P_2 の導出と同様である）．ゆえに，

---

[3] （訳注）以下の事象の場合分けに加えて，{ n 台のエレベーターの中の 1 台が初めに降りてきて，それが G の階から $a-1$ 階内にあり，$n+1$ 番目のエレベーターが昇ってくる } という事象も考慮に入れるべきである．しかし，その後の実際の計算においては，第 1 行の右辺の第 2 項において 2 倍されていることにより，考慮されていると判断できる．

$$P_{n+1} = P_n(1-p) + \frac{1}{2}(2(1-P_n)p)$$
$$= P_n(1-2p) + p$$
$$= \left(\frac{1}{2} + \frac{1}{2}(1-2p)^n\right)(1-2p) + p$$
$$= \frac{1}{2} + \frac{1}{2}(1-2p)^{n+1}$$

ゆえに，数学的帰納法により (31.4) が証明された[4]．このとき，$|1-2p| < 1$ により，

$$\lim_{n \to \infty} P_n = \frac{1}{2}$$

ガモフとスターンが信じたことには反して，より多くのエレベーターがあるときは，エレベーターが降りて来る確率は $\frac{1}{2}$ にかなり近くなることを意味している．

---

[4] （訳注）証明に曖昧なところが残ると考える読者もあるかもしれないので，直接的な証明も紹介しておく．G の階から上下 $a-1$ 階内に 1 台のエレベーターもない場合は（その確率は $(1-2p)^n$），必ずエレベーターは上から降りて来る（その条件付き確率は 1）．そうではない場合は（その確率は $1-(1-2p)^2$），G の階に対する上下の対称性により（条件付き）確率 $\frac{1}{2}$ でエレベーターは降りて来る．ゆえに，全確率の公式により次の確率でエレベーターは降りて来る．
$$(1-2p)^n \times 1 + (1-(1-2p)^n) \times \frac{1}{2} = \frac{1+(1-2p)^n}{2}$$
列車のように巡回的な場合でも，この計算でよいことの解釈は読者に残す．

問題 32

モンティ・ホールと車と山羊（1975）

▶問 題

　TV の賞金番組において，3 つのドア X, Y, Z が用意してある．その 1 つの後ろには車が隠されていて，他の 2 つには山羊が隠されている．番組の出場者はその中の 1 つを選ぶ．ここでは X とする．番組の司会者は車の隠されているドアを知っていて，あるドアを開けると（ここでは Y とする），そこには山羊がいる．司会者は，出場者が選んでいるドア（つまり X）をそのまま選び続けても，もう 1 つの開けてないドア（ここでは Z）に交換してもよいと勧める．どちらのドアが有利だろうか．

▶解 答

　ドア X, Y, Z の後ろに車が隠されている事象をそれぞれ C_X, C_Y, C_Z で表す．また，司会者がドア Y を開ける事象を H_Y とする．問題では，出場者は最初にドア X を選び，司会者はドア Y を開ける．このとき，ドア Z の後ろに車が隠されているとするドアの交換が勝利する戦略である．つまり，出場者がドアを交換して車を手に入れる確率は $P(C_Z|H_Y)$ なので，ベイズの定理[1]により，

---
[1] 問題 14 を参照せよ．

$$P(C_Z|H_Y) = \frac{P(H_Y|C_Z)P(C_Z)}{P(H_Y|C_X)P(C_X) + P(H_Y|C_Y)P(C_Y) + P(H_Y|C_Z)P(C_Z)}$$
$$= \frac{1 \cdot (1/3)}{(1/2)(1/3) + 0 \cdot (1/3) + 1 \cdot (1/3)}$$
$$= \frac{2}{3}$$

この計算において,司会者が2つのドアのどちらも開けることができるとき(つまり,車がドアXの後ろにあるとき)どちらのドアも開ける確率は等しいと仮定している[2].また,車が後ろにあるドアを司会者は開けることができないので,$P(C_Y|H_Y) = 0$ である.ゆえに,

$$P(C_X|H_Y) + P(C_Y|H_Y) + P(C_Z|H_Y) = P(C_X|H_Y) + P(C_Z|H_Y) = 1$$

出場者がドアを交換しないことに決めると,勝つ確率は

$$P(C_Y|H_Y) = 1 - P(C_Z|H_Y) = \frac{1}{3}$$

出場者は交換しないときよりも交換したときの方が確率は2倍なので,交換すべきだろう.

▶ 考 察

ここで与えた形式での問題を雑誌 American Statistician の1975年の『編集者への手紙』で初めて報告したのはアメリカの統計学者スティーブ・セルビンである (Selvin(1975a)).セルビンの手紙を直接引用すると,この問題のもつ論争を引き起こしそうな気配がよく感じられる.その最初の部分で,セルビンは次のように書いている.

これはモンティ・ホールが司会する有名なTV番組「取り引きしま

---

[2] (訳注) この仮定には異論のある読者もあるだろう.司会者の選択については何も知らないという無差別の原理に基づいているように見える(あるいは,硬貨を投げて開けるドアを決めたのか).もしも過去に放送された番組での司会者の癖から $P(H_Y|C_Y) = p$ と推定できるようなら $P(C_Z|C_Y) = \dfrac{1}{p+1}$ と求めるべきかもしれない….このとき,$p=0$ または $p=1$ の場合の解釈を試みるのも面白いかもしれない.

しょう」(Let's make a deal) でのことである．

モンティ・ホール：A, B, C と名付けた 3 つの箱の 1 つには，1975 年式のリンカーン・コンチネンタルの新車のキーが入っています．そのキーの入った箱を選んだら，車はあなたのものです．

出場者：ふぅっ！

モンティ・ホール：1 つの箱を選んで下さい．

出場者：B の箱にします．

モンティ・ホール：箱 A と箱 C はテーブルの上にあります．そして箱 B はここにあります（出場者はギュッとつかんで離さない）．この箱には車のキーが入っているかもしれない！　私なら，その箱に 100 ドル払うけど．

出場者：ノー・サンキュウ．

モンティ・ホール：200 ドルではどう？

出場者：ノー！

観客：ノー！！

モンティ・ホール：あなたの箱に車のキーが入っている確率は $\frac{1}{3}$，入っていない確率は $\frac{2}{3}$ であることを忘れないでください．では 500 ドル差し上げましょう．

観客：ノー！！

出場者：いやです．この箱は離しません．

モンティ・ホール：では，おまけです．テーブルの上の箱を 1 つ開けちゃいましょう（箱 A を開ける）．ほら，空っぽです（観客：どよめく）．これで，箱 C かあなたの箱 B のどちらかに車のキーは入ってます．2 つの箱が残されたので，あなたの箱にキーがある確率は今となっては $\frac{1}{2}$ となりました．さて，あなたの箱に 1000 ドルの現金を出しますよ．

まった！！！

モンティは正しいのか．出場者はテーブルの上の少なくとも 1 つの箱が空なのを知っている．そしていま，それが箱 A であることを知らされた．この知識は彼が持っている箱にキーがある確率を $\frac{1}{3}$ から

336   問題 32　モンティ・ホールと車と山羊 (1975)

表 32.1　セルビンによるモンティ・ホール問題の解答 (Selvin(1975a))

キーの入った箱	出場者の選んだ箱	モンティ・ホールの開けた箱	交換した場合	結果
A	A	B または C	C または B	負け
A	B	C	B	勝ち
A	C	B	C	勝ち
B	A	C	B	勝ち
B	B	A または C	C または A	負け
B	C	A	B	勝ち
C	A	B	C	勝ち
C	B	A	B	勝ち
C	C	A または B	B または A	負け

$\frac{1}{2}$ に変えるのだろうか．テーブル上の箱の少なくとも 1 つは空でなくてはならなかった．モンティは 2 つの箱のどれかが空であるということを教えたからといって出場者に便宜を図ったのだろうか．はたして，車を手に入れる確率は $\frac{1}{2}$ か $\frac{1}{3}$ か．

　　出場者：私の箱 B とテーブルの上の箱 C とを取り換えます．

　　モンティ・ホール：おや，まー！

　　考えるヒント：出場者はちゃんと分かってやっている．

セルビンは『手紙』の第 2 部で，交換するという出場者の決定を正当化する数学的考察を行っている．表 32.1 を使って，キーを入れた箱を手に入れるには，同等に起こりやすい 3 つの場合の 2 つで交換した方が出場者に幸運をもたらすことを示した．

しかし，わずか 6 ヶ月後に，セルビンは別の『編集者への手紙』[3]を携えて戻ってきた．不平も抱えて (Selvin(1975b))．

---

[3] この 2 番目の手紙で「モンティ・ホール問題」という名前が初めて印刷されることになった．モンティ・ホール問題はまた，Gill(2010, pp.858-863), Clark(2007, p.127), Rosenthal(2005, p.216), Georgii(2008, pp.54-56), Gardner(2001, p.284), Krishnan(2006, p.22), McBride(2005, p.54), Dekking et al.(2005, p.4), Hayes and Shubin(2004, p.136), Benjamin and Shermer(2006, p.75), Kay(2006, p.81) 等で議論されている．

図 32.1 ポール・エルデシュ (1913-1996)

1975年2月刊の American Statistician の『編集者への手紙』に掲載された私の『ある確率の問題』に対して意見する大量の手紙を受け取った．幾つかは，私の解答は間違っているというものだった．

そこでセルビンは，交換した出場者はしない場合よりも2倍の確率であるというより専門的な証明を与えている．

話は25年後に飛ぶ．1990年に，パレード・マガジンの読者であるクレイグ・ワイタッカーはコラムニストのマリリン・ヴォス・サバント[4](1946-)にまさしく同じ質問をした．サバントは同じく正しい解答を返した：出場者は交換すべきである，それが嵐の始まりであった．その解答の結果，ヴォス・サバントは数千の手紙を受け取ることになる．幾つかは非常にとげとげしい文面で

---

[4] 1985年のギネスブックには，ヴォス・サバントは世界最高の IQ (228) 保持者として掲載されている．

あった．多くの手紙は，彼女は絶対的に間違っている，出場者はそのままでも交換しても問題はない，というものであった．その「非交換」作戦の支持者達のとる議論が次である．非常に確信的にみえる．

> 出場者がいったん山羊の隠されたドアを開けると，2つのドアが残されるだけである．1つ賞品を隠し，1つはそうではない．ゆえに，交換してもしなくても問題ないと考えてよい．なぜなら，2つのドアのどちらも明らかに同じ確率 $\left(\text{つまり}\frac{1}{2}\right)$ で賞品を隠しているだろうから．

上の議論においては，無差別の原理[5]が働いていることが見てとれる．かなりに不可解なのは，この間違った議論を信じる人々の中に多くの数学者が，そこにはさらに最高級に優秀な人物も含まれていたことである．ポール・エルデシュ (1913-1996) もその中の1人である (図 32.1)．エルデシュはすべての数学者のなかで疑いもなく最も多くの論文を発表していて，その対象は組み合わせ論，数論，解析，そして確率論等を含む全領域においてであった．しかし，モンティ・ホール問題が彼には落とし穴であったことは確かである．ポール・エルデシュの興味深い伝記である Hoffman(1998, p.237) は，数学者ラウラ・バゾーニが問題の正しい答えをエルデシュに納得させようとして苦労しなければならなかったときのことを回想している．

> 「僕は，エルデシュに正解は交換することだって告げたんだ」とバゾーニは言った．「そして，すぐに次の話題に移るんだとばっかり思っていた．しかし，エルデシュは，びっくりしたことに『いや，それはありえない．違いはないはずだ』と言った．この時点でその問題を話題にしたことを後悔したよ．だって，この問題でみんなが興奮し感情的になるのを見てきたし，困ったことになるからだ．でも仕方がないので，『経営における量的手法』という学部生向けの授業で使った決定木による解を示したんだ．」バゾーニは「決定木」を書き上げた．ヴォス・サバントが書き上げた可能な結果の一覧表とたいして違わな

---

[5] pp.172-174 を参照せよ．

いものではあったが，エルデシュを納得させることはできなかった．
「それは役立たずだったよ」とバゾーニは言った．「僕がその解をエルデシュに告げると，彼は歩いて行った．1時間後，戻ってくると非常にいらだって『きみは，なぜ交換するのか教えようとはしていない．いったい，どうしたんだ』と言った．申し訳ないと謝ったんだ．だけど，なぜって聞くのか分からなかったんだ．僕は決定木による解析だけで納得していたのだから．そして，彼はもっと怒り出したんだよ」バゾーニはこの反発を以前にも学生たちから経験していた．しかし，20世紀の最も多産な数学者から受け取るとは思ってもいなかった．

ゲームの最終局面で2つのドアのみがあり，その1つが車を隠しているからと言って，交換するもしないも同じであるとする誤謬を検討してみよう．車を隠しているドアの確率が $\frac{1}{2}$ ではあり得ないという最も直感的な説明をヴォス・サバント自身が与えている．

> 何が起こっているのか想像できる良い方法がある．100万個のドアがあり，番号1のドアを選んだとしよう．そのとき，司会者はすべてのドアの後ろに何があるか知っていて，賞品のあるドアを常に避けるとして，番号777777のドア以外はすべて開けたとする．超速攻でドアを取り換えるんじゃない？

実際，出場者が d 個の可能なドアから1つを選んだとすると，勝つ確率は $\frac{1}{d}$ である．最終局面で，1つのドアを除いて他のドアがすべて同時に開かれると，2つのドアが残されたことになる．最初に選んだドアが後ろに車を隠している確率は依然として $\frac{1}{d}$ であり，もう1つのドアのもつ確率は $\frac{d-1}{d}$ である．交換すれば，出場者は勝つ確率を $d-1$ 倍できる．$d = 10^6$ ならば，999999倍である．

モンティ・ホール問題は歴史的には，ベルトランの『確率の計算』(Bertrand(1889, p.2)) にある箱の問題[6]にまで遡ることができる．その問題

---

[6] 問題18を参照せよ．モンティ・ホール問題のいろいろな変形の網羅的な一覧ならば，エドワード・バービューの『数学的誤謬，欠陥，出鱈目』(Barbeau(2000, p.86)) も参照せよ．

340　問題 32　モンティ・ホールと車と山羊（1975）

図 **32.2**　マーチン・ガードナー (1914-2010)

では，（1 枚の金貨と 1 枚の銀貨がそれぞれ入った 2 つの引き出しをもつ）箱 C を選ぶ最初の確率は $\frac{1}{3}$ であり（別の 2 つの箱は 2 枚の金貨の入った箱 A と 2 枚の銀貨の入った箱 B である），1 つの引き出しから銀貨を取り出したとしても箱 C の確率は変わらなかったことを思い出せば，これはモンティ・ホール問題で確率が変化しないことと類似している．

モンティ・ホール問題の最も近い先祖である 3 囚人の問題[7]はマーチン・ガードナー (1914-2010) により Gardner(1961，pp.227-228) で提出された（図 32.2）．

> 曖昧さを避けて述べることがなかなかに難しい，そして驚くほどに困惑させる，看守と 3 人の囚人についての小さな問題の出番である．3 人の男達 A, B, C が死刑宣告を受けてそれぞれの独房に囚えられて

---

[7] これと囚人のジレンマと混同すべきではない．それは決定理論におけるニューカム型の古典的な問題である（**問題 25**）．

いる．知事はその中の1人に恩赦を出すことを決めた．彼は3名の名前を書いた3枚の紙片を帽子の中で混ぜ，1枚取り出すと，その名前を看守に電話した．ただし，その幸運な男の名はしばらく伏せておくように命じた．この噂は囚人Aにも伝わることになった．看守の朝の巡回中に，Aは看守に誰が恩赦を受けるのか教えてくれと頼んだが，看守は拒絶した．

囚人Aは言った「じゃー，死刑になる他の2人の名前の1つを教えてくれよ．Bが恩赦ならCの名前を，Cが恩赦ならBの名前を．そして，俺が恩赦なら，硬貨を投げてBかCかを決めてその名前を」用心深い看守は応えた「しかしだよ，俺が硬貨を投げるところをお前が見たら，お前が恩赦だってことが分かるじゃないか．硬貨を投げないって知ったら，それは俺が名前を言わなかった奴かお前だって分かるだろう[8]」

囚人A「なら，今は聞かない．明日の朝に教えてくれ」

看守は確率のことは何も知らなかったので，その夜熟考し続け，そして決めた．Aの言った通りに従ったとしても，Aが生き残れる確率を知ることにはまったく何の助けにもならないだろう．そこで，翌朝に看守はBが死刑になるとAに教えた．看守が去ると，Aはニンマリとして看守のお馬鹿さかげんを笑った．今となっては，問題の「標本空間」と数学者が呼びたがるものの中に，同等に起こりやすい2つの要素があるだけだ．Cまたは俺が恩赦されるのだから，条件付き確率の法則のどれからでも，生き残れる確率が $\frac{1}{3}$ から $\frac{1}{2}$ に増えたんだ．看守は，Cが隣の房のAと連絡が取れることを知らなかった．水道管をコツコツ叩くことによって暗号を送り合っていたのである．Aはそれにより，彼が看守に言ったこと，看守が彼に言ったことを事細かにCに説明した．Cもこの話に同じく大いに喜んだ．Aと同じ理屈で，彼が生き残れる確率もまた $\frac{1}{2}$ に増加したと考えたからである．

---

[8] (訳注) しかし，硬貨を投げずに名前を教えられたのなら，「名前を言わなかった奴」が恩赦を受けることが論理的に分かる．

2人の男たちの推論は正しいのだろうか．そうでないのなら，彼らは恩赦を受ける確率をそれぞれどのように求めたらよいのだろうか．

もちろん，2人の推論は正しくない．Aが恩赦を受ける確率は $\frac{1}{3}$ であり，Cが恩赦を受ける確率は $\frac{2}{3}$ である．

モンティ・ホール問題の魅力はかくのごときなので，ジェイソン・ローゼンハウスは最近この問題のみにすべてを捧げた本を著した：『モンティ・ホール問題：大いに論争を呼んだ数学の難問』（Rosenhouse(2009)）．著者は典型的なモンティ・ホール問題のいくつかの変形を考えている．その変形の1つに[9]（p.57），

> TVのクイズ番組で，3つのドアX, Y, Zがある．その1つには車が隠されていて，他の2つの後ろには山羊がいる．出場者はその1つを選ぶ．ここではXとする．クイズの司会者はどのドアの後ろに車があるのか**知らない**が，他の2つのドアの1つを開ける．たまたまだが，そのドア（Yとする）の後ろには山羊がいた．このとき，司会者は出場者に，最初に選んだドア（X）をそのまま続けて選ぶか，それともまだ開かれていないドア（つまりZ）と交換するか尋ねる．どちらを選べばよいのだろうか．

この問題で注意すべきは，司会者はどのドアの後ろに車があるのか知らないという点である．したがって，司会者が出場者とは異なるドアを選ぶとき，その後ろに山羊がいるとは限らないのである．計算するときにこの偶然を考慮する必要がある．そこで，ドアYの後ろに山羊がいるという事象を G_Y とする．このとき，出場者が交換して車を手に入れる確率は

---
[9] また，Rosenthal(2008)も参照せよ．

$P(C_Z|G_Y)$
$$= \frac{P(G_Y|C_Z)P(C_Z)}{P(G_Y|C_X)P(C_X) + P(G_Y|C_Y)P(C_Y) + P(G_Y|C_Z)P(C_Z)}$$
$$= \frac{1 \cdot (1/3)}{1 \cdot (1/3) + 0 \cdot (1/3) + 1 \cdot (1/3)}$$
$$= \frac{1}{2}$$

この場合には，出場者が交換してもしなくても確率に違いはない．

問題 33

パロンドーの当惑させるパラドックス（1996）

▶問 題

3つのゲーム G_1, G_2, G_3 を考える．どのゲームでも表が出たら1ドル得て，裏が出たら1ドル失う（遊戯者は0ドルから出発する）．

G_1：表の出る確率が 0.495 の偏りのある硬貨を投げる．

G_2：賞金の総額が3の倍数のときは，表の出る確率が 0.095 の硬貨を投げる．賞金の総額が3の倍数でないときは，表の出る確率が 0.745 の硬貨を投げる．

G_3：G_1 と G_2 を無作為の順序で実行する．

このとき，G_1 と G_2 を実行し続けた場合の1回当たりの利益の期待値は負であるが，G_3 の場合は正であることを示せ．

▶解 答

G_1 の場合，1回当たりの期待利益は $1 \times 0.495 - 1 \times 0.505 = -0.01$ ドルである．

G_2 の場合，遊戯者が n 回行ったときの累積利益を X_n とおく．そのとき，累積利益のすべてが与えられたとき，X_n は X_{n-1} のみに依存する．つまり，

X_n は**マルコフ連鎖**[1]である．さらに，$\tilde{X} = X_n \bmod 3$ もまたマルコフ連鎖であり[2]，状態空間は $\{0, 1, 2\}$ であり，推移確率行列は次で与えられる．

$$P_2 = \begin{pmatrix} 0 & 0.095 & 0.905 \\ 0.255 & 0 & 0.745 \\ 0.745 & 0.255 & 0 \end{pmatrix}$$

無限に硬貨を投げ続けると，$\tilde{X}_n$ は状態空間 $\{0, 1, 2\}$ の上の確率分布 $\pi = (\pi_0, \pi_1, \pi_2)$ に従うようになり（π は $\tilde{X}_n$ の定常分布と呼ばれる），次を満足する．

$$\pi P_2 = \pi$$

したがって，$\pi_0 + \pi_1 + \pi_2 = 1$ を考慮して，

$$\begin{aligned} 0.255\pi_1 + 0.745\pi_2 &= \pi_0 \\ 0.095\pi_0 + 0.255\pi_2 &= \pi_1 \\ 0.905\pi_0 + 0.745\pi_1 &= \pi_2 \end{aligned}$$

を解くと，$(\pi_0, \pi_1, \pi_2) = (0.384, 0.154, 0.462)$ を得る．このとき，1回当たりで勝ったときの期待利益は $0.384 \times 0.095 + 0.154 \times 0.745 + 0.462 \times 0.745 = 0.495$ ドルであり，負けたときの期待損失は 0.505 ドルである．したがって，ゲーム G_2 の1回当たりの期待利益は -0.01 ドルである．

G_3 の場合も同様に，遊戯者が n 回行ったときの累積利益を Y_n とおき，$\tilde{Y} = Y_n \bmod 3$ とおく．このとき，$\tilde{Y}_n, n = 1, 2, ...$ は次の推移確率行列をもつマルコフ連鎖である．

$$P_3 = \frac{1}{2}(P_1 + P_2) \tag{33.1}$$

---

[1] 確率変数列 $W_t, t = 1, 2, ...$ は，$P(W_{t+1} = w_{t+1} | W_t = w_t, W_{t-1} = w_{t-1}, ..., W_1 = w_1) = P(W_{t+1} = w_{t+1} | W_t = w_t)$ であるときマルコフ連鎖と呼ばれる．つまり，現在と過去が与えられたとき，将来の確率は現在のみに依存する．マルコフ連鎖の詳細については，Lawler(2006), Parzen(1962), Tijms(2003), Grimmet and Stirzaker(2001), Karlin and Tayler(1975) 等を参照せよ．
[2] $\tilde{X}_n$ は X_n を3で割ったときの余りである．

ただし，P_1 はゲーム G_1 に対する推移確率行列である．つまり，

$$P_1 = \begin{pmatrix} 0 & 0.495 & 0.505 \\ 0.505 & 0 & 0.495 \\ 0.495 & 0.505 & 0 \end{pmatrix}$$

(33.1) 式の因数 $\frac{1}{2}$ は，ゲーム G_3 において G_1 と G_2 が無作為に実行されることによる．(33.1) 式は次で与えられる．

$$P_3 = \begin{pmatrix} 0 & 0.295 & 0.705 \\ 0.380 & 0 & 0.620 \\ 0.620 & 0.380 & 0 \end{pmatrix}$$

$\tilde{Y}_n$ の定常分布 $\nu = (\nu_0, \nu_1, \nu_2)$ は次を満足する

$$\nu P_3 = \nu$$

前と同様に解くと，$\nu = (0.345, 0.254, 0.401)$ を得る．このとき，1 回当たりで勝ったときの期待利益は $0.345 \times 0.295 + 0.254 \times 0.620 + 0.401 \times 0.620 = 0.508$ ドルであり，負けたときの期待損失は 0.492 ドルである．したがって，ゲーム G_3 の 1 回当たりの期待利益は 0.016 ドルである．

▶ 考 察

2 つの負けゲームのどちらかを無作為に行うことにより，結果としては遊戯者が勝つという真に直感を裏切る問題になっている．この問題の本質的な論旨は，スペインの物理学者ジャン・マニュエル・ロドリゲス・パロンドー (1964-)（図 33.2）が 1996 年に発見し，イタリアのトリノで開かれた研究集会で発表した（Parrondo(1996)）．そして，その結果は 1999 年に雑誌 Statistical Science 上の Harmer and Abbott(1999) で初めて出版され[3]，**パロンドー**

---

[3] Hammer and Abbott(2002) を参照せよ.

のパラドックス[4]と呼ばれた．パロンドーの本来の定式化に従い，ハーマーとアボットはゲームに次の母数を用いた．

G_1： 表のでる確率は $0.5 - \varepsilon$
G_2： 硬貨 A の表の出る確率は $0.1 - \varepsilon$，硬貨 B の表の出る確率は $0.75 - \varepsilon$．
G_3： G_1 と G_2 を無作為に実行する．

上において，正数 ε は小さいと仮定する．**解答**と同じ推論により，それらのゲームの1回当たりの期待利得は次のように求められる（Epstein(2009, pp.74-76)）．

$$E(G_1) = -2\varepsilon$$
$$E(G_2) = -1.740\varepsilon + O(\varepsilon^2)$$
$$E(G_3) = 0.0254 - 1.937\varepsilon + O(\varepsilon^2)$$

$\varepsilon = 0.005$ を代入すると，**解答**と同じ値が得られる．パロンドーはまたシミュレーションを行い，不利な2つのゲームの交換がいかに有利なものに変わるか示している[5]（図33.1）．

Dworsky(2008, pp.221-224) は，マルコフ連鎖を用いない，パロンドーのパラドックスの簡単な例を与えている．図33.3のゲーム盤を考える．中央部から出発し，白色部と黒色部に沿って移動する．どの時点でも2個のサイコロを投げ，遊戯者はその目の合計により前方へまたは後方へ移動する．遊戯者は右端の黒色部に到達したときに勝ち，左端の黒色部に到達したとき負ける．ゲーム X では，遊戯者が黒色部にいるとき目の和が11の場合は前方へ進み，2または4または12の場合は後方へ進む．また，遊戯者が白色部にいるとき目の和が7または11の場合は前方へ進み，2または3または12の場合は後方へ進む．目の和がそれらのどれでもない場合は動かない．これは表33.1(a) にまとめられている．この表にはゲーム Y の動きもまとめてある．最後に，ゲーム Z はゲーム X と Y をそのつど無作為に選んで繰り返す．表33.1(b) に

---

[4] パロンドーのパラドックスはまた，Epstein(2009, 4章), Havil(2007, 11章), Clark (2007, p.155), Dworsky(2008, 13章), Mitzenmacher and Upfal(2005, p.177), Darling(2004, p.324) で議論されている．
[5] ホームページ http://seneca.fis.ucm.es/parr/ を参照せよ．

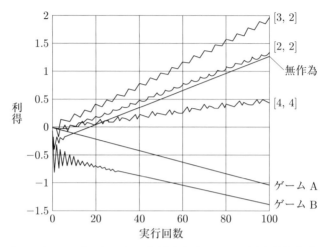

図 33.1 パロンドーのパラドックスを示すために，500 回実行したものに基づくシミュレーション．ゲーム A はゲーム G_1 に，ゲーム B はゲーム G_2 に対応する．$[a, b]$ は G_1 と G_2 をそれぞれ a 回と b 回交互に繰り返しながら連続的に実行したものに対応する．ε は 0.005 に設定されている．

は，目の和が得られる場合の数が示してある．

例えば，ゲーム X において遊戯者が白色部にいるとき，目の和 7 または 11（表 33.1(a) の 1 番目の欄）は $(1,6), (2,5), (3,4), (4,3), (5,2), (5,6), (6,1), (6,5)$ を通して得られるので，その場合の数は 8 である（表 33.1(b) の 1 番目の欄）．

どのゲームでも，右または左へ進む場合の総数で右へ進む場合の数を割ったものが勝つ確率である．ゆえに，

$$P(\text{ゲーム } X \text{ で勝利する}) = \frac{8 \times 2}{8 \times 2 + 4 \times 5} = 0.444$$

$$P(\text{ゲーム } Y \text{ で勝利する}) = \frac{2 \times 8}{2 \times 8 + 5 \times 4} = 0.444$$

次に，ゲーム Z の場合は，遊戯者は X と Y のどちらかのゲームで始めて，無作為にどちらかのゲームを実行する．前方へ進む平均の数は

$$\frac{8+2}{2} \cdot \frac{8+2}{2} = 25$$

後方へ進む平均の数は

問題 33 パロンドーの当惑させるパラドックス (1996) 349

図 33.2 ジャン・マニュエル・ロドリゲス・パロンドー (1964-)

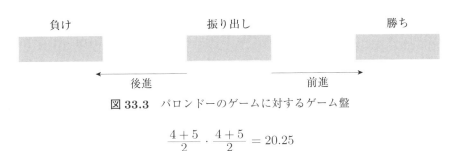

図 33.3 パロンドーのゲームに対するゲーム盤

$$\frac{4+5}{2} \cdot \frac{4+5}{2} = 20.25$$

なので，次を得る．

$$P(\text{ゲーム } Z \text{ で勝利する}) = \frac{25}{25 + 20.25} = 0.552$$

このように，2つの不利なゲームを無作為に混合することにより，有利なゲームが得られる．

パロンドーのパラドックスは実のところなぜ起こるのだろうか．**問題 33** で

問題33 パロンドーの当惑させるパラドックス（1996）

表33.1 パロンドーのパラドックスの例

	ゲーム X		ゲーム Y	
	白色部	黒色部	白色部	黒色部
(a)				
前進	7, 11	11	11	7, 11
後進	2, 3, 12	2, 4, 12	2, 4, 12	2, 3, 12
(b)				
前進	8	2	2	8
後進	4	5	5	4

与えた例で考えてみよう．まず，ゲーム G_1 は遊戯者がほんの少しだけ不利である．次に，ゲーム G_2 は，遊戯者の賞金の総額が3の倍数のとき，投げる硬貨 A は遊戯者にとって極めて不利である．一方，賞金の総額が3の倍数でないとき，投げる硬貨 B は遊戯者に極めてとは言わないがそれなりに有利である．硬貨 A が極めて不利であることにより，G_2 そのものは遊戯者に不利である．いま，ゲームが混合されると，遊戯者はゲーム G_1 をときどき実行することになる．G_1 はほぼ公平なので，遊戯者にとって極めて不利である硬貨 A の負の効果を減少させる．同様に，それなりに有利である硬貨 B の正の効果も減少させる．しかし，硬貨 B を投げる回数は硬貨 A よりもかなり多いので，硬貨 B による正の効果の減少は硬貨 A による負の効果の減少よりも少ない．その結果，B のもつ正の効果が A のもつ負の効果を上回ることになる．このように，ゲームが無作為に交換されると，ゲームは遊戯者に有利となる．

パロンドーのパラドックスは真に先駆的な現象であると多くの人々に見做されている．例えば，Epstein(2009, p.74) が述べるには，それは

> …ミニマックス法以来のゲーム理論的原理における最も重要な進歩である．

Pickover(2009, p.500) は次のように付け加える．

> 科学著作家であるサンドラ・ブレイクスリーが述べるには，パロンドーは「新しい自然法則と思えるものを発見した．中でも，生命が原

初の混沌の中からどのように生じたか，クリントン大統領が性的醜聞に塗れた後大衆的人気がいかに回復したか，目減りしそうな株への投資がなぜにときには大きな譲渡益をもたらすのか，それらを説明できるものを」この奇抜なパラドックスは，人口動態から金融危険性の評価まで広がる応用をもっているのである．

しかしながら，これらの主張のいくつかは大袈裟だろう．結局，パロンドーのパラドックスにおいて勝利する戦略は，かなり不自然な規則から得られている．Iyengar and Kohli(2004) は勧告する．

> パロンドーのパラドックスが多くの人々の想像力を捉えて離さないのは，その1つの見解として，目減りしそうな株へ投資して利益を得る可能性を示唆するからだ…株式市場が，パロンドーにより考えられたゲームのように正確にモデル化されていたとしても，上記での解析により明らかに適切なものとして採用すべき戦略は次の通りである：つまり，とりわけ劣る見込みの株は売れ，見込みのある株は買えである．こうすれば，目減りしそうな株を無作為に漁るよりは常に良い結果をもたらすだろう．

さらに続けて，

> パロンドーのパラドックスは，経済や社会動態において見せかけ上不利な状況から利益を導くかのように操作可能であるとほのめかす．Hammer and Abbott[1] は，衰退する出生率と死亡率の例を挙げる．そのどちらも社会や経済システムにおける「負」の効果をもっているが，「好ましい結果」を伴うようにそれらの衰退を共に組み合わせることができるかもしれない…我々が知る限り，パロンドーのパラドックスを実現できるための前提である，出生と死亡のどちらかがあるいは両方がマルコフ連鎖という構造をもっているとか，自然は出生と死亡を無作為化できるとか，そういった証拠は存在しない．

参考文献

Aczel, A. D., 1996 *Fermat's Last Theorem: Unlocking the Secret of an Ancient Mathematical Problem*. Delta Trade Paperbacks.

Adams, W. J., 2009 *The Life and Times of the Central Limit Theorem*, 2nd edition. American Mathematical Society.

Adrain, R., 1808 Research concerning the probabilities of the error which happen in making observations. *The Analyst Math. Museum* **1**: 93-109.

Agresti, A., 2002 *Categorical Data Analysis*, 2nd edition. Blackwell, Oxford.

Agresti, A., 2007 *An Introduction to Categorical Data Analysis*, 2nd edition. Wiley-Interscience.

Aigner, M., and G. M. Ziegler, 2003 *Proofs from THE BOOK*, 3rd edition. Springer-Verlag.

Albert, J., J. Bennett, and J. J. Cochran, 2005 *Anthology of Statistics in Sports*. SIAM.

Alsina, C., and R. B. Nelsen, 2009 *When Less is More: Visualizing Basic Inequalities*. Mathematical Association of America.

Andel, J., 2001 *Mathematics of Chance*. Wiley.

André, D., 1887 Solution directe du problème résolu par M. Bertrand. *C. R. Acad. Sci.* **105**: 436-437.

Arnauld, A., and P. Nicole, 1662 *La Logique, ou l'Art de Penser*. Chez Charles Savreux, Paris.

Arnow, B. J., 1994 On Laplace's extension of the Buffon Needle Problem. *College Math. J.* **25**: 40-43.

Arntzenius, F., and D. McCarthy, 1997 The two envelope paradox and infinite expectations. *Analysis* **57**: 42-50.

Ash, R. B., 2008 *Basic Probability Theory*. Dover, New York. (Originally published by Wiley, New York, 1970).

Ayala, F. J., 2007 *Darwin's Gift to Science and Religion*. Joseph Henry Press.

Ball, W. W. R., and H. S. M. Coxeter, 1987 *Mathematical Recreations and Essays*, 13th edition. Dover, New York.

Barbeau, E., 2000 *Mathematical Fallacies, Flaws and Flimflam*. The Mathematical Association of America.

Barbier, M. E., 1860 Note sur le problème de l'aiguille et le jeu du joint couvert. *J. Math. Pures Appl.* **5**: 272-286.

Bar-Hillel, M., and A. Margalit, 1972 Newcomb's paradox revisited. *Br. J. Phil. Sci.* **23**: 295-304.

Barnett, V., 1999 *Comparative Statistical Inference*, 3rd edition. Wiley.

Barone, J., and A. Novikoff, 1978 History of the axiomatic formulation of probability from Borel to Kolmogorov: Part I. *Arch. Hist. Exact Sci.* **18**: 123-190.

Bartoszynski, R., and M. Niewiadomska-Bugaj, 2008 *Probability and Statistical Inference*, 2nd edition. Wiley.

Bayes, T., 1764 An essay towards solving a problem in the doctrine of chances. *Phil. Trans. R. Soc. Lond.* **53**: 370-418. (Reprinted in E. S. Pearson and M. G. Kendall (Eds.), *Studies in the History of Statistics and Probability*, Vol. 1, London: Charles Griffin, 1970, pp. 134-53).

Beckmann, P., 1971 *A History of Pi*. St. Martin's Press, New York.

Bell, E. T., 1953 *Men of Mathematics*, Vol. 1, Penguin Books.

Bellhouse, D. R., 2002 On some recently discovered manuscripts of Thomas Bayes. *Historia Math.* **29**: 383-394.

Benford, F., 1938 The law of anomalous numbers. *Proc. Am. Phil. Soc.* **78**: 551-572.

Benjamin, A., and M. Shermer, 2006 *Secrets of Mental Math*. Three Rivers Press, New York.

Berloquin, P., 1996 *150 Challenging and Instructive Puzzles*. Barnes&Noble Books. (Originally published by Bordes, Paris, 1981).

Bernoulli, D., 1738 Specimen theoriae novae de mensura sortis. Commentarii Academiae Scientiarum Imperialis Petropolitanae **V**: 175-192 (translated and republished as "Exposition of a new theory on the measurement of risk," *Econometrica* **22** (1954): 23-36).

Bernoulli, J., 1713 *Ars Conjectandi*. Basle.

Bernstein, P., 1996 *Against The Gods: The Remarkable Story of Risk*. Wiley, New York.

Bertrand, J., 1887 Solution d'un problème. *C. R. Acad. Sci.* **105**: 369.

Bertrand, J., 1889 *Calcul des Probabilités*. Gauthier-Villars et fils, Paris.

Bewersdorff, J., 2005 *Luck, Logic and White Lies: The Mathematics of Games*. A K Peters, Massachusetts. (English translation by David Kramer).

Billingsley, P., 1995 *Probability and Measure*, 3rd edition. Wiley.

Bingham, N. H., 2010 Finite additivity versus countable additivity. *J. Electron. d'Histoire Probab. Stat.* **6**(1): 1-35.

Blachman, N. M., R. Christensen, and J. M. Utts, 1996 Comment on 'Bayesian resolution of the exchange paradox'. *Am. Stat.* **50**: 98-99.

Blackburn, S., 2001 *Ruling Passions: A Theory of Practical Reasoning*. Oxford University Press, Oxford.

Blom, G., L. Holst, and D. Sandell, 1994 *problems and Snapshots from the World of Probability*. Springer-Verlag.

Blyth, C. R., 1972 On Simpson's paradox and the sure-thing principle. *J. Am. Stat. Assoc.* **67**: 364-365.

Borel, E., 1909a *Éléments de la Théorie des Probabilités*. Gauthier-Villars, Paris.

Borel, E., 1909b Les probabilités dénombrables et leurs applications arithmétiques. *Rend. Circ. Mat. Palermo* **27**: 247-271.

Borel, E., 1913 La mécanique statistique et l'irréversibilité. *J. Phys.* **3**: 189-196.

Borel, E., 1920 *Le Hasard*. Librairie Félix Alcan, Paris. (邦訳：矢野健太郎 訳,『偶然論』, 岩波書店, 1943.)

Borel, E., 1962 *Probabilities and Life*. Dover, New York. (Originally published by Presses Universitaires de France, 1943). (邦訳：平野次郎 訳,『確率と生活』, 白水社, 1951.)

Bowler, P. J., 2007 *Monkey Trials and Gorilla Sermons: Evolution and Christianity from Darwin to Intelligent Design.* Harvard University Press.

Box, J. F., 1978 *R. A. Fisher: The Life of a Scientist.* Wiley, New York.

Boyer, C. B., 1950 Cardan and the Pascal Triangle. *Am. Math. Monthly* **57**: 387-390.

Brams, S. J., and D. M. Kolgour, 1995 The box problem: to switch or not to switch. *Math. Magazine* **68**: 27-34.

Brémaud, P., 2009 *Initiation aux Probabilités et aux Chaînes de Markov*, 2nd edition. Springer.

Bressoud, D., 2007 *A Radical Approach to Real Analysis*, 2nd edition. The Mathematical Association of America.

Brian, E., 1996 L'Objet du doute. Les articles de d'Alembert sur l'analyse des hasards dans les quatre premiers tomes de l'*Encyclopédie*. *Recherches sur Diderot et sur l'Encyclopédie* **21**: 163-178.

Broome, J., 1995 The two envelope paradox. *Analysis* **55**: 6-11.

Buffon, G., 1777 Essai d'Arithmétique Morale. *Supplement a l'Histoire Naturelle* **4**: 46-123.

Bunnin, N., and J. Yu, 2004 *The Blackwell Dictionary of Western Philosophy.* Blackwell Publishing.

Burdzy, K., 2009 *The Search for Certainty: On the Clash of Science and Philosophy of Probability.* World Scientific Press.

Burger, E. B., and M. Starbird, 2010 *The Heart of Mathematics: An Invitation to Effective Thinking.* Wiley.

Burton, D. M., 2006 *The History of Mathematics: An Introduction*, 6th edition. McGraw-Hill.

Campbell, D. T., and D. A. Kenny, 1999 *A Primer on Regression Artifacts.* The Guilford Press.

Campbell, R., and L. E. Sowden, 1985 *Paradoxes of Rationality and Cooperation Prisoner's Dilemma and Newcomb's Paradox.* The University of British Columbia Press, Vancouver.

Cantelli, F. P., 1917 Sulla probabilità come limite della frequenza. *Atti Accad. Naz. Lincei* **26**: 39-45.

Cardano, G., 1539 *Practica arithmetice, & mensurandi singularis. In qua que preter alias cõntinentur, versa pagina demonstrabit.* Io. Antonins Castellioneus medidani imprimebat, impensis Bernardini calusci, Milan (Appears as *Practica Arithmeticae Generalis Omnium Copiosissima & Utilissima*, in the 1663 ed.).

Cardano, G., 1564 *Liber de ludo aleae.* First printed in Opera Omnia, Vol. 1, 1663 edition, pp. 262-276.

Cardano, G., 1570 *Opus novum de proportionibus numerorum, motuum, ponerum, sonorum, aliarumque rerum mensurandum.* Basel, Henricpetrina.

Cardano, G., 1935 *Ma Vie.* Paris. (translated by Jean Dayre). (邦訳：青木靖三・榎本恵美子 訳．『わが人生の書 —ルネサンス人間の数奇な生涯』，社会思想社，1989；(別訳) 清瀬卓・澤井繁男 訳．『カルダーノ自伝 ルネサンス万能人の生涯』，平凡社，1995．)

Casella, G., and R. L. Berger, 2001 *Statistical Inference*, 2nd edition. Brooks, Cole.

Castell, P., and D. Batens, 1994 The two envelope paradox: the infinite case. *Analysis* **54**: 46-49.

Chamaillard, E., 1921 *Le Chevalier de Méré.* G. Clouzot, Niort.

Champernowne, D. G., 1933 The construction of decimals normal in the scale of ten. *J. London Math. Soc.* **103**: 254-260.

Charalambides, C. A., 2002 *Enumerative Combinatorics.* Chapman & Hall/CRC Press.

Chatterjee, S. K., 2003 *Statistical Thought: A Perspective and History*. Oxford University Press, Oxford.

Chaumont, L., L. Mazliak, and P. Yor, 2007 Some aspects of the probabilistic work, in *Kolmogorov's Heritage in Mathematics*, edited by E. Charpentier, A. Lesne, and K. Nikolski. Springer. (Originally published in French under the title *L'héritage de Kolomogorov en mathématique* by Berlin, 2004).

Chebyshev, P. L., 1867 Des valeurs moyennes. *J. Math. Pures Appl.* **12**: 177-184.

Chernick, M. R., and R. H. Friis, 2003 *Introductory Biostatistics for the Health Sciences: Modern Applications Including Bootstrap*. Wiley.

Chernoff, H., and L. E. Moses, 1986 *Elementary Decision Theory*. Dover, New York. (Originally published by Wiley, New York, 1959).

Christensen, R., 1997 *Log-Linear Models and Logistic Regression*, 2nd edition. Springer.

Christensen, R., and J. Utts, 1992 Bayesian resolution of the "exchange paradox". *The American Statistician* **46**: 274-276.

Chuang-Chong, C., and K. Khee-Meng, 1992 *Principles and Techniques of Combinatorics*. World Scientific Publishing, Singapore.

Chuaqui, R., 1991 *Truth, Possibility and Probability: New Logical Foundations of Probability and Statistical Inference*. North-Holland, New York.

Chung, K. L., 2001 *A Course in Probability Theory*, 3rd edition. Academic Press.

Chung, K. L., and F. AitSahlia, 2003 *Elementary Probability Theory*, 4th edition. Springer.

Clark, M., 2007 *Paradoxes from A to Z*, 2nd edition. Routledge.

Clark, M., and N. Shackel, 2000 The twoenvelope paradox. *Mind* **109**: 415-442.

Cohen, M. R., and E. Nagel, 1934 *An Introduction to Logic and Scientific Method*. Harcourt Brace, New York.

Comte, A. M., 1833 *Cours de Philosophie Positive (Tome II)* Bachelier, Paris.

Coolidge, J. L., 1925 *An Introduction to Mathematical Probability*. Oxford University Press, Oxford.

Coolidge, J. L., 1990 *The Mathematics of Great Amateurs*, 2nd edition. Clarendon Press, Oxford.

Coumet, E., 1965a A propos de la ruine des joueurs: un texte de Cardan. *Math. Sci. Hum.* **11**: 19-21.

Coumet, E., 1965b Le problème des partis avant Pascal. *Arch. Intern. d'Histoire Sci.* **18**: 245-272.

Coumet, E., 1970 La théorie du hazard est-elle née par hasard? *Les Ann.* **25**: 574-598.

Coumet, E., 1981 *Huygens et la France*. Librairie Philosophique J. Vrin, Paris.

Coumet, E., 2003 Auguste Comte. Le calcul des chances, aberration radicale de l'esprit mathématique. *Math. Sci. Hum.* **162**:9-17.

Cournot, A. A., 1843 *Exposition de la Théorie des Chances et des Probabilités*. L. Hachette, Paris.

Courtebras, B., 2008 *Mathématiser le Hasard: Une Histoire du Calcul des Probabilités*. Vuibert, Paris.

Cover, T. M., 1987 Pick the largest number, in *Open Problems in Communication and Computation*, edited by T. M. Cover and B. Gopinath. Springer, New York.

Cowles, M., and Davis, C., 1982Onthe origins of the.05 level of statistical significance. *American Psychologist*, **37**(5): 553-558.

Cowles, M., 2001 *Statistics in Psychology: An Historical Perspective*, 2nd edition. Lawrence Erlbaum Associates.

Crofton, M., 1885 Probability, in *The Britannica Encyclopedia: A Dictionary of Arts, Sciences, and General Literature*, 9th edition, Vol. 19, edited by T. S. Baynes.

Cambridge University Press, Cambridge. d'Alembert, J. L. R., 1754 Croix ou pile, in *Encyclopédie ou Dictionnaire Raisonné des Sciences, des Arts et des Métiers*, Vol. 4, edited by D. Diderot and J. L. R. d'Alembert. Briasson, Paris.

d'Alembert, J. L. R., 1757 Gageure, in *Encyclopédie ou Dictionnaire Raisonné des Sciences, des Arts et des Métiers*, Vol. 7, edited by D. Diderot and J. L. R. d'Alembert. Briasson, Paris.

d'Alembert, J. L. R., 1761 *Opuscules Mathématiques*, Vol. 2 David, Paris.

d'Alembert, J. L. R., 1767 *Mélanges de Littérature, d'Histoire et de Philosophie (Tome V)*. Zacharie Chatelain & Fils, Amsterdam.

Dajani, K., and C. Kraaikamp, 2002 *Ergodic Theory of Numbers*. The Mathematical Association of America.

Dale, A. I., 1988 On Bayes' theorem and the inverse Bernoulli theorem. *Historia Math.* **15**: 348-360.

Dale, A. I., 2005 Thomas Bayes, *An essay towards solving a problem in the doctrine of chances*, In *Landmark Writings in Western Mathematics 1640-1940*, edited by I. Grattan-Guinness. Elsevier.

Darling, D., 2004 *The Universal Book of Mathematics: From Abracadabra to Zeno's Paradoxes*. Wiley.

DasGupta, A., 2010 *Fundamentals of Probability: A First Course*. Springer.

DasGupta, A., 2011 *Probability for Statistics and Machine Learning: Fundamentals and Advanced Topics*. Springer.

Daston, L., 1988 *Classical Probability in the Enlightment*. Princeton University Press, Princeton.

Daston, L. J., 1979 d'Alembert critique of probability theory. *Historia Math.* **6**: 259-279.

David, F. N., 1962 *Games, Gods and Gambling: The Origins and History of Probability and Statistical Ideas from the Earliest Times to the Newtonian Era*. Charles Griffin Co. Ltd., London. （邦訳：安藤洋美 訳,『確率論の歴史 —遊びから科学へ』, 海鳴社, 1975.）

David, H. A., 1995 First (?) occurrence of common terms in mathematical statistics. *Am. Stat.* **49**: 121-133.

David, H.A., 1998 First (?) occurrence of common terms in probability and statistics- a second list, with corrections.*Am. Stat.* **52**: 36-40.

Dawkins, R., 1987 *The Blind Watchmaker*. W. W. Norton & Co., New York. （邦訳：日高敏隆・他 訳,『盲目の時計職人 —自然淘汰は偶然か？』, 早川書房, 2004.）

Dawkins, R., 2006 *The God Delusion*. Bantam Press. （邦訳：垂水雄二 訳,『神は妄想である —宗教との決別』, 早川書房, 2007.）

Debnath, L., 2010 *The Legacy of Leonhard Euler: A Tricentennial Tribute*. Imperial College Press, London.

de Finetti, B., 1937 Foresignt: its logical laws, its subjective sources, in *Studies in Subjective Probability*, edited by H. E. Kyburg and H. E. Smokler. Wiley (1964).

de Finetti, B., 1972 *Probability, Induction and Statistics: The Art of Guessing*. Wiley.

de Finetti, B., 1974 *Theory of Probability: A Critical Introductory Treatment*, Vol. I. Wiley.

de Moivre, A., 1711 DeMensura Sortis, seu, de Probabilitate Eventuum in Ludis a Casu Fortuito Pendentibus. *Phil. Trans.* **27**:213-264.

de Moivre, A., 1718 *The Doctrine of Chances, or a Method of Calculating the Proba-*

bility of Events in Play. Millar, London.
de Moivre, A., 1730 *Miscellanea analytica de seriebus et quadraturis.* Touson & Watts, London.
de Moivre, A., 1738 *The Doctrine of Chances, or a Method of Calculating the Probability of Events in Play.* 2nd edition. Millar, London.
Deep, R., 2006 *Probability and Statistics with Integrated Software Routines.* Academic Press.
DeGroot, M. H., 1984 *Probability and Statistics.* Addison-Wesley.
Dekking, F. M., C. Kraaikamp, H. P. Lopuhaä, and L. E. Meester, 2005 *A Modern Introduction to Probability and Statistics.* Springer.
Deming, W. E., 1943 *Statistical Adjustment of Data.* Wliey, New York.
de Montessus, R., 1908 *Leçons Elémentaires sur le Calcul des Probabilités.* Gauthier-Villars, Paris.
de Montmort, P. R., 1708 *Essay d'Analyse sur les Jeux de Hazard.* Quillau, Paris.
de Montmort, P. R., 1713 *Essay d'Analyse sur les Jeux de Hazard*, 2nd edition. Quillau, Paris.
Devlin, K., 2008 *The Unfinished Game: Pascal, Fermat, and the Seventeenth-Century Letter That Made the World Modern.* Basic Books, New York.
Diaconis, P., and F. Mosteller, 1989 Methods for studying coincidences. *J. Am. Stat. Assoc.* **84**: 853-861.
Diderot, D., 1875 *Pensées Philosophiques, LIX*, Vol. I, edited by J. Ass_Ezat. Paris, Garnier Frères.
Dodgson, C. L., 1894 *Curiosa Mathematica, Part II: Pillow Problems*, 3rd edition. Macmillan & Co., London. (邦訳：柳瀬尚紀 訳,『枕頭問題集』, 朝日出版社, 1978.)
Dong, J., 1998 Simpson's paradox, in *Encyclopedia of Biostatistics*, edited by P. Armitage and T. Colton. Wiley, New York.
Doob, J. L., 1953 *Stochastic Processes.* Wiley, New York.
Doob, J. L., 1996 The development of rigor in mathematical probability (1900-1950). *Am. Math. Monthly* **103**: 586-595.
Dorrie, H., 1965 *100 Great Problems of Elementary Mathematics: Their History and Solutions.* Dover, New York. (Originally published in German under the title *Triumph der Mathematik*, Physica-Verlag, Würzburg, 1958).
Droesbeke, J.-J., and P. Tassi, 1990 *Histoire de la Statisque.* Presse Universitaire de France.
Dupont, P., 1979 Un joyau dans l'histoire des sciences: Le mémoire de Thomas Bayes de 1763 *Rendiconti del Seminario Matematico dell'Università Politecnica di Torino* **37**:105-138.
Durrett, R., 2010 *Probability: Theory and Examples*, 4th edition. Cambridge University Press, Cambridge.
Dutka, J., 1988 On the St. Petersburg paradox. *Arch. Hist. Exact Sci.* **39**: 13-39.
Dworsky, L. N., 2008 *Probably Not: Future Prediction Using Probability and Statistical Inference.* Wiley.
Earman, J., 1992 *Bayes or Bust? A Critical Examination of Bayesian Confirmation Theory.* MIT Press. Eddington, A. S., 1929 *The Nature of the Physical World.* The Macmillan Company, New York.
Edgington, E. S., 1995 *Randomization Tests*, 3rd edition. MarcelDekker, Inc., NewYork.
Edwards, A.W. F., 1982 Pascal and the problem of points. *Int. Stat. Rev.* **50**: 259-266.
Edwards, A.W. F., 1983 Pascal's problem: the 'Gambler's Ruin'. *Int. Stat. Rev.* **51**:

73-79.

Edwards, A. W. F., 1986 Is the reference to Hartley (1749) to Bayesian inference? *Am. Stat.* **40**: 109-110.

Edwards, A. W. F., 2002 *Pascal's Arithmetic Triangle: The Story of a Mathematical Idea*. John Hopkins University Press. (Originally published by Charles Griffin&Company Limited, London, 1987).

Edwards, A. W. F., 2003 Pascal's work on probability in *The Cambridge Companion to Pascal*, edited by N. Hammond. Cambridge University Press, Cambridge, pp. 40-52.

Ellis, R. L., 1844 On the foundations of the theory of probabilities. *Trans. Cambridge Phil. Soc.* **8**: 1-6.

Ellis, R. L., 1850 Remarks on an alleged proof of the "Method of Least Squares", contained in a late number of the Edinburgh Review. *Phil. Mag.* [3] **37**: 321-328. (Reprinted in The Mathematical and other Writings of Robert Leslie Ellis. Cambridge University Press, Cambridge, 1863).

Elster, J., 2003 Pascal and Decision Theory, in *The Cambridge Companion to Pascal*, edited by N. Hammond. Cambridge University Press, Cambridge, pp. 53-74.

Eperson, D. B., 1933 Lewis Carroll, mathematician. *Math. Gazette* **17**: 92-100.

Epstein, R. A., 2009 *The Theory of Gambling and Statistical Logic*, 2nd edition. Elsevier.

Erdös, P., and M. Kac, 1947 On the number of positive sums of independent random variables. *Bull. Am. Math. Soc.* **53**: 1011- 1020.

Erickson, G. W., and J. A. Fossa, 1998 *Dictionary of Paradox*. University Press of America. Ethier, S. N., 2010 *The Doctrine of Chances: Probabilistic Aspects of Gambling*. Springer.

Euler, L., 1751 Calcul de la probabilité dans le jeu de rencontre. *Hist. Acad. Berl.* **(1753)**:255-270.

Evans, F. B., 1961 Pepys, Newton, and Bernoulli trials. Reader observations on recent discussions, in the series questions and answers. *Am. Stat.* **15**: 29.

Everitt, B. S., 2006 *The Cambridge Dictionary of Statistics*, 3rd edition. Cambridge University Press, Cambridge.

Everitt, B. S., 2008 *Chance Rules: An Informal Guide to Probability Risk and Statistics*, 2nd edition. Springer.

Faber, G., 1910 Uber stetigen Funktionen. *Math. Ann.* **68**: 372-443.

Feller, W., 1935 Über den zentralen Grenzwertsatz der Wahrscheinlichkeitsrechnung. *Math. Z.* **40**: 521-559.

Feller, W., 1937 Tber das Gesetz der grossen Zahlen. *Acta Scientiarum Litterarum Univ. Szeged* **8**: 191-201.

Feller, W., 1968 *An Introduction to Probability Theory and Its Applications*, Vol. I, 3rd edition. Wiley, New York.

Fine, T. A., 1973 *Theories of Probability: An Examination of Foundations*. Academic Press, New York.

Finkelstein, M. O., and B. Levin, 2001 *Statistics for Lawyers*, 2nd edition. Springer.

Fischer, H., 2010 *A History of the Central Limit Theorem: From Classical to Modern Probability Theory*. Springer, New York.

Fisher, A., 1922 *The Mathematical Theory of Probabilities*. The Macmillan Company, New York.

Fisher, R. A., 1925 *Statistical Methods for Research Workers*. Oliver and Boyd, Edinburgh. (邦訳：遠藤健児・鍋谷清治 訳，『研究者のための統計的方法』，森北出版．1970.)

Fisher, R. A., 1935 *The Design of Experiments*. Oliver and Boyd, Edinburgh.（邦訳：遠藤健児・鍋谷清治 訳．『実験計画法』森北出版．1971.）

Fisher, R. A., 1956 *Statistical Methods and Scientific Inference*, 2nd edition. Oliver and Boyd, Edinburgh/London.（邦訳：渋谷政昭・竹内啓 訳．『統計的方法と科学的推論』岩波書店．1962.）

Fitelson, B., A. Hájek, and N. Hall, 2006 Probability, in *The Philosophy of Science: An Encyclopedia*, edited by S. Sarkar and J. Pfeifer. Taylor & Francis Group, New York.

Fleiss, J. L., B. Levin, and M. C. Paik, 2003 *Statistical Methods for Rates and Proportions*, 3rd edition. Wiley, New York.

Foata, D., and A. Fuchs, 1998 *Calculs des Probabilités*, 2nd edition. Dunod, Paris.

Forrest, B., and P. R. Gross, 2004 *Creationism's Trojan Horse: The Wedge of Intelligent Design*. Oxford University Press, Oxford.

Frey, B., 2006 *Statistics Hacks*. O'Reilly. Galavotti, M. C., 2005 *Philosophical Introduction to Probability*. CSLI Publications, Stanford.

Galilei, G., 1620 Sopra le scoperte dei dadi. *Opere, Firenze, Barbera* **8**: 591-594.

Galton, F., 1894 A plausible paradox in chances. *Nature* **49**: 365-366.

Gamow, G., and M. Stern, 1958 *Puzzle-Math*. Viking, New York.

Gani, J., 2004 Newton, Sir Isaac, in *Encyclopedia of Statistical Sciences*, 2nd edition, edited by S. Kotz, C. B. Read, N. Balakrishnan, and B. Vidakovic. Wiley.

Gardner, M., 1959 *Hexaflexagons and Other Mathematical Diversions: The First Scientific American Book of Mathematical Puzzles & Diversions*. Simon and Schuster, New York.（邦訳：岩沢和弘・上原隆平 訳．『ガードナーの数学パズル・ゲーム ―フレクサゴン/確率パラドックス/ポリオミノ』．日本評論社．2015.）

Gardner, M., 1961 *The Second Scientific American Book of Mathematical Puzzles and Diversions*. Simon and Schuster, New York.（邦訳：岩沢和弘・上原隆平 訳．『ガードナーの数学娯楽 ―ソーマキューブ/エレウシス/正方形の正方分割』．日本評論社．2015.）

Gardner, M., 1978 *Aha! Insight*. W.H. Freeman & Co., New York.（邦訳：島田一男 訳．『aha! Insight ひらめき思考 (1), (2)』．日本経済新聞出版社．2009.）

Gardner, M., 1982 *Aha! Gotcha*. W.H. Freeman & Co., New York.（邦訳：竹内郁雄 訳．『aha! Gotcha ゆかいなパラドックス (1), (2)』．日本経済新聞出版社．2009.）

Gardner, M., 1996 *The Universe in a Handkerchief: Lewis Carroll's Mathematical Recreations, Games, Puzzles, and Word Plays*. Copernicus, New York.（邦訳：門馬義幸・門馬尚子 訳．『ルイス・キャロル 遊びの宇宙』．白揚社．1998.）

Gardner, M., 2001 *The Colossal Book of Mathematics*. W.W. Norton & Company.

Gauss, C. F., 1809 *Theoria motus corporum coelestium*. Perthes et Besser, Hamburg (English Translation by C.H. Davis as *Theory of Motion of the Heavenly Bodies Moving About the Sun in Conic Sections*, Little, Brown, Boston, 1857. Reprinted in 1963, Dover, New York).

Gelman, A., J. B. Carlin, H. S. Stern, and D. Rubin, 2003 *Bayesian Data Analysis*, 2nd edition. Chapman & Hall/CRC.

Georgii, H.-O., 2008 *Stochastics: Introduction to Probability and Statistics*. Walter de Gruyter, Berlin.

Gigerenzer, G., Z. Swijtink, T. Porter, L. Daston, J. Beatty, et al. 1989 *The Empire of Chance: How Probability Changed Science and Everyday Life*. Cambridge University Press, Cambridge.

Gill, R. D., 2010 Monty Hall Problem: Solution, in *International Encyclopedia of Statistical Science*, edited by M. Lovric. Springer.

Gillies, D. A., 1987 Was Bayes a Bayesian? *Historia Math.* **14**: 325-346.
Gillies, D. A., 2000 *Philosophical Theories of Probability*. Routledge, London.
Gliozzi, M., 1980 Cardano, Girolamo, in *Dictionary of Scientific Biography*, Vol. 3, edited by C. C. Gillispie. Charles Scribner's Sons, New York.
Gnedenko, B. V., 1978 *The Theory of Probability*. Mir Publishers (4th Printing).
Good, I. J., 1983 *Good Thinking: The Foundations of Probability and Its Applications*. University of Minnesota Press, Minneapolis.
Good, I. J., 1988 Bayes's red billiard ball is also a herring, and why Bayes withheld publication. *J. Stat. Comput. Simul.* **29**: 335-340.
Gordon, H., 1997 *Discrete Probability*. Springer-Verlag, New York.
Gorroochurn, P., 2011 Errors of Probability in Historical Context. *Am. Stat.* **65**(4): 246-254.
Gouraud, C., 1848 *Histoire du Calcul des Probabilités Depuis ses Origines Jusqu'a nos Jours*. Librairie d'Auguste Durand, Paris.
Gray, A., 1908 *Lord Kelvin: An Account of his Scientific Life and Work*. J. M. Kent, London.
Greenblatt, M. H., 1965 *Mathematical Entertainments: A Collection of Illuminating Puzzles New and Old*. Thomas H. Crowell Co., New York.
Gregersen, E., 2011 *The Britannica Guide to Statistics and Probability*. Britannica Educational Publishing.
Gridgeman, N. T., 1960 Geometric probability and the number π. *Scripta Math.* **25**: 183-195.
Grimmett, G., and D. Stirzaker, 2001 *Probability and Random Processes*, 3rd edition. Oxford University Press, Oxford.
Grinstead, C. M., and J. L. Snell, 1997 *Introduction to Probability*, 2nd edition. American Mathematical Society.
Groothuis, D., 2003 *On Pascal*. Thomson Wadsworth. Gut, A., 2005 *Probability: A Graduate Course*. Springer.
Gyóari, E., O. H. Katora, and L. Lovász, 2008 *Horizons in Combinatorics*. Springer.
Hacking, I., 1972 The logic of Pascal's Wager. *Am. Phil. Q.* **9**: 186-192.
Hacking, I., 1980a Bayes, Thomas, in *Dictionary of Scientific Biography*, Vol. 1, edited by C. C. Gillispie. Charles Scribner's Sons,New York, pp. 531-532.
Hacking, I., 1980b Moivre, Abraham de, in *Dictionary of Scientific Biography*, Vol. 9, edited by C. C. Gillispie. Charles Scribner's Sons, New York, pp. 452-555.
Hacking, I., 1980c Montmort, Pierre Rémond de, in *Dictionary of Scientific Biography*, Vol. 9, edited by C. C. Gillispie. Charles Scribner's Sons, New York, pp. 499-500.
Hacking, I., 2006 *The Emergence of Probability*, 2nd edition. Cambridge University Press, Cambridge.（邦訳：広田すみれ・森元良太 訳『確率の出現』, 慶応義塾大学出版会, 2013.）
Hahn, R., 2005 *Pierre Simon Laplace, 1749-1827: A Determined Scientist*. Harvard University Press, Cambridge, MA.
Haigh, J., 2002 *Probability Models*. Springer.
Hájek, A., 2008 Probability: a philosophical overview, in *Proof and Other Dilemmas: Mathematics and Philosophy*, edited by B. Gold and R. A. Simons. The Mathematical Association of America.
Hald, A., 1984 A. de Moivre: 'De Mensura Sortis' or 'On the measurement of chance'. *Int. Stat. Rev.* **52**: 229-262.
Hald, A., 1990 *A History of Probability and Statistics and Their Applications Before*

1750. Wiley, New Jersey.

Halmos, P., 1991 *Problems for Mathematicians Young and Old*. The Mathematical Association of America.

Hamming, R. W., 1991 *The Art of Probability for Scientists and Engineers*. Addison-Wesley.

Hammond, N., Ed., 2003 *The Cambridge Companion to Pascal*. Cambridge University Press, Cambridge.

Harmer, G. P., and D. Abbott, 2002 A review of Parrondo's paradox. *Fluctuation Noise Lett.* **2**: R71-R107.

Hartley, D., 1749 *Observations on Man, His Fame, His Duty, and His Expectations*. Richardson, London.

Hassett, M. J., and D. G. Stewart, 2006 *Probability for Risk Management*, 2nd edition. ACTEX Publications, Inc., Winsted, Connecticut.

Hausdorff, F., 1914 *Grundziige der Mengenlehre*. Von Leit, Leipzig.

Havil, J., 2007 *Nonplussed!: Mathematical Proof of Implausible Ideas*. Princeton University Press, New Jersey.

Havil, J., 2008 *Impossible? Surprising Solutions to Counterintuitive Conundrums*. Princeton University Press, New Jersey.

Hayes, D. F., and T. Shubin, 2004 *Mathematical Adventures for Students and Amateurs*. The Mathematical Association of America.

Hein, J. L., 2002 *Discrete Mathematics*, 2nd edition. Jones and Bartlett Publishers.

Hellman, H., 2006 *Great Feuds in Mathematics: Ten of the Liveliest Disputes Ever*. Wiley.

Henry, M., 2004 La Démonstration par Jacques Bernoulli de son Théorème, in *Histoires de Probabilités et de Statistiques*, edited by E. Barbin and J.-P. Lamarche. Ellipses, Paris.

Higgins, P. M., 1998 *Mathematics for the Curious*. Oxford University Press, Oxford.

Higgins, P. M., 2008 *Number Story: From Counting to Cryptography*. Copernicus Books.

Hill, T., 1995a A statistical derivation of the significant-digit law. *Stat. Sci.* **10**: 354-363.

Hill, T., 1995b Base-invariance implies Benford's law. *Proc. Am. Math. Soc.* **123**: 887-895.

Hinkelmann, K., and O. Kempthorne, 2008 *Design and Analysis of Experiments*, Vol. I. Wiley.

Hoffman, P., 1998 *The Man Who Loved Only Numbers: The Story of Paul Erdös and the Search for Mathematical Truth*. Hyperion, New York.（邦訳：平石律子 訳，『放浪の天才数学者エルデシュ』，草思社，2000．）

Hogben, L., 1957 *Statistical Theory: The Relationship of Probability, Credibility and Error*.W.W. Norton&Co., Inc., NewYork.

Howie, D., 2004 *Interpreting Probability: Controversies and Development in the Early Twentieth Century*. Cambridge University Press, Cambridge.

Howson, C., and P. Urbach, 2006 *Scientific Reasoning: The Bayesian Approach*, 3rd edition. Open Court, Illinois.

Hume, D., 1748 *An Enquiry Concerning Human Understanding*, edited by P. Millican. London (2007 edition by P. Millican, Oxford University Press, Oxford).（邦訳：斎藤繁雄・一ノ瀬正樹 訳，『人間知性研究』，法政大学出版局，2004（新装版 2011）．）

Humphreys, K., 2010 A history and a survey of lattice path enumeration. *J. Stat. Plann.*

Inference **140**: 2237-2254.
Hunter, J. A. H., and J. S. Madachy, 1975 *Mathematical Diversions*. Dover, New York (Originally published by D. Van Nostrand Company, Inc., Princeton, New Jersey, 1969).
Huygens, C., 1657 *De ratiociniis in ludo aleae*. Johannis Elsevirii, Leiden (pp. 517-534 in Frans van Schooten's *Exercitationum mathematicarum liber primus continens propositionum arithmeticarum et geometricarum centuriam*).
Huygens, C., 1920 *Oeuvres Complètes de Christiaan Huygens*, Vol. 14 Martinus Nijhoff, La Haye, pp. 1655-1666.
Ibe, O. C., 2009 *Markov Process for Stochastic Modeling*. Academic Press. Ingersoll, J., 1987 *Theory of Financial Decision Making*. Rowman and Littlefield, New Jersey.
Isaac, R., 1995 *The Pleasures of Probability*. Springer-Verlag, New York.
Iyengar, R., and R. Kohli, 2004 Why Parrondo's paradox is irrelevant for utility theory, stock buying, and the emergence of life. *Complexity* **9**: 23-27.
Jackman, S., 2009 *Bayesian Analysis for the Social Sciences*. Wiley.
Jackson, F., F. Menzies, and G. Oppy, 1994 The two envelope 'paradox'. *Analysis* **54**: 43-45.
Jacobs, K., 2010 *Stochastic Processes for Physicists: Understanding Noisy Systems*. Cambridge University Press, Cambridge.
Jaynes, E. T., 1973 The well-posed problem. *Found. Phys.* **4**: 477-492.
Jaynes, E. T., 2003 *Probability Theory: The Logic of Science*. Cambridge University Press, Cambridge.
Jeffrey, R., 2004 *Subjective Probability: The Real Thing*. Cambridge University Press, Cambridge.
Jeffreys, H., 1961 *Theory of Probability*, 3rd edition. Clarendon Press, Oxford.
Johnson, N. L., A. W. Kemp, and S. Kotz, 2005 *Univariate Discrete Distributions*, 3rd edition. Wiley.
Johnson, N. L., S. Kotz, and N. Balakrishnan, 1995 *Continuous Univariate Distributions*, Vol. II, 2nd edition. Wiley.
Johnson, N. L., S. Kotz, and N. Balakrishnan, 1997 *Discrete Multivariate Distributions*. Wiley.
Johnson, P. E., 1991 *Darwin on Trial*. Inter-Varsity Press.
Jordan, J., 2006 *Pascal's Wager: Pragmatic Arguments and Belief in God*. Oxford University Press, Oxford.
Joyce, J. M., 1999 *The Foundations of Causal Decision Theory*. Cambridge University Press, Cambridge.
Kac, M., 1959 *Statistical Independence in Probability Analysis and Number Theory*. The Mathematical Association of America.
Kac, M., and S. M. Ulam, 1968 *Mathematics and Logic*. Dover, New York (Originally published by Frederick A Praeger, New York, 1963 under the title *Mathematics and Logic: Retrospect and Prospects*).
Kaplan, M., and E. Kaplan, 2006 *Chances Are: Adventures in Probability*. Penguin Books.
Kardaun, O. J. W. F., 2005 *Classical Methods of Statistics*. Springer-Verlag, Berlin.
Karlin, S., and H. M. Taylor, 1975 *A First Course in Stochastic Processes*, 2nd edition. Academic Press.
Katz, B. D., and D. Olin, 2007 A tale of two envelopes. *Mind* **116**: 903-926.
Katz, V. J., 1998 *A History of Mathematics: An Introduction*, 2nd edition. Addison-

Wesley.
Kay, S. M., 2006 *Intuitive Probability and Random Processes Using MATLAB®*. Springer.
Kelly, D. G., 1994 *Introduction to Probability*. Macmillan, New York.
Kendall, M. G., 1945 *The Advanced Theory of Statistics*, Vol. 1, 2nd revised edition. Charles Griffin & Co. Ltd., London.
Kendall, M. G., 1963 Ronald Aylmer Fisher 1890-1962. *Biometrika* **50**: 1-15.
Kendall, M. G., and P. A. P. Moran, 1963 *Geometrical Probability*. Charles Griffin& Co. Ltd., London.
Keuzenkamp, H. A., 2004 *Probability, Econometrics and Truth: The Methodology of Econometrics*. Cambridge University Press, Cambridge.
Keynes, J.M., 1921 *A Treatise on Probability*. Macmillan & Co., London.
Khintchine, A., 1924 Ueber einen Satz der Wahrscheinlichkeitsrechnung. *Fund. Math.* **6**: 9-20.
Khintchine, A., 1929 Sur la loi des grands nombres. *C. R. Acad. Sci.* **189**: 477-479.
Khoshnevisan, D., 2006 Normal numbers are normal. *Annual Report 2006*: **15**, continued 27-31, Clay Mathematics Institute.
Khoshnevisan, D., 2007 *Probability*. American Mathematical Society.
Klain, D. A., and G.-C. Rota, 1997 *Geometric Probability*. Cambridge University Press, Cambridge.
Knuth, D. E., 1969TheGamow-Stern elevator problem. *J. Recr. Math.* **2**: 131-137.
Kocik, J., 2001 Proofs without words: Simpson paradox. *Math. Magazine* **74**: 399.
Kolmogorov, A., 1927 Sur la loi des grands nombres. *C. R. Acad. Sci. Paris* **185**: 917-919.
Kolmogorov, A., 1929 Ueber das gesetz des iterierten logarithmus. *Math. Ann.* **101**: 126-135.
Kolmogorov, A., 1930 Sur la loi forte des grands nombres. *C. R. Acad. Sci. Paris* **191**: 910-912.
Kolmogorov, A., 1933 *Grundbegriffe der Wahrscheinlikeitsrechnung*. Springer, Berlin.
Kolmogorov, A., 1956 *Foundations of the Theory of Probability*, 2nd edition. Chlesea, New York. (邦訳：根本伸司・一条洋 訳，『確率論の基礎概念』，東京図書，1969；(別訳) 坂本實訳『確率論の基礎概念』筑摩書房，2010.)
Kotz, S., C. B. Read, N. Balakrishnan, and B. Vidakovic, 2004 Normal sequences (numbers), in *Encyclopedia of Statistical Sciences*, 2nd edition, edited by S. Kotz, C. B. Read, N. Balakrishnan, and B. Vidakovic. Wiley.
Kraitchik, M., 1930 *La Mathématique des Jeux ou Récréations Mathématiques*. Imprimerie Stevens Frères, Bruxelles.
Kraitchik, M., 1953 *Mathematical Recreations*, 2nd revised edition. Dover, New York (Originally published by W. W. Norton and Company, Inc., 1942).
Krishnan, V., 2006 *Probability and Random Processes*. Wiley-Interscience.
Kvam, P. H., and B. Vidakovic, 2007 *Nonparametric Statistics with Applications to Science and Engineering*. Wiley.
Kyburg Jr., H. E., 1983 *Epistemology and Inference*. University of Minnesota Press, Minneapolis.
Lange, K., 2010 *Applied Probability*, 2nd edition. Springer.
Laplace, P.-S., 1774a Mémoire de la probabilité des causes par les evénements. Mémoire de l'Académie Royale des Sciences de Paris (savants étrangers) **Tome VI**: 621-656.

Laplace, P.-S., 1774b Mémoire sur les suites récurro-récurrentes et sur leurs usages dans la théorie des hasards. Mémoire de l'Académie Royale des Sciences de Paris (savants étrangers) **Tome VI**: 353-371.

Laplace, P.-S. 1776 Recherches sur l'intégration des équations différentielles aux differences finies and sur leur usage dans la théorie des hasards. Mémoire de l'Academie Royale des Sciences de Paris (Savants Etranger) **7**.

Laplace, P.-S., 1781 Sur les probabilités. Histoire de l'Académie Royale des Sciences, année 1778 **Tome VI**: 227-323.

Laplace, P.-S., 1810a Mémoire sur les approximations des formules qui sont fonctions de très grands nombres et sur leur application aux probabilités. Mémoire de l'Académie Royale des Sciences de Paris 353-415 (Reprinted in Oeuvres Complete de Laplace XII, pp. 301-345).

Laplace, P.-S., 1810b Supplément au Mémoire sur les approximations des formules qui sont fonctions de très grands nombres et sur leur application aux probabilités. Mémoire de l'Académie Royale des Sciences de Paris 559-565 (Reprinted in Oeuvres Complete de Laplace XII, pp. 349-353).

Laplace, P.-S., 1812 *Théorie Analytique des Probabilités*. Mme Ve Courcier, Paris.

Laplace, P.-S., 1814a *Essai Philosophique sur les Probabilités*. Courcier, Paris (6th edition, 1840, translated by F.W. Truscott, and F. L. Emory as *A Philosophical Essay on Probabilities*, 1902. Reprinted 1951 by Dover, New York). (邦訳：内井惣七訳，『確率の哲学的試論』，岩波書店，1997.)

Laplace, P.-S., 1814b *Théorie Analytique des Probabilités*, 2nd edition. Mme Ve Courcier, Paris.

Laplace, P.-S., 1820 *Théorie Analytique des Probabilités*, 3rd edition. Mme Ve Courcier, Paris. (邦訳：吉田洋一・正田建次郎・伊藤清・樋口順四郎 訳，『ラプラス 確率論 —確率の解析的理論』，共立出版，1986.)

Lawler, G. F., 2006 *Introduction to Stochastic Processes*, 2nd edition. Chapman & Hall/CRC.

Lazzarini, M., 1902 Un' applicazione del cacolo della probabilità alla ricerca sperimentale di un valore approssimato di p. *Periodico di Matematica* **4**: 140.

Legendre, A. M., 1805 *Nouvelles Méthodes Pour la Détermination des Orbites des Comètes*. Courcier, Paris.

Lehman, R. S., 1955 On confirmation and rational betting. *J. Symbolic Logic* **20**: 251-262.

Leibniz, G. W., 1768 *Opera Omnia*. Geneva.

Leibniz, G. W., 1896 *New Essays Concerning Human Understanding*. The Macmillan Company, New York. (Original work written in 1704 and published in 1765).

Leibniz, G. W., 1969 *Théodicée*. Garnier-Flammarion, Paris (Original work published in 1710).

Le Roux, J., 1906 Calcul des Probabilités, in *Encyclopédie des Sciences Mathématiques Pures et Appliquées*, Tome I, Vol. 4, edited by J. Molk. Gauthier-Villars, Paris, pp. 1-46.

Lesigne, E., 2005 *Heads or Tails: An Introduction to Limit Theorems in Probability*. American Mathematical Society (Originally published as *Pile ou Face: Une Introduction aux Théorèmes Limites du Calcul des Probabilités*, Ellipses, 2001).

Levin, B., 1981 A representation for multinomial cumulative distribution functions. *Ann. Stat.* **9**: 1123-1126.

Lévy, P., 1925 *Calculs des Probabilités*. Gauthier Villars, Paris.

Lévy, P., 1939 Sur certains processus stochastiques homogènes. *Compos. Math.* **7**: 283-339.
Lévy, P., 1965 *Processus Stochastiques et Mouvement Brownien*, 2nd edition. Gauthier-Villars, Paris.
Liagre, J. B. J., 1879 *Calculs des Probabilités et Théorie des Erreurs*, 2nd edition. Librarie Polytechnique, Paris.
Lindeberg, J. W., 1922 Eine neue Herleitung des Exponentialgesetzes in der Wahrscheinlichkeitsrechnung. *Math. Z.* **15**: 211-225.
Lindley, D. V., 2006 *Understanding Uncertainty*. Wiley.
Lindsey, D. M., 2005 *The Beast in Sheep's Clothing: Exposing the Lies of Godless Human Science*. Pelican Publishing.
Linzer, E., 1994 The two envelope paradox. *Am. Math. Monthly* **101**: 417-419.
Loehr, N., 2004 Note in André's reflection principle. *Discrete Math.* **280**: 233-236.
Lukowski, P., 2011 *Paradoxes*. Springer, New York.
Lurquin, P. F., and L. Stone, 2007 *Evolution and Religious Creation Myths: How Scientists Respond*. Oxford University Press, Oxford.
Lyapunov, A. M., 1901 Nouvelle forme du théorème sur la limite de probabilité. *Mémoires de l'Académie Impériale des Sciences de St. Petersburg* **12**:1-24.
Lyon, A., 2010 Philosophy of probability, in *Philosophies of the Sciences: A Guide*, edited by F. Allhoff. Wiley-Blackwell.
Macmahon, P. A., 1915 *Combinatory Analysis*, Vol. I. Cambridge University Press, Cambridge.
Maher, P., 1993 *Betting on Theories*. Cambridge University Press, Cambridge.
Mahoney, M. S., 1994 *The Mathematical Career of Pierre de Fermat 1601-1665*, 2nd edition. Princeton University Press.
Maistrov, L. E., 1974 *Probability Theory: A Historical Sketch*. Academic Press, New York.
Manson, N. A., 2003 *God and Design: The Teleological Argument and Modern Science*. Routledge.
Markov, A. A., 1906 Extension of the law of large numbers to magnitudes dependent on one another. *Bull. Soc. Phys. Math. Kazan.* **15**: 135-156.
Marques de Sá, J. P., 2007 *Chance The Life of Games & the Game of Life*. Springer-Verlag.
Maxwell, J. C., 1873 *A Treatise on Electricity and Magnetism*. Clarendon Press, Oxford.
Maxwell, S. E., and H. D. Delaney, 2004 *Designing Experiments and Analyzing Data: A Model Comparison Perspective*, 2nd edition. Lawrence Erlbaum, Mahwah, NJ.
McBride, G. B., 2005 *Using Statistical Methods for Water Quality Management*. Wiley-Interscience.
McGrew, T. J., D. Shier, and H. S. Silverstein, 1997 The two-envelope paradox resolved. *Analysis* **57**: 28-33.
Meester, R., 2008 *A Natural Introduction to Probability Theory*, 2nd edition. Birkhäuser, Verlag.
Mellor, D. H., 2005 *Probability: A Philosophical Introduction*. Taylor & Francis Group, New York.
Menger, K., 1934 Das unsicherheitsmoment in der wertlehre. *Zeitschrift für Nationalökonomie* **51**: 459-485.
Merriman, M., 1877 A list of writings relating to the method of least squares, with

historical and critical notes. *Trans. Conn. Acad. Arts Sci.* **4**: 151-232.

Meusnier, N., 2004 Le Problème des Partis Avant Pacioli, in *Histoires de Probabilités et de Statistiques*, edited by E. Barbin and J.-P. Lamarche. Ellipses, Paris.

Meusnier, N., 2006 Nicolas, neveu exemplaire. *J. Electron. d'Histoire Probab. Stat.* **2**(1).

Mitzenmacher, M., and E. Upfal, 2005 *Probability and Computing: Randomized Algorithms and Probabilistic Analysis.* Cambridge University Press, Cambridge.

Montucla, J. F., 1802 *Histoire des Mathématiques (Tome III)*. Henri Agasse, Paris.

Moore, J. A., 2002 *From Genesis to Genetics: The Case of Evolution and Creationism.* University of California Press.

Mörters, P., and Y. Peres, 2010 *Brownian Motion.* Cambridge University Press, Cambridge.

Mosteller, F., 1987 *Fifty Challenging Problems in Probability with Solutions.* Dover, New York. (Originally published by Addison-Wesley, MA, 1965).

Nahin, P. J., 2000 *Dueling Idiots and Other Probability Puzzlers.* Princeton University Press, NJ.

Nahin, P. J., 2008 *Digital Dice: Computer Solutions to Practical Probability Problems.* Princeton University Press, NJ.

Nalebuff, B., 1989 The other person's envelope is always greener. *J. Econ. Perspect.* **3**: 171-181.

Naus, J. I., 1968 An extension of the birthday problem. *Am. Stat.* **22**: 27-29.

Newcomb, S., 1881 Note on the frequency of use of the different digits in natural numbers. *Am. J. Math.* **4**: 39-40.

Newton, I., 1665 Annotations from Wallis, manuscript of 1665, in *The Mathematical Papers of Isaac Newton 1*, Cambridge University Press.

Neyman, J., and E. S. Pearson, 1928a On the use and interpretation of certain test criteria for purposes of statistical inference. *Part I. Biometrika* **20A**: 175-240.

Neyman, J., and E. S. Pearson, 1928b On the use and interpretation of certain test criteria for purposes of statistical inference. *Part II. Biometrika* **20A**: 263-294.

Neyman, J., and E. S. Pearson, 1933 The testing of statistical hypotheses in relation to probabilities a priori. *Proc. Cambridge Phil. Soc.* **29**: 492-510.

Nickerson, R. S., 2004 *Cognition and Chance: The Psychology of Probabilistic Reasoning.* Laurence Erlbaum Associates.

Niven, I., 1956 *Irrational Numbers.* The Mathematical Association of America.

Northrop, E., 1944 *Riddles in Math: A Book of Paradoxes.* D. Van Nostrand, New York.

Nozick, R., 1969 Newcomb's Problem and Two Principles of Choice, in *Essays in Honor of Carl G. Hempel*, edited by N. Rescher. Reidel, Dordrecht, pp. 107-133.

O'Beirne T. H., 1965 *Puzzles and Paradoxes.* Oxford University Press, Oxford.

Olofsson, P., 2007 *Probabilities: The Little Numbers That Rule Our Lives.* Wiley.

Oppy, G., 2006 *Arguing About Gods.* Cambridge University Press, Cambridge.

Ore, O., 1953 *Cardano, the Gambling Scholar.* Princeton University Press. (邦訳：安藤洋美 訳，『カルダノの生涯 —悪徳数学者の栄光と悲惨』．東京図書．1978．)

Ore, O., 1960 Pascal and the invention of probability theory. *Am. Math. Monthly* **67**: 409-419.

Pacioli, L., 1494 *Summa de arithmetica, geometrica, proportioni, et proportionalita.* Paganino de Paganini, Venezia.

Palmer, M., 2001 *The Question of God: An Introduction and Sourcebook.* Routledge.

Paolella, M. S., 2006 *Fundamental Probability: A Computational Approach*. Wiley.
Paolella, M. S., 2007 *Intermediate Probability: A Computational Approach*. Wiley.
Papoullis, A., 1991 *Probability, Random Variables, and Stochastic Processes*, 3rd edition. McGraw-Hill, Inc.
Parmigiani, G., and L. Y. T. Inoue, 2009 *Decision Theory: Principles and Approaches*. Wiley-Interscience.
Parrondo, J. M. R., 1996 How to cheat a bad mathematician, in *EEC HC&M Network on Complexity and Chaos* (#ERBCHRX-CT940546), ISI, Torino, Italy (unpublished).
Parzen, E., 1962 *Stochastic Processes*. SIAM.
Pascal, B., 1665 *Traité du Triangle Arithmétique, avec Quelques Autres Petits Traités sur la Même Matière*. Desprez, Paris (English translation of first part in Smith (1929), pp. 67-79).（邦訳：原亨吉 訳,『数3角形論』（『パスカル全集 第一巻』, 人文書院. 1959. 収蔵).)
Pascal, B., 1858 *Oeuvres Complètes de Blaise Pascal (Tome Second)*. Librairie de L. Hachette et Cie, Paris.（邦訳：伊吹武彦・渡辺一夫・前田陽一 監修,『パスカル全集』, 人文書院. 1959.)
Pascal, P., 1670 *Pensées*. Chez Guillaume Desprez, Paris.（邦訳：伊吹武彦・渡辺一夫・前田陽一 監修,『パスカル全集 第三巻』, 人文書院, 1959.)
Paty, M., 1988 d'Alembert et les probabilités, in *Sciences à l'Epoque de la Révolution Française. Recherches Historiques*, edited by R. Rashed. Wiley.
Paulos, J. A., 1988 *Innumeracy: Mathematical Illiteracy and its Consequences*. Hill and Wang, New York.
Pearl, J., 2000 *Causality: Models, Reasoning, and Inference*. Cambridge University Press, Cambridge.
Pearson, E. S.Ed., 1978 *The History of Statistics in the 17th and 18th Centuries, Against the Changing Background of Intellectual, Scientific and Religious Thought. Lectures by Karl Pearson Given at University College London During Academic Sessions 1921-1933*. Griffin, London.
Pearson, K., 1900 *The Grammar of Science*, 2nd edition. Adam and Charles Black, London.
Pearson, K., 1924 Historical note on the origin of the normal curve of errors. *Biometrika* **16**: 402-404.
Pearson, K., A. Lee, and L. Bramley-Moore, 1899 Mathematical contributions to the theory of evolution: VI - genetic (reproductive) selection: inheritance of fertility in man, and of fecundity in thoroughbred racehorses. *Phil. Trans. R. Soc. Lond. A* **192**: 257-330.
Pedoe, D., 1958 *The Gentle Art of Mathematics*. Macmillan, New York.
Pennock, R. T., 2001 *Intelligent Design Creationism and its Critics*. MIT.
Pepys, S., 1866 *Diary and Correspondence of Samuel Pepys*, Vol. IV. J.P. Lippincott & Co., Philadelphia.
Petkovic, M. S., 2009 *Famous Puzzles of Great Mathematicians*. American Mathematical Society.
Phy-Olsen, A., 2011 *Evolution, Creationism and, Intelligent Design*. Greenwood.
Pichard, J.-F., 2004 Les Probabilités au Tournant du XVIIIe Siècle, in *Autour de la Modélisation des Probabilités*, edited by M. Henry. Presses Universitaires de France, Paris.
Pickover, C. A., 2005 *A Passion for Mathematics*. Wiley.
Pickover, C. A., 2009 *The Math Book*. Sterling Publishing Co. Inc., New York.

Pillai, S. S., 1940 On normal numbers. *Proc. Indian Acad. Sci. Sect. A*, **12**: 179-194.
Pinkham, R., 1961 On the distribution of the first significant digits. *Ann. Math. Stat.* **32**: 1223-1230.
Pitman, J., 1993 *Probability*. Springer.
Plackett, R. L., 1972 The discovery of the method of least squares. *Biometrika* **59**: 239-251.
Poincaré, H., 1912 *Calcul des Probabilités*, 2nd edition. Gauthier-Villars, Paris.
Poisson, S. D., 1837 *Recherches sur la Probabilité des Jugements en Matières Criminelles et Matière Civile*. Bachelier, Paris.
Pólya, G., 1920 Über den zentralen grenzwertsatz der wahrscheinlichkeitsrechnung und das momentenproblem. *Math. Z.* **8**: 171-181.
Popper, K. R., 1957 Probability magic or knowledge out of ignorance. *Dialectica* **11**: 354-374.
Porter, T. M., 1986 *The Rise of Statistical Thinking, 1820-1900* Princeton University Press, Princeton, NJ.（邦訳：長屋政勝 訳，『統計学と社会認識 —統計思想の発展 1820-1900 年』，梓出版社，1995.）
Posamentier, A. S., and I. Lehmann, 2004 π: *A Biography of the World's Most Mysterious Number*. Prometheus Books.
Posamentier, A. S., and I. Lehmann, 2007 *The Fabulous Fibonacci Numbers*. Prometheus Books.
Proschan, M. A., and B. Presnell, 1998 Expect the unexpected from conditional expectation. *Am. Stat.* **52**: 248-252.
Pruss, A. R., 2006 *The Principle of Sufficient Reason: A Reassessment*. Cambridge University Press, Cambridge.
Rabinowitz, L., 2004 *Elementary Probability with Applications*. A K Peters.
Raimi, R., 1976 The first digit problem. *Am. Math. Monthly* **83**: 521-538.
Ramsey, P. F., 1926 Truth and possibility, in *Studies in Subjective Probability*, edited by H. E. Kyburg and H. E. Smokler. Wiley (1964).
Renault, M., 2008 Lost (and found) in translation: André's actual method and its application to the generalized ballot problem. *Am. Math. Monthly* **115**: 358-363.
Rényi, A., 1972 *Letters on Probability*. Akadémiai Kiadó, Budapest.
Rényi, A., 2007 *Foundations of Probability*. Dover, New York. (Originally by Holden-Day, California, 1970).
Resnick, M. D., 1987 *Choices: An Introduction to Decision Theory*. University of Minnesota Press.
Richards, S. P., 1982 *A Number for Your Thoughts*. S. P. Richards.
Rieppel, O., 2011 *Evolutionary Theory and the Creation Controversy*. Springer.
Riordan, J., 1958 *An Introduction to Combinatorial Analysis*. Wiley, New York.
Rosenbaum, P. L., 2010 *Design of Observational Studies*. Springer.
Rosenhouse, J., 2009 *The Monty Hall Problem: The Remarkable Story of Math's Most Contentious Brainteaser*. Oxford University Press, Oxford.（邦訳：松浦俊輔 訳，『モンティ・ホール問題 —テレビ番組から生まれた史上最も議論を呼んだ確率問題の紹介と解説』，青土社，2013.）
Rosenthal, J. S., 2005 *Struck by Lightning: The Curious World of Probabilities*. Harper Collins Edition.（邦訳：中村義作・柴田裕之 訳，『運は数学にまかせなさい —確率・統計に学ぶ処世術』，早川書房，2010.）
Rosenthal, J. S., 2006 *A First Look at Rigorous Probability Theory*, 2nd edition. World Scientific.

Rosenthal, J. S., 2008 Monty Hall, Monty Fall, Monty Crawl. *Math Horizons* **16**: 5-7.
Ross, S., 1997 *A First Course in Probability*, 5th edition. Prentice Hall, New Jersey.
Ross, S., and E. Pekoz, 2006 A Second Course in Probability. *Probabilitybookstore.com*.
Rumsey, D., 2009 *Statistics II for Dummies*. Wiley.
Ruse, M., 2003 *Darwin and Design: Does Evolution Have a Purpose?* Cambridge University Press, Cambridge. Sainsbury, R. M., 2009 *Paradoxes*, 3rd edition. Cambridge University Press, Cambridge.
Salsburg, D., 2001 *The Lady Tasting Tea: How Statistics Revolutionized Science in the Twentieth Century*. W. H. Freeman & Co., New York. (邦訳：竹内惠行・熊谷悦生訳『統計学を拓いた異才たち ―経験則から科学へ進展した一世紀』, 日本経済新聞社, 2006.)
Samueli, J. J., and J. C. Boudenot, 2009 *Une Histoires des Probabilités des Origines à 1900*. Ellipses, Paris.
Samuelson, P. A., 1977 St. Petersburg Paradoxes: defanged, dissected, and historically described. *J. Econ. Lit.* **15**: 24-55.
Sarkar, S., and J. Pfeifer, 2006 *The Philosophy of Science: An Encyclopedia*. Routledge.
Savage, L. J., 1972 *The Foundations of Statistics*, 2nd revised edition. Dover, New York. (Revised and enlarged edition of the 1954 edition published by Wiley).
Scardovi, I., 2004 Cardano, Gerolamo, in *Encyclopedia of Statistical Sciences*, 2nd edition, edited by S. Kotz, C. B. Read, N. Balakrishnan, and B. Vidakovic. Wiley.
Schay, G., 2007 *Introduction to Probability with Statistical Applications*. Birkhauser, Boston.
Schell, E. D., 1960 Samuel Pepys, Isaac Newton, and probability. *Am. Stat.* **14**: 27-30.
Schneider, I., 2005a Abraham de Moivre, *The Doctrine of Chances* (1718, 1738, 1756), in *Landmark Writings in Western Mathematics 1640-1940*, edited by I. Grattan-Guinness. Elsevier.
Schneider, I., 2005b Jakob Bernoulli, *Ars Conjectandi* (1713), in *Landmark Writings in Western Mathematics 1640-1940*, edited by I. Grattan-Guinness. Elsevier.
Schwarz, W., 2008 *40 Puzzles and Problems in Probability and Mathematical Statistics*. Springer.
Schwarzlander, H., 2011 *Probability Concepts and Theory for Engineers*. Wiley, New York.
Scott, A. D., and M. Scott, 1997 What's in the two envelope paradox? *Analysis* **57**: 34-41.
Scott, E. C., 2004 *Evolution vs. Creationism: An Introduction*. Greenwood Press.
Scott, P. D., and M. Fasli, 2001 Benford's law: an empirical investigation and a novel explanation. CSM Technical Report 349, Department of Computer Science, University of Essex.
Seckbach, J., and R. Gordon, 2008 *Divine Action and Natural Selection: Science Faith and Evolution*. World Scientific.
Selvin, S., 1975a Letter to the Editor: A problem in probability. *Am. Stat.* **29**: 67.
Selvin, S., 1975b Letter to the Editor: On theMontyHall Problem.*Am. Stat.* **29**: 134.
Seneta, E., 1984 Lewis Carroll as a probabilist and mathematician. *Math. Sci.* **9**: 79-94.
Seneta, E., 1993 Lewis Carroll's "Pillow Problem": On the 1993 centenary. *Stat. Sci.* **8**: 180-186.
Senn, S., 2003 *Dicing with Death: Chance, Risk and Health*. Cambridge University Press, Cambridge.
Shackel, N., 2007 Betrand's paradox and the principle of indifference. *Phil. Sci.* **74**: 150-175.

Shackel, N., 2008 Paradoxes in probability theory, in *Handbook of Probability: Theory and Applications*, edited by T. Rudas. Sage Publications.

Shafer, G., 2004 St. Petersburg paradox, in *Encyclopedia of Statistical Sciences*, 2nd edition, edited by S. Kotz, C. B. Read, N. Balakrishnan, and B. Vidakovic. Wiley.

Shafer, G., and V. Vovk, 2001 *Probability and Finance: It's Only a Game*. Wiley.

Shafer, G., and V. Vovk, 2006 The sources of Kolmogorov's *Grundbegriffe. Stat. Sci.* **21**: 70-98.

Sheynin, O., 1971 Newton and the classical theory of probability. *Arch. Hist. Exact Sci.* **7**: 217-243.

Sheynin, O., 2005 *Ars Conjectandi*. Translation of Chapter 4 of Bernoulli's Ars Conjectandi (1713) into English.

Sheynin, O. B., 1978 S D Poisson's work on probability. *Arch. Hist. Exact Sci.* **18**: 245-300.

Shiryaev, A. N., 1995 *Probability*, 2nd edition. Springer.

Shoesmith, E., 1986 Huygen's solution to the gambler's ruin problem. *Historia Math.* **13**: 157-164.

Simpson, E. H., 1951 The interpretation of interaction in contingency tables. *J. R. Stat. Soc. B* **13**: 238-241.

Singpurwalla, N. D., 2006 *Reliability and Risk: A Bayesian Perspective*. Wiley.

Skybreak, A., 2006 *The Science of Evolution and the Myth of Creationism: Knowing What's Real and Why It Matters*. Insight Press, Chicago.

Sloman, S., 2005 *Causal Models: How People Think about the World and its Alternatives*. Oxford University Press, Oxford.

Smith, D. E., 1929 *A Source Book in Mathematics*. McGraw-Hill Book Company, Inc., New York. (邦訳：パスカル-フェルマーの往復書簡は，和田誠三郎訳で『パスカル全集　第一巻』（1959 人文書院）に収録されている。)

Smith, S. W., 1999 *The Scientist and Engineer's Guide to Digital Signal Processing*, 2nd edition. California Technical Publishing, San Diego, California.

Solomon, H., 1978 *Geometric Probability*. SIAM, Philadelphia.

Sorensen, R., 2003 *A Brief History of the Paradox: Philosophy and the Labyrinths of the Mind*. Oxford University Press, Oxford.

Spanos, A., 1986 *Statistical Foundations of Econometric Modelling*. Cambridge University Press, Cambridge.

Spanos, A., 2003 *Probability Theory and Statistical Inference: Econometric Modeling with Observational Data*. Cambridge University Press, Cambridge.

Stapleton, J. H., 2008 *Models for Probability and Statistical Inference: Theory and Applications*. Wiley.

Stewart, I., 2008 *Professor Stewart's Cabinet of Mathematical Curiosities*. Basic Books.

Stigler, S. M., 1980 Stigler's law of eponymy. *Trans. N. Y. Acad. Sci.* **39**: 147-158.

Stigler, S. M., 1983 Who discovered Bayes' theorem? *Am. Stat.* **37**: 290-296.

Stigler, S. M., 1986 *The History of Statistics: The Measurement of Uncertainty Before 1900*. Harvard University Press, Cambridge, MA.

Stigler, S. M., 1999 *Statistics on the Table: The History of Statistical Concepts and Methods*. Harvard University Press.

Stigler, S. M., 2006 Isaac Newton as a probabilist.*Stat. Sci.* **21**: 400-403.

Stirling, J., 1730 *Methodus Differentialis*. G. Strahan, London.

Stirzaker, D., 2003 *Elementary Probability*, 2nd edition. Cambridge University Press,

Cambridge.
Sutton, P., 2010 The epoch of incredulity: a response to Katz and Olin's 'A tale of two envelopes'. *Mind* **119**: 159-169.
Székely, G. J., 1986 *Paradoxes in Probability Theory and Mathematical Statistics*. Kluwer Academic Publishers.
Tabak, J., 2004 *Probability and Statistics: The Science of Uncertainty*. Facts on File, Inc.
Tamhane, A. C., and D. D. Dunlop, 2000 *Statistics and Data Analysis: From Elementary to Intermediate*. Prentice-Hall, NJ.
Tanton, J., 2005 *Encyclopedia of Mathematics*. Facts on File, Inc.
Terrell, G. R., 1999 *Mathematical Statistics: A Unified Introduction*. Springer.
Thompson, B., 2007 *The Nature of Statistical Evidence*. Springer.
Tijms, H., 2007 *Understanding Probability: Chance Rules in Everyday Life*, 2nd edition. Cambridge University Press, Cambridge.
Tijms, H. C., 2003 *A First Course in Stochastic Models*. Wiley.
Todhunter, I., 1865 *A History of the Mathematical Theory of Probability from the Time of Pascal to That of Laplace*. Macmillan, London (Reprinted by Chelsea, New York, 1949, 1965).（邦訳：安藤洋美 訳,『確率論史』, 現代数学社, 2002（新装版 2017）.）
Todman, J. B., and P. Dugard, 2001 *Single-Case and Small-n Experimental Designs: A Practical Guide to Randomization Tests*. Laurence Erlbaum Associates.
Tulloch, P., 1878 *Pascal*. William Blackwood and Sons, London.
Uspensky, J. V., 1937 *Introduction to Mathematical Probability*. McGraw-Hill, New York.
Vakhania, N., 2009 On a probability problem of Lewis Carroll. *Bull. Georg. Natl. Acad. Sci.* **3**: 8-11.
van Fraassen, B. C., 1989 *Laws and Symmetry*. Oxford University Press.
van Tenac, C., 1847 *Album des Jeux de Hasard et de Combinaisons*. Gustave Havard, Paris.
Venn, J., 1866 *The Logic of Chance*. Macmillan, London.
von Kries, J., 1886 *Die Principien der Wahrscheinlichkeitsrechnung*. J.C.B. Mohr, Tübingen.
von Mises, R., 1928 *Wahrscheinlichkeit, Statistik und Wahrheit*. Springer, Vienna.
von Mises, R., 1939 Ueber Aufteilungs und Besetzungs-Wahrscheinlichkeiten. *Revue de la Faculté des Sciences de l'Université d'Istanbul* **4**: 145-163.
von Mises, R., 1981 *Probability, Statistics, and Truth*, 2nd revised English edition. Dover, New York. (Originally published by George Allen & Unwin Ltd., London, 1957).
von Plato, J., 2005 A. N. Kolmogorov, *Grundbegriffe der Wahrscheinlichkeitsrechnung* (1933), in *Landmark Writings in Western Mathematics 1640-1940*, edited by I. Grattan-Guinness. Elsevier.
vos Savant, M., 1996 *The Power of Logical Thinking*. St. Martin's Press.
Weaver, W., 1956 Lewis Carroll: mathematician. *Sci. Am.* **194**: 116-128.
Weaver, W., 1982 *Lady Luck: The Theory of Probability*. Dover, New York (Originally published by Anchor Books, Doubleday & Company, Inc., Garden City, New York, 1963).
Weisstein, E., 2002 *CRC Concise Encyclopedia of Mathematics*, 2nd edition. CRC Press.
Whittaker, E. T., and G. Robinson, 1924 *The Calculus of Observations: A Treatise on*

Numerical Mathematics. Balckie & Son, London.

Whitworth, W. A., 1878 Arrangements of $m$things of one sort and $n$things of another sort under certain of priority. *Messenger Math.* **8**: 105-114.

Whitworth, W. A., 1901 *Choice and Chance*, 5th edition. Hafner, New York.

Wiles, A., 1995 Modular elliptic curves and Fermat's last theorem. *Ann. Math.* **141**: 443-551.

Williams, L., 2005 Cardano and the gambler's habitus. *Stud. Hist. Phil. Sci.* **36**: 23-41.

Winkler, P., 2004 *Mathematical Puzzles: A Connoisseur's Collection.* A K Peters, MA.

Woolfson, M. M., 2008 *Everyday Probability and Statistics: Health, Elections, Gambling and War.* Imperial College Press.

Yaglom, A. M., and I. M. Yaglom, 1987 *Challenging Mathematical Problems with Elementary Solutions Vol. I (Combinatorial Analysis and Probability Theory).* Dover, New York (Originally published by Holden-Day, Inc., San Francisco, 1964).

Yandell, B. H., 2002 *The Honors Class: Hilbert's Problems and Their Solvers.* A K Peters, Massachusetts.

Young, C. C., and M. A. Largent, 2007 *Evolution and Creationism: A Documentary and Reference Guide.* Greenwood Press.

Young, M., and P. K. Strode, 2009 *Why Evolution Works (and Creationism Fails).* Rutgers University Press.

Yule, G. U., 1903 Notes on the theory of association of attributes in statistics. *Biometrika* **2**: 121-134.

Zabell, S. L., 2005 *Symmetry and Its Discontents.* Cambridge University Press, Cambridge.

図版出典

- 図 1.1: Wikimedia Commons (Public Domain), http://commons.wikimedia.org/wiki/File:Gerolamo_Cardano.jpg
- 図 2.1: Wikimedia Commons (Public Domain), http://commons.wikimedia.org/wiki/File:Justus_Sustermans_-_Portrait_of_Galileo_Galilei,_1636.jpg
- 図 4.1: Wikimedia Commons (Public Domain), http://commons.wikimedia.org/wiki/File:Blaise_pascal.jpg
- 図 4.2: Wikimedia Commons (Public Domain), http://commons.wikimedia.org/wiki/File:Pierre_de_Fermat.jpg
- 図 5.1: Wikimedia Commons (Public Domain), http://commons.wikimedia.org/wiki/File:Christiaan-huygens3.jpg
- 図 6.3: Wikimedia Commons (Public Domain), http://commons.wikimedia.org/wiki/File:GodfreyKneller-IsaacNewton-1689.jpg
- 図 7.4: ⓒBernhard Berchtold
- 図 7.5: Wikimedia Commons (Public Domain), http://commons.wikimedia.org/wiki/File:Todhunter_Isaac.jpg
- 図 8.1: Wikimedia Commons (Public Domain), http://commons.wikimedia.org/wiki/File:Bernoulli_family_tree.png
- 図 8.2: Wikimedia Commons (Public Domain), http://commons.wikimedia.org/wiki/File:Jakob_Bernoulli.jpg
- 図 8.5: Wikimedia Commons (Public Domain), http://commons.wikimedia.org/wiki/File:Simeon_Poisson.jpg
- 図 8.6: Wikimedia Commons (Public Domain), http://commons.wikimedia.org/wiki/File:Chebyshev.jpg
- 図 8.7: Wikimedia Commons (Public Domain), http://commons.wikimedia.org/wiki/File:Andrei_Markov.jpg
- 図 8.8: ⓒTrueknowledge.com
- 図 8.9: ⓒTrueknowledge.com
- 図 8.10: Wikimedia Commons (Public Domain), http://en.wikipedia.org/wiki/File:Francesco_Paolo_Cantelli.jpg
- 図 10.3: Wikimedia Commons (PublicDomain), http://commons.wikimedia.org/wiki/File:Abraham_de_moivre.jpg

図版出典　375

- 図 10.5: Wikimedia Commons (PublicDomain), http://commons.wikimedia.org/wiki/File:Carl_Friedrich_Gauss.jpg
- 図 10.7: Wikimedia Commons (PublicDomain), http://commons.wikimedia.org/wiki/File:Aleksandr_Lyapunov.jpg
- 図 11.2: Wikimedia Commons (PublicDomain), http://commons.wikimedia.org/wiki/File:Daniel_Bernoulli_001.jpg
- 図 11.5: Public Domain, http://en.wikipedia.org/wiki/File:WillamFeller.jpg
- 図 12.1: Wikimedia Commons (Public Domain), http://commons.wikimedia.org/wiki/File:Maurice_Quentin_de_La_Tour_-_Jean_Le_Rond_d%27Alambert_-_WGA12353.jpg
- 図 14.2: Wikimedia Commons (PublicDomain), http://commons.wikimedia.org/wiki/File:David_Hume.jpg
- 図 14.4: Wikimedia Commons (PublicDomain), http://commons.wikimedia.org/wiki/File:Pierre-Simon_Laplace.jpg
- 図 14.7: Wikimedia Commons (PublicDomain), http://commons.wikimedia.org/wiki/File:John_Venn.jpg
- 図 14.8: Wikimedia Commons (PublicDomain), http://commons.wikimedia.org/wiki/File:Richard_von_Mises.jpeg
- 図 14.9: Wikimedia Commons (Public Domain), http://commons.wikimedia.org/wiki/File:Bruno_De_Finetti.jpg
- 図 14.10: Wikimedia Commons (Public Domain), http://commons.wikimedia.org/wiki/File:John_Maynard_Keynes.jpg
- 図 15.1: Wikimedia Commons (PublicDomain), http://commons.wikimedia.org/wiki/File:Gottfried_Wilhelm_von_Leibniz.jpg
- 図 16.3: Wikimedia Commons (Public Domain), http://commons.wikimedia.org/wiki/File:Georges-Louis_Leclerc,_Comte_de_Buffon.jpg
- 図 17.1: Wikimedia Commons (PublicDomain), http://commons.wikimedia.org/wiki/File:Bertrand.jpg
- 図 19.1a: Wikimedia Commons (Public Domain), http://commons.wikimedia.org/wiki/File:Bertrand1-figure_with_letters.png
- 図 19.1b: Wikimedia Commons (Public Domain), http://commons.wikimedia.org/wiki/File:Bertrand2-figure.png
- 図 19.1c: Wikimedia Commons (Public Domain), http://commons.wikimedia.org/wiki/File:Bertrand3-figure.png
- 図 19.3: Wikimedia Commons (Public Domain), http://commons.wikimedia.org/wiki/File:Henri_Poincar%C3%A9-2.jpg
- 図 19.4: Public Domain, http://en.wikipedia.org/wiki/File:ETJaynes1.jpg
- 図 20.1: Wikimedia Commons (Public Domain), http://commons.wikimedia.org/wiki/File:Francis_Galton_1850s.jpg
- 図 21.2: Wikimedia Commons (Public Domain), http://commons.wikimedia.org/wiki/File:Lewis_Carroll_1863.jpg

376　図版出典

- 図 22.1: Wikimedia Commons (Public Domain), http://commons.wikimedia.org/wiki/File:Emile_Borel-1932.jpg
- 図 22.2: Wikimedia Commons (Public Domain), http://commons.wikimedia.org/wiki/File:Joseph_Doob.jpg
- 図 24.1: Wikimedia Commons (Public Domain), http://commons.wikimedia.org/wiki/File:Professor_Richard_Dawkins_-_March_2005.jpg
- 図 25.1: ⓒHarvard Gazette Archives
- 図 26.1: Wikimedia Commons (Public Domain), http://commons.wikimedia.org/wiki/File:R._A._Fischer.jpg
- 図 26.2: Wikimedia Commons (Public Domain), http://commons.wikimedia.org/wiki/File:Jerzy_Neyman2.jpg
- 図 27.1: Wikimedia Commons (Public Domain), http://commons.wikimedia.org/wiki/File:Simon_Newcomb.jpg
- 図 27.2: Public Domain, http://en.wikipedia.org/wiki/Talk%3AFrank_Benford
- 図 29.1: Wikimedia Commons (Public Domain), http://commons.wikimedia.org/wiki/File:Paul_Pierre_Levy_1886-1971.jpg
- 図 30.2: Wikimedia Commons (Public Domain), http://commons.wikimedia.org/wiki/File:Karl_Pearson.jpg
- 図 31.1: Wikimedia Commons (Public Domain), http://commons.wikimedia.org/wiki/File:GamovGA_1930.jpg
- 図 32.1: ⓒAlfréd Rényi Institute of Mathematics, Hungarian Academy of Sciences
- 図 32.2: Wikimedia Commons (Public Domain), http://commons.wikimedia.org/wiki/File:Martin_Gardner.jpeg

---

（訳注）原著では明示がない図版の出典を参考までに挙げておく．
- 図 26.3: School of Mathematics and Statistics University of St Andrews, Scotland, http://www-history.mcs.st-andrews.ac.uk/history/BigPictures/Pearson_Egon_4.jpeg
- 図 30.3: School of Mathematics and Statistics University of St Andrews, Scotland, http://www-history.mcs.st-andrews.ac.uk/history/BigPictures/Yule_2.jpeg
- 図 33.3: 本人提供

（編集注）原著には掲載されているルジャンドルの肖像画 (Figure 10.4) とベイズの肖像画 (Figure 14.3) は，著者の強い希望により本書では削除をおこなった．

索　引

【人名】
アーバスノット　56
アルノー　31, 85
アンシヨン　163
アンドレ　217
ウィットワース　220
エディントン　264
エリス　172, 189
エルデシュ　338
オア　3
オイラー　80
ガードナー　226, 241, 275, 340
ガウス　124
カタラン　146
ガモフ　327
ガリレオ　14
カルカビ　56
カルダーノ　2, 23, 29, 188
カルナップ　197, 201
カンテリ　102
キャロル　238
クーメ　30, 59, 162
クールノー　189
クヌース　329
クライチック　273
クラスカル　282
グラッタン・ギネス　117, 165, 255
クラメール　147
クリエス　172
ケインズ　170, 196, 201
ケルビン　218

ケンドール　286, 325
ゴールトン　235
コルモゴロフ　102, 157, 198, 228, 253
コント　162
コンドルセ　146, 182
サバント　337
サベッジ　170, 193
シェイクスピア　262
ジェインズ　231
ジェフリーズ　170, 197, 201
シャケル　234
ジョンソン　196
シンプソン　322
スターリング　122
スターン　327
スティグラー　69, 177, 297
スホーテン　56
セルビン　334
ダニエル・ベルヌーイ　140
ダランベール　42, 142, 152, 158, 266
タルタリア　7
チェビシェフ　99
チャンパーナウン　247
ディデロ　52
デブリン　33
ド・フィネッティ　170, 193, 259
ド・メレ　19, 28
ド・モアブル　6, 24, 63, 70, 74, 108, 117, 124, 188, 293
ドゥーブ　246
ドーキンス　52, 270

378　索　引

ドジソン　238
トドハンター　73, 179
ナレブフ　275
ニコール　31, 85
ニコラス・ベルヌーイ　74, 92, 140
ニューカム　279, 297
ニュートン　24, 67, 181, 199
ネイマン　289
ノジック　282
ハートレー　178
ハエック　259
パスカル　19, 20, 28, 56, 167, 188
バゾーニ　338
パチョーリ　28
ハッキング　37, 49, 52, 53
バルビエール　206
パロンドー　346
ピアソン　155, 290, 322
ピープス　67
ヒューム　163, 174
ビュフォン　145, 205, 266
ヒルベルト　228
ヒンチン　101
フィッシャー　173, 189, 285
フェラー　136, 148, 198, 315
フェルマー　20, 31, 56, 167, 188
フォン・ミーゼス　172, 189, 305
プライス　167
ベイズ　165
ベルトラン　155, 216, 223, 228, 252, 339
ベン　189
ベンフォード　297
ヘンペル　282
ポアソン　87, 98, 146
ポアンカレ　230
ホイヘンス　37, 56, 293
ボックス　285
ポパー　187
ボレル　94, 245, 264
ポワソン　29
マイロン　56

マックスウェル　218
マルコフ　101
メルセンヌ　56
モンティ・ホール　334
モンモール　41, 73, 109, 140
ヤコブ・ベルヌーイ　6, 30, 62, 73, 82, 108, 125, 167, 188, 201, 230, 265
ユール　323
ヨハン・ベルヌーイ　74
ライプニッツ　6, 19, 188, 199
ラプラス　7, 48, 64, 113, 124, 134, 180, 188, 205, 230
ランダウ　273
リヤプノフ　135
リンドバーグ　136
ルジャンドル　126
レビ　136, 313
レビン　309
ロベルバル　33, 56

【英数字】

2×2 表　285
2 項係数　38
2 項定理　39
2 項分布　5, 85
3 つの箱の問題　223
CLT　94, 124
ID　267
LIL　104
ROTM　3
σ-集合族　258
σ-有限　260
SLLN　94, 245
WLLN　82, 162

【ア】

一般化 2 項定理　39
一般化投票問題　219
一般化配分問題　113
因果　281
インテリジェント・デザイン　267
打ち切りポアソン分布　309

索引 379

エッジワース近似　310

【カ】
概誕生日問題　306
確率空間　258
確率の認識論的解釈　89
確率母関数　106, 109
確率分布　258
確率変数　258
確率遊歩　314
可算加法性の公理　257
ガモフ–スターンのエレベーター問題　328
カルダーノの公式　7
帰納法の問題　174
帰無仮説　287
逆因果の誤謬　281
逆確率　168
客観的ベイジアン　170
鏡像原理　218
形而下的確率　142, 160
形而上的確率　142, 160
ゲームの境界値　23
ゲームの継続時間問題　63
弦のパラドックス　223
交換パラドックス　276
効用　51, 280
公理論的確率論　255
コレクティブ　192

【サ】
最小2乗の原理　126
最小2乗法　126
サンクト・ペテルブルグ・パラドックス　140
サンクト・ペテルブルグ問題　140, 155
参照領域の問題　191
事後確率　180
事後的な確率　89
事後密度　180
事実の問題　175
事前確率　180

事前的な確率　89
事前密度　180
実可測関数　258
重複対数の法則　103
周辺密度　251
主観的ベイジアン　169
条件付き確率　109, 260
条件付き期待値　260
条件付き密度関数　250
シンプソンのパラドックス　319
枢軸量　288
スターリングの公式　81
スティグラーの法則　124
正規　244
正規曲線　124
正規方程式　128
絶対連続　260

【タ】
第1逆正弦法則　316
第1種の過誤　289
第2逆正弦法則　314
第2種の過誤　289
大円のパラドックス　253
大数の強法則　94, 245
大数の弱法則　82
大数の法則　162
多項分布　309
多重誕生日問題　308
ダッチブック論証　195
単純正規　246
誕生日問題　305
チェビシェフの不等式　100
中心極限定理　94
超幾何分布　285
超サンクト・ペテルブルグ問題　150
ド・モアブル–ラプラスの定理　124
同時密度関数　250
投票問題　216, 312
得点問題　28
独立性　109
賭博者の誤謬　155, 162

索引

賭博者の破産問題　62

【ナ】
ニューカムのパラドックス　279
ニューカムの法則　297
ネクタイのパラドックス　273

【ハ】
配分問題　28, 56
パスカルの賭け　49
パスカルの三角形　11, 38
鳩の巣論法　305
ハラユーダの三角形　38
パロンドーのパラドックス　346
ビヤナイメ-チェビシェフの不等式　94
ビュフォンの針の問題　205
標準正規分布　125
標準偏差　124
フィッシャーの正確検定　287
フィボナッチ数　299
負の2項分布　46
不偏推定量　205
ブラウン運動　313
平均に基づく推論　3, 23
平均の法則　162
ベイズの定理　166, 180, 333
ベータ分布　313
ベルトラン-ウィットワースの投票定理　221
ベルトランの弦の問題　228
ベルヌーイ試行列　82
ベルヌーイの法則　179
ベルヌーイの法則の逆利用　179
ベンフォードの法則　297

ポアソン分布　309
ほとんど確実な　97
ボレル-カンテリの第1補題　96
ボレル-カンテリの第2補題　263

【マ】
マルコフ連鎖　345
無限の猿定理　263
無作為化　287
無作為端点選択法　227
無作為中点選択法　227
無作為半径選択法　227
無差別の原理　171, 230
モンティ・ホール問題　224, 339

【ヤ】
有意水準　287
有限加法性の公理　256
尤度　180
ユール-シンプソンのパラドックス　323
ユールのパラドックス　323
楊輝の三角形　38

【ラ】
ラドン-ニコディウムの定理　260
ラドン-ニコディウム微分　261
ラプラスの悪魔　181
ラプラスの継続則　184
乱列　79
両側指数分布　134
リンドバーグ-フェラー条件　136
連続性の公理　257
老賭博者の公式　23

訳者紹介

野間口謙太郎（のまくち けんたろう）

1974 年	九州大学理学部数学科卒業
現　在	高知大学名誉教授・理学博士
専　攻	数理統計学
著訳書	『一般線形モデルによる生物科学のための現代統計学』（グラフェン，ヘイルス著，共立出版（2007 年），共訳）
	『統計データ科学辞典』（朝倉書店（2007 年），分担執筆）
	『統計学：R を用いた入門書 改訂第 2 版』（クローリー著，共立出版（2016 年），共訳）
	『必携 統計的大標本論：その基礎理論と演習』（ファーガソン著，共立出版（2017 年））
	『やさしい MCMC 入門—有限マルコフ連鎖とアルゴリズム』（ヘッグストローム著，共立出版（2017 年））

確率は迷う	著　者　Prakash Gorroochurn
道標となった古典的な 33 の問題	訳　者　野間口謙太郎　ⓒ 2018
原題：Classic Problems of Probability	発行者　南條光章
2018 年 8 月 25 日　初版 1 刷発行	発行所　共立出版株式会社
2019 年 9 月 15 日　初版 2 刷発行	〒112-0006
	東京都文京区小日向 4-6-19
	電話番号　03-3947-2511　（代表）
	振替口座　00110-2-57035
	共立出版（株）ホームページ
	www.kyoritsu-pub.co.jp
	印　刷　大日本法令印刷
	製　本　加藤製本
検印廃止	一般社団法人
NDC 417.1, 410.2	自然科学書協会
ISBN 978-4-320-11339-8	会員
	Printed in Japan

JCOPY ＜出版者著作権管理機構委託出版物＞

本書の無断複製は著作権法上での例外を除き禁じられています．複製される場合は，そのつど事前に，出版者著作権管理機構（TEL：03-5244-5088，FAX：03-5244-5089，e-mail：info@jcopy.or.jp）の許諾を得てください．

■数学関連書 (確率／統計／データサイエンス／データマイニング)　共立出版

確率は迷う 道標となった古典的な33の問題 ……… 野間口謙太郎他訳	統計学：Rを用いた入門書 改訂第2版 ……… 野間口謙太郎他訳
確率で読み解く日常の不思議 ……………………… P.J.Nahin著	必携 統計的大標本論 その基礎理論と演習 … 野間口謙太郎訳
確率とその応用 …………………………………… 栗山 憲著	構造的因果モデルの基礎 ………………………… 黒木 学著
確率論の基礎と発展 ……………………………… 飛田武幸著	現代数理統計学の基礎 (共立講座 数学の魅力11) 久保川達也著
例題で学べる確率モデル ………………………… 成田清正著	数理統計学の基礎 (クロスセクショナル統計S1) … 尾畑伸明著
数理モデリング入門 ファイブ・ステップ法 原著第4版 佐藤一憲他訳	数理統計学 …………………………………… 長尾壽夫他著
ランダムウォーク はじめの一歩 ………………… 秋元琢磨訳	多重比較法の理論と数値計算 …………………… 白石高章他著
やさしいMCMC入門 ……………………………… 野間口謙太郎他訳	多変量ノンパラメトリック回帰と視覚化 ………… 竹澤邦夫他訳
初歩から学べる確率・統計 ……………………… 統計学教育研究会編	多変量解析へのステップ ………………………… 長畑秀和著
徹底攻略 確率統計 ……………………………… 真貝寿明著	多変量解析による環境統計学 …………………… 石村貞夫他著
Rで学ぶ確率・統計 ……………………………… 辻谷將明他著	多変量解析によるデータマイニング ……………… 石村貞夫他著
確率論・統計学入門 (教育系学生のための数学シリーズ) 篠田正人著	クックルとパックルの大冒険 …………………… 石村貞夫他著
離散凸解析の考えかた …………………………… 室田一雄著	とある弁当屋の統計技師 データ分析のはじめかた 石田基広著
社会環境情報の計数データの実践的解析法 …… 淺野長一郎他著	とある弁当屋の統計技師 因子分析大作戦 ……… 石田基広著
統計学辞典 ………………………………………… 白旗慎吾監訳	データ処理の手法と考え方 ……………………… 田中絵里子他著
統計学の要点 基礎からRの活用まで …………… 森本義廣他著	教育実践データの統計分析 ……………………… 奥村太一著
やさしく学べる統計学 …………………………… 石村園子著	データ分析入門 基礎統計 ……………………… 岡太彬訓他著
初歩からはじめる統計学 ………………………… 石村園子著	線形代数学に基づくデータ分析法 ……………… 原田史子他著
統計学基礎 ………………………………………… 栗木進二他著	文科系学生のためのデータ分析とICT活用 ……… 森 園子他著
統計学の基礎と演習 ……………………………… 濱田 昇他著	基礎から学ぶ統計解析 Excel 2010対応 ………… 沢田史子他著
集中講義！統計学演習 …………………………… 石村貞夫著	R Commanderによるデータ解析 第2版 ………… 大森 崇他著
集中講義！実践統計学演習 SPSS学生版対応 … 石村貞夫他著	Rで学ぶデータ・プログラミング入門 …………… 石田基広著
統計学の力 ベースボールからベンチャービジネスまで 福井幸男他著	R言語徹底解説 ………………………………… 石田基広他訳
経済・経営統計入門 第4版 ……………………… 稲葉三男他著	製品開発のための統計解析学 ……………………… 松岡由幸編著
経営系学生のための基礎統計学 ………………… 塩出省吾他著	データ解析のためのロジスティック回帰モデル 宮岡悦良監訳
心理系のための統計学のススメ ………………… 石村貞夫他著	医薬データ解析のためのベイズ統計学 ………… 宮岡悦良監訳
薬学系のための統計学のススメ ………………… 石村貞夫他著	医薬統計のための生存時間データ解析 原著第2版 宮岡悦良監訳
看護系学生のためのやさしい統計学 …………… 石村貞夫他著	SASプログラミング ……………………………… 宮岡悦良他著
看護師のための統計学 改訂版 …………………… 三野大來著	SASハンドブック ………………………………… 宮岡悦良他著
Excelによるメディカル/コ・メディカル統計入門 … 勝野恵子著	確率的グラフィカルモデル ……………………… 鈴木 譲他編著
Excelで学ぶやさしい統計処理のテクニック 第3版 三和義秀著	Pythonによるベイズ統計モデリング ……………… 金子武久訳
一般化線形モデル入門 原著第2版 ……………… 田中 豊他訳	ベイズ統計モデリング 原著第2版 ……………… 前田和寛監訳
長期記憶過程の統計 ……………………………… 松葉育雄他著	コーパスとテキストマイニング ………………… 石田基広他著
Rコマンダーで学ぶ統計学 ………………………… 長畑秀和他著	データマイニングによる異常検知 ……………… 山西健司著